훤히 보이는
정보보호

환히 보이는

정보보호
Information Security

정교일, 이병천, 진승헌 지음 | 조현숙 감수

전자신문사

ETRI Easy IT ⑧

훤히 보이는
정보보호

초판1쇄 발행 2008년 11월 25일
초판2쇄 발행 2010년 3월 10일

지은이   정교일, 이병천, 진승헌
감 수   조현숙
펴낸이   금기현
펴낸곳   전자신문사

출판등록   1979. 1. 17. 제13-56호
주 소   서울시 영등포구 영등포동2가 94-152
전 화   02)2672-4943
팩 스   02)2672-4944
홈페이지   www.etbook.co.kr
이메일   etbook@etnews.co.kr
책임제작   주상돈, 김희철
편집기획   권용남, 오선숙
마케팅   류병규
꾸민곳   디자인비타
찍은곳   우성프린팅

ISBN 978-89-92885-12-6 03560

ⓒ 2008 ETRI

값 20,000원

책을 내면서

　지식정보화 사회에서 인터넷은 더 이상 단순 데이터 교환을 위한 매개체만이 아니라, 각종 지식 또는 정보를 생산·가공·교환하여 사용자들에게 다양한 서비스를 제공하는 생활의 필수도구로 받아들여지고 있다. 사람들은 정치·사회·경제에 대한 최신 정보를 얻기 위해 기존의 정보 전달 매체보다 인터넷에 더욱더 의존하게 되었으며, 가족과 여가 시간을 보내거나 직장에서 업무를 수행하기 위해 인터넷을 적극 활용하게 되었다. 또한 웹 2.0으로 대변되는 인터넷 문화의 변화로 사용자는 기존의 정보를 사용하기만 하는 수동적인 정보 소비자가 아니라, 자신의 지식과 의견 등 다양한 정보를 생산하고 공급하는 정보 공급자의 역할을 수행한다.

　지식정보화 사회란 정보의 축적, 처리, 전송 능력이 획기적으로 증대되면서 정보의 가치가 물질이나 에너지 이상으로 중요해지는 사회로, 정보가 상품으로서 가치를 인정받아 시장에서 유통되는 사회를 말한다. 지식정보화 사회에서는 많은 정보들이 체계적으로 정리되고 편리하게 사용할 수 있도록 정보 시스템이 잘 구축된 사회인데, 이런 정보 요소는 우리 사회의 경쟁력을 높이는 데 큰 역할을 하고 있다. 정보를 잘 구축하고 이용하는 조직 및 개인은 경쟁력을 가지고 앞서 나가게 되고, 반면 정보에 뒤지면 경쟁에서 뒤처지게 된다.

　이렇게 인터넷을 기반으로 제공되는 다양한 서비스에 대한 이용이 늘어

Preface

남에 따라, 이에 대한 의존도 또한 높아지고 있다. 인터넷을 통해 다양한 서비스를 누릴 수 있는 반면, 인터넷에 문제가 생겼을 경우에는 큰 피해를 입을 수도 있다는 것을 지난 2003년 1월 25일의 인터넷 침해사고에서 경험할 수 있었다. 또한 최근 보도된 유사 이래 최대 규모라는 개인정보 유출 사건을 보면서 인터넷의 역기능에 대한 문제점을 실감할 수 있었다. 인터넷은 잘 사용하면 우리 삶의 질을 높일 수 있는 좋은 도구이지만, 잘못 다루어지거나 이용되면 우리 삶을 위협하는 도구로 전락할 수도 있다.

정보화 수준이 높은 기업, 조직, 국가는 정보보호에 더 많은 노력을 기울여야 한다. 정보 시스템에 크게 의존하면서도 정보보호를 등한시한다면 애써 가꾸어온 정보를 남들에게 빼앗기고 경쟁력에서 뒤처지게 될 것이다. 우리가 세계를 무대로 하는 글로벌 경쟁시대에서 앞서 나가기 위해서는 정보화 수준을 높여서 경쟁력을 높여야 하고, 또한 이에 걸맞은 최고 수준의 정보보호 능력을 갖추어야 한다.

정보보호의 중요성이 강조되면서 비전문가들도 정보보호라는 말을 자주 접하고 관심도 늘어난 것이 사실이다. 그러나 아직은 정보보호를 막연하게 생각하거나 어렵게 생각하는 경우가 대부분이다.

이 책은 정보보호에 관심을 가지고 있는 독자들에게 정보보호를 쉽고 재

미있게 소개하는 것을 목표로 하며, 독자들이 친근하게 접할 수 있는 책이 되었으면 한다. 정보보호에 대해 기술적으로 깊고 상세한 내용까지 담지는 못하지만, 관련 기술들을 폭넓게 소개함으로써 더 깊은 곳까지 인도할 수 있는 친절한 안내서가 되길 바란다.

이 책의 도입부인 첫째 장에서는 정보보호에 대해 생소한 일반 독자들도 흥미를 가지고 재미있게 읽을 수 있는 얘기들을 중심으로 구성했다. 우리 일상생활 속의 이야기, 재미있는 영화 속의 이야기, 사회적으로 큰 이슈가 되었던 이야기 등을 통해서 정보보호의 개념을 알기 쉽게 소개하고, 정보보호의 중요성에 대해 제시했다.

둘째 장에서는 정보보호를 구현하기 위한 수학적 기반기술인 암호 이야기를 가능한 한 쉽고 흥미롭게 소개했다. 암호 이야기는 매우 추상적이고 순수 수학적인 이야기만은 아니며, 정보보호가 필요한 모든 곳에서 실제로 사용되는 매우 실용적인 기술에 관한 이야기이다.

셋째 장에서는 해킹, 시스템 보안, 인터넷 보안, 서비스 보안 등 우리가 매일 접하고 있는 인터넷 환경에서 정보보호가 어떻게 적용되는지, 정보보호를 위해서 무엇을 어떻게 해야 하는지 구체적으로 소개했다. 실생활의 정보보호에 관심 있는 독자라면 셋째 장의 내용에 흥미를 느낄 것이며, 더 깊이 알아보고자 하는 욕구를 느낄 것이다.

Preface

마지막 장은 미래의 고도화된 정보화 사회를 맞이하기 위해 준비하는 정보보호 이야기들을 담았다. 미래의 유비쿼터스 사회에서도 정보보호의 중요성은 더욱 강조될 것이며, 이를 맞이하기 위한 법적·문화적 준비도 필요하다.

이 책은 그 동안 ETRI에서 추진해온 'Easy IT 시리즈', 즉 IT 기술을 일반인들에게 쉽게 소개할 수 있는 서적을 발간하는 프로젝트의 일환으로 준비되었다. ETRI의 정보보호연구본부는 정보보호 분야의 선도적 연구개발에 앞장서 왔는데, 이번 기회를 통해 연구실 안의 다양한 정보보호 이야기들이 외부 세상과 교류할 수 있기를 바란다.

이런 소중한 기회를 만들어 주신 ETRI 최문기 원장님께 감사드리고, 책의 기획에 도움을 주신 김채규 소장님, 책의 전체적인 감수에 노고를 아끼지 않으신 조현숙 정보보호연구본부 본부장님께 감사드린다. 이 책은 저자들만의 노력으로 이루어진 것이 아니며, 정보보호연구본부 서동일 팀장, 나중찬 팀장, 오진태 팀장, 김기영 팀장, 전성익 팀장, 김정녀 팀장, 홍도원 팀장, 최두호 팀장, 문기영 팀장, 한종욱 팀장의 도움이 있었기에 가능한 것이었다.

'ETRI easy IT' 발간을 총괄하고 있는 ETRI 기술홍보팀의 김희철 팀장님과 기획·구성·원고 윤문 등 발간 실무 작업을 진행한 오선숙씨에게 감

사의 말씀을 전하며, 끝으로 부족한 내용을 좋은 그릇에 담아 발간해 주신 전자신문사와 편집·디자인을 위해 애써 주신 비따 식구들에게 감사의 말씀을 드린다.

2008년 11월
정교일, 이병천, 진승헌

Contents

제1부_ 정보보호란 무엇인가?

Phishing

01_ 정보보호의 중요성

컴퓨터와 인터넷 기술이 발전하고 널리 보급되면서 우리 사회는 고도의 지식정보화 사회로 발전해 가고 있다. 정보화 사회란 정보의 축적, 처리, 전송 능력이 획기적으로 증대되면서 정보의 가치가 물질이나 에너지 이상으로 중요해지는 사회로, 정보가 상품으로서의 가치를 인정받아 시장에서 유통되는 사회를 말한다.

오늘날 세계적으로 가장 영향력 있고 기업가치가 높은 기업을 꼽는다면 마이크로소프트Microsoft와 구글Google을 들 수 있는데, 이들은 물질적 제품을 생산하는 회사라기보다는 정보 시스템과 서비스를 제공하는 회사이다.

우리나라도 IT 분야의 회사들이 빠르게 성장하고 있으며, 대외 무역에서도 이 분야가 큰 흑자를 보이고 있다. 이것만 보아도 세계는 지식정보화 사회로 빠르게 변화하고 있다는 것을 알 수 있다.

지식정보화 사회로 접어들면서 사이버 공간의 활동은 갈수록 확대되고 있다. 기존의 오프라인 세상에서 이루어졌던 많은 활동, 업무, 서비스들이 온라인으로도 제공되는 시대를 살고 있다. 회사의 많은 업무들이 인터넷을 이용해 이루어지고, 필요한 경우에는 재택근무도 가능하다. 국가기관의 서비스도 인터넷을 통해 이용할 수 있으며 은행, 증권, 교통, 신문 등 많은 공공서비스들도 인터넷을 통해 이용할 수 있다.

세계적으로 우리나라 사람들의 인터넷 이용 시간이 가장 많다고 하는데,

그만큼 우리나라의 정보화 수준이 높고 많은 정보들이 제공되고 있으며, 결과적으로 정보화 시스템에 크게 의존하고 있다는 것을 나타내 준다고 하겠다.

이처럼 지식정보화 사회가 발전함에 따라 더욱 강조되는 것이 정보보호의 중요성이다. 정보 시스템에 더 많이 의존하게 되면서 정보 시스템이 갑자기 오류를 내거나 사용하지 못하게 되는 경우가 발생한다면, 업무가 마비되거나 사람의 생사까지도 좌우할 수 있는 심각한 사태가 발생할 수 있기 때문이다. 지난 2003년 1월 25일의 인터넷 침해사고가 이를 증명해 준다.

많은 정보가 체계적으로 잘 정리되어 있다는 사실은 정보가 노출된다면 더 많은 피해를 입을 수 있다는 것을 의미한다. 내가 서버에 로그인함으로써 얻을 수 있는 정보와 할 수 있는 다양한 업무들은, 만일 해커가 나의 이름으로 로그인하게 된다면 그도 똑같은 수준의 일을 할 수 있게 된다. 회사의 많은 업무들이 정보시스템을 통해 이루어지는데, 여기에 정리되어 있는 정보가 경쟁회사에 넘어간다면 그 회사는 큰 피해를 입게 될 것이다. 국가의 경우는 더 말할 것도 없다.

따라서 정보화 수준이 높은 기업, 조직, 국가는 정보보호에 더 많은 노력을 기울여야 한다. 글로벌 경쟁시대에서 앞서 나가기 위해서는 정보화 수준을 높여 경쟁력을 높이는 것도 중요하지만 이에 걸맞은 최고 수준의 정보보호 능력을 갖추는 것도 그에 못지않게 중요한 일이다.

정보보호의 목표는?

- **기밀성**(Confidentiality) : 정보를 볼 수 있는 권한을 가지지 않은 사람이 정보에 접근하지 못하도록 제한을 가한다.
- **무결성**(Integrity) : 정보가 권한이 없는 사람에 의해서 조작되거나 훼손되지 않도록 한다.
- **가용성**(Availability) : 권한을 가진 사람은 원할 때 정보를 사용할 수 있어야 한다.

02_ 영화 속의 정보보호

■ 해커스(Hackers, 1995) : 네트워크 해킹, 바이러스, 웜

"11살의 데이빗 머피는 월스트리트를 포함, 전세계 1507대의 컴퓨터를 바이러스에 감염시켜 4만 5,000달러의 벌금과 18세가 될 때까지 컴퓨터와 전화 등 전자적 이용 장치에 접근을 금지한다는 집행유예를 선고받는다. 7년 후, 뉴욕으로 이사해 새 학교로 옮긴 데이빗은 해킹에 관심 있는 친구들을 만난다. 그들의 가방 속엔 IBM PC 사용법, 국제보안기구 네트워크 지침서, 정보기술 보안관리지침 등 해킹에 관한 정보로 가득차 있다.

그러던 어느 날 친구 죠이가 한 유조선 회사의 컴퓨터에 침입했다가 친구들에게 자랑할 셈으로 쓰레기 파일을 복제하는데, 복제 도중 추적을 당하고 경찰에 체포되는 사건이 발생한다. 데이빗을 비롯한 해커들은 파일의 비밀을 캐기 위해 달려든다. 쓰레기 파일의 주인은 컴퓨터 천재, ID명 플레이그. 플레이그는 파일의 비밀을 감추기 위해 데이빗의 어머니를 볼모로 해커들을 위협하는데, 데이빗과 친구들이 이에 맞서 싸워서 결국은 플레이그의 범죄를 막는다."

이 영화는 1980년대 초부터 20년 동안 해킹을 해 온 천재 해커 케빈 미트닉의 실제 이야기를 영화화한 것이다.

이 영화에는 바이러스와 웜, 그리고 네트워크 공격으로 시스템에 과부하

죠이가 시스템에 침투해
파일들을 훔쳐 보는 장면

— 출처 : 영화 '해커스', 유나이티드 아티스트

를 일으켜 작동을 멈추게 하는 공격기술이 등장한다. 악당 플레이그는 바이러스를 이용해 선박을 침몰시키려 하고, 데이빗과 그의 친구들은 이를 막기 위해 시스템 서버에 과부하가 걸리도록 하여 바이러스의 실행이 중단되도록 한다. 이처럼 네트워크 해킹은 시스템의 동작을 중지시키거나 서비스를 방해할 수 있는 공격 기술이다.

그러나 '해커스'에는 영화적 한계도 존재한다. 여기서 바이러스는 컴퓨터 바이러스라기보다는 배를 오작동시키는 프로그램에 불과하다. 또한 네

네트워크 해킹이란?

네트워크에 연결된 시스템의 운영체제, 서버, 응용 프로그램 등의 취약점을 이용해 시스템을 공격하는 행위이다. 일반인에게도 널리 알려진 DOS(서비스 거부 공격), DDOS(분산 서비스 거부 공격)를 비롯해 스캐닝, 스푸핑, 스니핑, 세션 하이재킹 등 다양한 공격 방법과 기술이 있다.

바이러스(Virus)란?

컴퓨터 바이러스를 의미한다. 시스템의 정상적인 파일이나 부트 영역에 침입해 자신의 코드를 삽입하거나 감염시키는 프로그램을 말한다. 감염 방법이나 기법, 동작원리 등에 따라 부트 바이러스, 메모리 상주형 바이러스, 파일 바이러스, 덮어쓰기, 은폐형 등등 여러 가지로 세분화된다.

웜(Warm)이란?

컴퓨터 바이러스와 많이 혼동되지만 다른 파일에 기생하여 감염시키는 바이러스와는 달리 스스로 복제된 파일을 생성하고 확산시켜 시스템을 감염시키거나, 작업을 지연 또는 방해하는 악성 프로그램이다.

트워크 공격을 통해 시스템에 과부하를 걸리게 했을 때, 바이러스만 중지되는 것이 아니라 서비스 자체가 전부 중단되어야 하지만, 영화에서는 잘못된 프로그램만을 중지시키는 것으로 표현되고 있다.

테이크다운(Takedown, 2000) : 네트워크 해킹, 인증, 인가

"해커인 케빈은 FBI의 사주를 받고 케빈에게 접근을 시도하던 랜스라는 또다른 해커로부터 '세스'에 대한 정보를 얻게 된다. '세스(Switched Access Service)'는 캘리포니아 텔레콤이라는 회사에서 FBI에게 제공하는 프로그램으로 언제 어디서나 어떤 전화든 도청이 가능하다. 한편 캘리포니아 대학 슈퍼컴퓨터센터 수석 연구원인 시모무라는 휴대폰 회사의 전화기에 내장되어 있는 도청 기능을 발견하고 도청의 위험성을 알린다. TV로 이를 본 케빈은 시모무라에게 접근하고, 그가 근무하는 회사의 슈퍼컴퓨터에 접근해 각종 파일 자료와 휴대폰 회사의 소스코드를 해킹하는 데 성공한다. 그러나 결국 케빈은 구속되고 만다."

영화 〈테이크다운〉은 〈해커스〉의 후속으로 케빈 미트닉Kevin Mitnic과 정보보호 전문가인 시모무라 사이의 갈등을 소재로 한 영화로서 네트워크

시스템에서 해커들의
움직임을
모니터링하는 장면

— 출처 : 영화 '테이크다운', 디멘션 필름스

방화벽(Firewall) **이란?**
네트워크를 통한 외부 불법 사용자의 침입을 막아줄 뿐만 아니라, 내부 사용자들이 외부 네크워크에 접속할 때 피해를 입지 않도록 막아주는 컴퓨터 간의 보안시스템 소프트웨어를 말한다.

집합(Aggregation) **이란?**
낮은 보안 등급의 정보를 조합하여 높은 등급의 정보를 알아내는 것으로, 개별 정보가 각각 독립적일 때는 가치가 없으나 합치면 특정 정보를 유출할 수 있다.

프리킹(Phreaking) **이란?**
전화 프리킹은 전화 시스템의 구조과 운영의 허점을 이용해 전화 서비스를 몰래 무료로 이용하거나 전화 시스템에 침입하여 도청하는 등의 행위를 말한다.

해킹의 진수를 보여준다.

영화 속에서 케빈은 시모무라의 컴퓨터를 해킹하기 위해 우선 네트워크 해킹을 이용한다. 방화벽을 뚫고 시모무라 컴퓨터에 접근해 중요한 데이터를 모두 가져간다. 그리고 케빈이 FBI에 잡히기 전에 시모무라의 바이러스를 해독한 후 코드를 인터넷에 공유하기 위해서 네트워크에 접속해 자료를 올리지만, 시모무라는 시뮬레이터를 이용해 케빈이 자신의 컴퓨터로 접속하게 만들어 데이터를 가로채는 해킹 기법을 보여준다.

그밖에도 시모무라의 개인정보를 통해 그의 시스템을 해킹할 때 보여줬던 집합Aggregation, 공중전화를 이용해 친구에게 전화를 걸 때 사용한 프리킹Phone Phreaking 등 여러 가지 해킹 기법이 등장한다.

이 영화를 통해 공격 기술뿐만 아니라 보안 기술에 대해서도 알 수 있다. 케빈은 암호를 풀기 위해 대학교에 있는 슈퍼컴퓨터를 사용하는데, 이

인증(Authentication) **이란?**
인증이란 불법적인 행위를 막기 위해 필요한 기본적인 보안 기술 중에 하나로서 법률적으로 어떠한 문서나 행위가 정당한 절차로 이루어졌다는 것을 공적 기관이 증명하는 것을 말한다.

인가(Authorization) **란?**
인가는 특정 정보를 제공하는 시스템의 특정 자원에 대한 접근 및 사용 권한 여부를 결정하는 것이다.

때 슈퍼컴퓨터에 접근하기 위해 인증과 인가를 받아야 했다. 만일 슈퍼컴퓨터 시스템이 인증과 인가에 조금만 더 신경을 썼더라면 케빈은 슈퍼컴퓨터를 사용하지 못했을 것이다.

스워드피쉬(Swordfish, 2001) : 시스템 해킹

" '스워드피쉬'는 미국 마약단속국이 불법적으로 모은 비자금을 세탁하는 프로그램을 일컫는 비밀용어이다. 스파이인 가브리엘은 국제적인 테러를 척결하기 위한 자금을 마련하기 위해 '스워드피쉬'로의 침투를 모색한다. 침투에 성공하면 95억 달러에 이르는 정부의 불법 비자금을 차지할 수 있기 때문이다. 이 계획을 성공적으로 실행하기 위해 그는 두 가지 시나리오를 꾸민다. 하나는 대량의 무기와 용병을 투입해 실제 은행을 터는 것이고, 다른 하나는 컴퓨터에 접속해 스워드피쉬를 해킹하는 것이다. 이를 위해 물샐틈없는 보안 시스템을 무력화시킬 수 있는 천재적인 해커의 기술이 필요한데, 여기에 적합한 인물이 바로 스탠리다. 스탠리는 FBI의 하이테크 사이버 감시 시스템을 교란시킨 대가로 감옥에서 복역 후, 컴퓨터는 물론 모든 전자제품 상점에 대해 일체의 접근 금지는 물론, 삶의 유일한 희망인 딸마저 이혼한 아내에게 빼앗긴 처지다. 가브리엘은 천만 달러의 보상금과 함께 딸과 새출발할 수 있게 해주겠다는 제안으로 그를 유혹한다. 그러나 그 세계에 들어간 스탠리는 모든 게 그들의 제안과는 다르다는 사실을 깨닫는다. 결국 그는 사이버 은행강도 이상의 거대한 음모가 도사린 이 프로젝트의 볼모로 전락하는 처지가 되는데..."

영화 〈스워드피쉬〉는 국제적인 테러집단을 소탕하기 위한 정부의 불법 비자금을 가로채려는 스파이와 그를 뒤쫓는 정부수사기관, 그리고 이 비밀의 문으로 통하는 열쇠를 쥐고 있는 세계 최고의 해커가 사이버와 현실 세

스탠리가 60초 만에
국방부 시스템에
접속하기 위해
패스워드를 찾는 장면

— 출처 : 영화 '스워드피쉬', 워너브러더스

계를 넘나들며 치밀한 두뇌게임을 펼치는 지능적인 영화이다. 이 영화 속에는 시스템 해킹과 데이터베이스 해킹이란 공격기술이 등장하고 있다.

이 영화는 기술적인 면에서 사실적으로 묘사하기 위해 RSA에 자문을 구하는 등 많은 노력을 기울인 듯 보인다. 최소한 해커와 크래커를 차별화시키고, 감옥에서 출소한 크래커가 컴퓨터 사용 금치처분을 받는 등의 내용을 통해 현실성을 높이고 있다.

시스템 해킹이란?

시스템에 사용권한이 없는 사용자가 시스템을 공격하여 시스템의 서비스를 방해하거나 정보를 빼내는 공격 기술이다. 그 종류로는 패스워드 크래킹(Password Cracking), 백도어(Backdoor), NETBIOS 공격, 키로거(Keylogger), 버퍼 오버플로(Buffer overflow), 레이스 컨디션(Race Condition), SetUID 등의 공격 기법들이 있다.

해커(Hacker)와 크래커(Cracker)의 차이는?

해크(Hack)와 프로듀서(Producer)의 합성으로 이루어진 해커는 컴퓨터나 네트워크 등에 몰두하여 이에 대한 탐구를 즐기는 사람을 의미한다. 그러나 네트워크의 까다로운 침입 방어시스템을 뚫는데서 성취감이나 쾌감을 찾는 사람들이 출현하면서 '컴퓨터 침입자'라는 부정적인 의미로 쓰이기 시작했고, 컴퓨터를 이용한 범죄의 증가로 장난기나 범죄를 목적으로 단말기나 통신회선을 통해 컴퓨터에 침입하여 정보를 빼내거나 혼란을 일으키는 범죄자라는 뜻으로까지 변질되었다.

그러나 미국, 유럽 등을 비롯한 선진국에서는 해커와 악의적인 침입자를 의미하는 크래커를 구분하여 사용하고 있다. 크래커는 정보 획득을 위한 단순 침입자인 '인트루더(Intruder)'와, 시스템의 서비스를 막는 '어태커(Attacker)', 시스템을 파괴하고 상용 프로그램의 복사 방지장치를 풀거나 바이러스를 전파하는 '디스트로이어(Destroyer)' 등으로 나뉜다.

제1부_ 정보보호란 무엇인가?

20· 21

> **암호 보안**
>
> 암호화(Encryption)란 정보나 데이터를 다른 사람들이 읽을 수 없는 형태로 변환하는 보안 방법을 말한다. 암호화된 정보를 열어 보기 위해서는 키(Key)라는 특정 데이터를 이용해 데이터를 원래의 형태로 변환해 주는 복호화(Decryption) 과정이 필요하다. 따라서 컴퓨터 시스템에 접근하는 패스 워드 등이 침입자에게 노출되더라도 암호화된 데이터는 여전히 알아볼 수 없기 때문에 정보를 보호할 수 있게 된다.

하지만 이 영화 속에도 몇 가지 과장된 장면들이 등장한다. 우선 웜 코드는 오토캐드를 사용해 만들지 않는다. 또한 아무리 뛰어난 프로그래머나 수학자라도 열심히 생각하는 것만으로 512비트의 암호키를 인수화하거나 비주얼화하는 것은 거의 불가능한 일이다.

영화에서 스탠리는 60초 만에 국방부 네트워크에 패스워드 크래킹을 하는데, 이것은 현실적으로 거의 불가능한 일이다. 또한 은행에서 95억 달러를 한 번에 이체했다가 다시 다른 곳으로 이체하는데, 이 역시 기술적인 면만 생각하면 가능하다고 할 수 있지만, 은행에서 예금의 흐름을 보호하기 위해 사용하는 여러 가지 정책 및 관리적인 면을 고려하지 않은 비현실적인 장면이라고 할 수 있다.

패스워드(AntiTrust, 2001) : 시스템 해킹, 암호

"스탠퍼드 대학 졸업생인 컴퓨터 천재 마일로는 친구들과 함께 자신의 집 주차장에 벤처회사를 차리고 디지털 컨버전스에 필요한 최첨단 프로그램을 개발한다. 이때 거대 소프트웨어 회사인 너브사의 게리 윈스턴으로부터 파격적인 조건으로 스카우트 제의가 들어온다. 마일로는 최고의 프로그램을 만들기 위해 제안을 받아들이지만, 그의 단짝 친구인 테디는 소프트웨어 시장을 독점하려는 너브사에 반발해 일언지하에 거절한다.

얼마 후 테디는 인종차별주의자들에게 살해당한다. 테디의 죽음에 의혹을 품고 추적하던 마일로는 그의 죽음에 자신의 보스인 게리 윈스턴이 연관되어 있다는 것을 알게 된다. 그는 천재 프로그래머답게 패스워드를 알아내 윈스턴 회장이 구축하고 있는 시냅스 시스템에 접근한다. 그리고 너브사가 천재 프로그래머들의 방을 몰래 카메라로 감시하는 장면, 테디를 살해하는 장면 등 윈스턴 회장의 비리를 전세계에 알린다."

IT 업계에서 일어나는 가공할 음모와 치열한 싸움을 그린 영화 〈패스워드〉는 실제 IT 업계의 거물들이 대거 참여해 화제가 되기도 했다.

통신위성에 관해서는 NASA의 우주선 갈릴레오의 엔지니어였던 젠트리 리가 지식과 아이디어를 제공했고, 오픈소스 소프트웨어의 움직임을 추진하는 컴퓨터 업계의 거물인 리누스 토발즈를 필두로 리눅스인터네셔널의 존 매드독 홀, 그놈GNOME의 창시자 미구엘 드 이카자, 그리고 선마이크로시스템즈의 최고경영책임자인 스콧 맥닐리도 협력했다. 이들은 영화 속에 카메오로도 출연하고 있다.

정보 독점의 폐해를 알리고 정보 공유의 필요성을 역설하고 있는 이 영화는 각 분야 전문가들의 지도를 받은 덕분에 여러 가지 설정과 기술적인 부분들이 무척 사실적으로 표현되고 있다.

주인공이 컴퓨터 문제를
해결하는 장면

— 출처 : 영화 '패스워드', 21세기 폭스

네트(The Net, 1995) : 전자주민카드, 개인정보 위조, 바이러스

"안젤라 베넷은 재택근무를 하는 프로그램 테스터이다. 하루는 회사 동료로부터 '모짜르트의 유령'이라는 음악 프로그램을 건네받게 되는데, 이후 회사 동료는 의문의 추락사를 당하고, LA공항에서도 컴퓨터 고장으로 모든 이착륙이 중지되는 사태가 벌어진다.

한편 휴가차 멕시코에 간 안젤라는 문제의 디스켓 때문에 우여곡절을 겪게 되는데, 이 모든 일은 컴퓨터 보안 소프트웨어인 '게이트 키퍼'를 개발한 '프래토리안' 그룹의 제프 그레그가 주요 기관들의 정보를 빼돌려 세계를 지배하기 위해 꾸민 일이었다. 음모에 의해 모든 개인정보가 바뀐 안젤라는 자신을 찾기 위해 사투를 벌이고, 결국 FBI에 증거들을 이메일로 보내면서 사건이 마무리된다."

이 영화는 정부가 국민들의 온갖 정보를 데이터베이스화하여 관리하려는 이른바 '전자주민카드 제도' 등이 실현되었을 때 어떤 위험과 부작용이 올 수 있는지 생생하게 보여준다. 이른바 전자 파놉티콘(Panopticon)과 관련된 논란이다.

우리 정부에서도 전자주민카드 제도를 추진하면서 한동안 논쟁이 있었다. 정부 측에서는 편리성과 관련 산업의 이익을 앞세워 추진하려 했고, 시민단체에서는 정보의 집중화에 따른 위험과 감시, 통제의 확산 등 오남용, 그리고 해킹과 같은 중대사고 시의 대책이 미흡하다는 점을 들어 강력히 반대했다. 이러한 사정으로 추진되지 못하였으나, 급변하는 정보

영화 '네트'의 포스터

― 출처 : 윈클러 필름

화 사회와 각종 테러의 위협에 대응할 수 있는 더 나은 기능을 보유한 전자주민 카드 도입을 검토하고 있다.

영화 〈네트〉는 바로 이 전자 파놉티콘이 현실화됐을 때 해킹 등에 의한 부작용과 위험성이 어떤 것인지를 잘 보여주고 있다.

전자 파놉티콘(Panopticon, 감시)
영국의 사회학자 라이온이 제안한 개념으로 20세기 후반부터 정보기술이 광범위하게 확산됨에 따라 감시 활용이 훨씬 넓은 기반에서 가능하게 되었다. 파놉티콘에서는 간수의 시선이 감시의 수단이었지만, 전자 파놉티콘에서는 정보의 수집이 이를 대체한다. 또한 파놉티콘은 지역 단위에서만 효과적으로 작용하지만, 컴퓨터를 통한 정보의 수집에는 지역적 한계가 없다. 즉 감시기관이 각종 데이터를 체계적으로 수집하고 활용하면 개인이나 조직의 거의 모든 활동을 통제할 수 있다는 것이다.

다이하드 4.0(2007) : 파이어세일

"7월 4일 미국의 독립기념일, 컴퓨터 해킹 용의자인 매튜 패럴(저스틴 롱)을 FBI 본부로 호송하던 존 맥클레인은 매튜 패럴의 집으로 들이닥친 괴한들의 총격을 받고 가까스로 목숨을 건진다. 정부의 네트워크 전산망을 파괴해 미국을 장악하려는 전 정부요원 토마스 가브리엘이 자신의 계획을 저지할 가능성이 있는 모든 해커들을 죽이는 동시에 미국의 네트워크를 공격하기 시작한 것이다.

천신만고 끝에 목숨을 건졌지만 미국의 교통 · 통신 · 금융 · 전기 등 모든 네트워크가 테러리스트의 손아귀에 들어가고 미국은 공황상태에 빠진다. 테러리스트를 막기 위해 뉴저지에서 워싱턴으로, 그리고 버지니아로 숨막히는 추격전을 벌이는 가운데, 가브리엘이 존 맥클레인의 딸 루시를 인질로 잡고 마는데 …"

자동차로 헬기를 격추시키는 액션으로 유명한 다이하드 4.0에서는 사이버 테러리스트들이 3단계 파이어세일Firesale로 미국을 위기로 몰아넣는다.

— 출처 : 영화 '다이하드 4.0', 21세기 폭스

파이어세일이란 1단계는 교통 시스템 마비, 2단계는 금융·통신·전산 장애, 3단계는 가스·수도·전기·원자력 등을 점령하여 사회 기반 시스템을 마비시키는 시나리오를 말하는 것으로, 정보화된 현대사회가 사이버 테러리스트들의 공격에 얼마나 큰 피해를 입을 수 있는지 여실히 보여주고 있다.

이 영화 속에 나타나는 해킹 장면은 얼마나 현실성이 있는 것일까? 해커가 신호등을 마음대로 제어하는 장면은 실제로 가능할 수 있다. 우리나라에서도 신호등과 가로등 관리를 위해 내부망 네트워크를 사용 중이며, 무선 네트워크를 통해 제어하기도 한다. 해커 집단이 전력 공급을 차단하기 위해 직접 발전소를 찾아가는 장면 역시 설득력이 있다. 발전소와 같은 국가 안보에 지대한 영향을 미치는 공공 시설물은 폐쇄회로로 운영하거나, 철저한 물리적 보안을 통해 만약의 사태를 대비한다. 이것을 공격하기 위해서는 직접 그곳에 가서 물리적 접근통제를 통과하여 내부망에 접속해야 한다.

해커가 빠른 두뇌와 특출한 손놀림만으로 몇 초 만에 정보를 빼가는 것은 불가능하다고 할 수 있다. 해당 서버의 정보 또는 프로그램 등의 구성을 미리 알고 있지 못하면 쉽게 접근해 데이터를 빼낼 수 없다. 또 서버가 설치된 운영체제는 인증을 거쳐야 하는데, 아무런 제약없이 바로 데이터를 저장하는 것은 현실성이 떨어진다.

최근 미국에서는 다이하드 4.0을 연상시키는 해커들의 공격이 자행돼

도시 전체의 전기 공급이 끊기는 일들이 벌어지고 있다는 주장이 나왔다. CIA 선임 분석가인 톰 도나휴는 최근 뉴올리언스에서 열린 프로세스 제어 보안회담 석상에서 해커들이 전기설비에 침입, 돈을 요구하다 전원을 망가뜨려 여러 도시의 전력 공급이 끊기는 일이 벌어졌다고 밝혔다.

괴물(2006) : 암호관리, 개인정보 보안

"2000년 0월 0일, 한국과 미국이 공동으로 사용하는 연구실에서 엄청난 양의 독극물이 한강으로 흘려보내진다.

6년 후, 한강 둔치에서 매점을 운영하는 박강두 가족 앞에 어느날 갑자기 정체불명의 괴물이 나타난다. 괴물을 무차별로 사람들을 습격하기 시작하고, 강두 가족과 괴물의 사투가 시작된다. 괴물은 다름 아닌 독극물을 먹은 물고기가 돌연변이가 된 것이다. 강두의 가족은 괴물과의 혈투 과정에서 가족을 잃는 슬픔을 겪기도 하지만, 잃어버렸던 가족애를 다시 찾고 결국 괴물도 처치한다."

우리나라에서 천만 관객을 동원했던 영화 〈괴물〉에서도 정보보호와 관

책상 위에 붙여놓은 비밀번호를 쉽게 찾는 장면

— 출처 : 영화 '괴물', (주)쇼박스

런된 내용이 등장한다.

괴물에게 납치된 현서를 찾기 위해 삼촌 남일은 통신회사에 들어가 현서의 휴대폰을 위치추적하려고 한다. 위치추적을 하기 위해서는 컴퓨터에 암호를 입력해야 하는데, 암호가 너무나 찾기 쉬운 곳에 방치되어 있었기 때문에 남일은 조카의 위치정보를 찾을 수 있었다. 아무리 시스템 보안을 잘 해도 암호관리를 소홀히 한다면 시스템이 쉽게 뚫릴 수 있다는 것을 보여주는 사례다.

사랑방 선수와 어머니(2007) : 사회공학적 공격

"사랑방 임대업만 꼬박 15년째인 어머니(혜주)의 사랑방에 어느날 서울에서 손님이 찾아든다. 마지막 로맨스를 꿈꾸던 혜주는 수려한 외모에 매너까지 갖춘 손님의 출현이 반갑기만 하다. 식사는 물론 손빨래까지 자청하며 호감을 표시하는데, 전직 '선수' 출신인 손님이 이곳 사랑방에 머문 이유는 따로 있었다. 우연히 1억 원이 저축되어 있는 혜주의 통장을 보고 그 돈을 빼내려는 속셈이었다. 사랑방 손님은 휴대폰 뱅킹을 이용해 돈을 몰래 빼내려고 하는데, 문제는 비밀번호를 모른다는 것. 비밀번호를 알아내기 위해 온갖 시도를 하지만 결국 실패하고 혜주와 결혼을 하게 되는데…"

국내에서 개봉된 영화 〈사랑방 선수와 어머니〉는 패스워드 사용 사례의 취약성을 코믹하게 그렸다.

사랑방 선수는 혜주의 통장에 1억 원이 저축되어 있는 사실을 알고 이것을 텔레뱅킹으로 빼내려고 한다. 그는 혜주가 사용하는 비밀번호를 알아내기 위해 혜주에게 최신 휴대폰을 사주고 비밀번호를 등록하게 하는 등 갖가지 방법으로 노력한다. 여기서 남자 주인공이 혜주에게 환심을 사서 비밀번호를

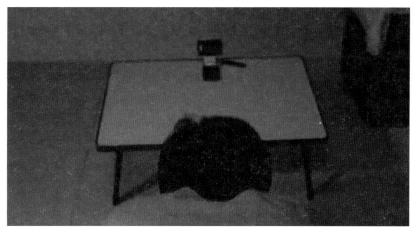

텔레뱅킹을 하기전에
핸드폰에 고사를
지내는 모습

— 출처 : 영화 '사랑방 선수와 어머니', (주)롯데엔터테인먼트

간접적으로 알아내려 했던 방법이 바로 사회공학적 공격이다.

사랑방 선수는 결국 비밀번호를 3번 틀려서 돈을 인출하는 데 실패한다. 만일 텔레뱅킹 시스템에 비밀번호 오류 횟수의 제한이 없었다면 남자 주인 공은 모든 비밀번호를 시도해 봄으로써 돈을 빼낼 수 있었을 것이다. 결국 우여곡절 끝에 혜주와 결혼하기로 한 사랑방 선수는 나중에 혜주가 맡긴 통장의 비밀번호를 알게 되는데, 그 번호는 가장 흔히 쓰는 '1234'였다.

사회공학적 공격
학교 휴지통에서 학생의 정보를 알아내 친한 친구인 것처럼 전화를 걸어 정보를 알아내는 행위, 다른 회사 직원을 사칭해 또다른 직원으로부터 정보를 알아내는 행위 등이다.
아주 특별한 기술을 필요로 하는 것이 아니라 사람들이 흔히 저지르거나 방심하기 쉬운 실수들을 기반으로 암호 등을 알아내는 수법을 사회공학적 공격이라 한다. 비밀번호를 알아내기 위해 사람들이 자주 사용하는 생년월일, 전화번호 등을 시도해 보는 것도 이에 해당된다.

03_ 언론 속의 정보보호

대통령과 총리가 성인물을 즐긴다? : 개인정보 유출

우리나라는 전통적으로 개인의 인증을 주민등록번호에 크게 의존하고 있다. 어떤 사이트에 등록하든지 주요한 인증수단으로서 주민등록번호를 확인하는데, 이것을 안전하게 보호하지 않으면 명의가 도용될 수 있고, 개인정보가 노출되고, 사회생활에 큰 지장을 줄 수 있다. 최근 뉴스에 따르면, 우리 국민들의 주민등록번호 6,000여 개가 중국 웹사이트에 노출되어 있으며, 실제로 이들 주민등록번호를 도용하여 게임·성인 사이트 등에 가입된 사례가 8,000여 건에 달한다고 한다.

따라서 주민등록번호에 지나치게 의존하는 것을 피하고, 이것이 도용되는 것을 방지하기 위해 여러 가지 방안이 시도되고 있다. IC카드를 이용한 전자주민증 사업은 주민등록번호 도용 등의 문제를 해결할 수 있는 방안으로 오랫동안 도입이 추진되어 왔으나, 정보의 집중과 개인 프라이버시 침해 가능성 등으로 추진되지 못하고 있다. 아이핀I-PIN 등 주민등록번호 대체수단에 대한 연구개발과 도입을 활성화할 수 있도록 사용자 편의성 제공과 서비스 고도화를 위해 많은 노력을 하고 있다.

주민등록번호 이외에도 인터넷 상에서 개인의 사생활 정보를 보호하려는 노력도 더욱 요구되고 있다. 유명 연예인의 어린시절 사진, 성형 전 사진

노 대통령·한 총리 주민번호 인터넷에 유출, 무차별 도용

"노무현 대통령과 한명숙 총리의 주민등록번호가 인터넷에서 도용돼 리니지, 피망, 넷마블 등 게임 사이트에서 사용되고 있다는 의혹이 27일 제기됐다.

국민중심당 류근찬 의원은 이날 국회 과학기술정보통신위에서 "한 인터넷 포털 사이트에 노 대통령과 한 총리의 이름과 생년월일을 입력하니 바로 두 사람의 주민등록번호를 찾을 수 있었다"며 인터넷 화면을 포착한 화면자료를 제시했다..."

— 출처 : 동아일보, 2006. 6. 28

당신의 개인정보, 안녕하십니까?

"직장인 L씨는 취미생활인 인터넷 서핑을 그만뒀다. 자주 이용하던 쇼핑몰이 해킹당해 개인정보가 유출됐기 때문이다. L씨는 주민등록번호와 이름 등 개인정보가 외국에서 공공연하게 거래되고 있다는 사실에 찜찜한 기분을 지울 수 없다.

지난 2월 발생한 오픈마켓 해킹사건 이후 개인정보 유출사고가 연달아 터지고 있다. 옥션 회원만 무려 1,000만 명의 정보가 유출됐고, 하나로텔레콤 고객 600만 명도 피해를 입었다. 중국인 해커가 빼낸 900만 명의 개인정보를 역으로 국내 대부업체가 사들이는 일까지 발생했다..."

— 출처 : 머니투데이, 2008. 8. 4

이 급속히 인터넷에 퍼지는 일이 비일비재하다. 구글맵에서 제공하는 인터넷 지도 서비스에서 개인이 자기 집 옥상에서 누드로 선탠하고 있는 장면이 고해상도 사진으로 나타난다든지, 지도 서비스와 함께 제공하는 거리사진 서비스에 자신의 모습이 찍힌 장면이 나온다든지 하는 사례들도 개인의 사생활 정보가 보호되지 못한 사례이다.

아이핀(I-PIN)

인터넷에서 웹서비스를 제공하는 사람들은 이러한 개인정보가 노출되지 않도록 더욱 주의를 기울여야 한다.

🔖 김하나가 누구지? : 스팸메일

스팸메일이 심각한 사회적 문제로 대두되기 시작한 것은 5~6년 전부터 이다. 초고속 인터넷망의 확산에 따라 인터넷 이용과 전자상거래가 급격히 성장하고, 그와 더불어 이메일이 중요한 마케팅 수단으로 각광을 받게 되자 스팸메일의 유통량도 빠르게 증가했다. 스팸메일이 사회 전체에 미치는 영향력은 그 어떤 정보화 역기능보다도 크고 심각하다.

한국정보보호진흥원의 연도별 불법 스팸 민원신고 접수 현황을 보면, 2004년 31만 4,474건이던 관련 민원이 2005년 38만 9,371건, 2006년 66만 239건, 2007년 221만 2,656건으로 크게 증가했다.

수신자의 의사와 무관하게 지속적이고 대량으로 전송되는 광고메일은 개인적으로나 사회적으로 유무형의 문제를 발생시킨다. 개인메일함으로 들어오기 때문에 그로 인한 피해를 사적이고 정신적인 영역에 국한되는 것으로 생각하기 쉽지만, 불법 스팸으로 인해 불필요하게 발생하는 사회적 비용도 적지 않고, 사행성 도박이나 고리 대출에 빠져드는 사례가 계속 생겨나고 있어 심각한 사회문제를 야기하고 있다.

'스팸여왕 김하나' 돈 때문에 2년 만에 또 범행, 경찰에 덜미

"한때 '스팸여왕' '스팸지존' 으로 악명을 떨쳤던 스팸메일 발송자 '김하나' 가 경찰에 붙잡혔다. 그러나 '김하나' 는 당초 알려진 여성이 아니라 서울 한 대학 컴퓨터 관련학과를 다니다 휴학한 뒤 현재 병역특례로 방위산업체에 근무 중인 남자로 밝혀졌다. (중략)

박씨는 고등학교 2학년 때인 지난 2003년 '김하나' 라는 가명으로 마이크로소프트 핫메일(hotmail) 계정을 자동으로 생성해 스팸을 보내는 프로그램을 제작했다. 박씨는 이어 이 프로그램을 단돈 120만 원에 업자 4명에게 팔았으나, 이 프로그램이 성인 사이트 광고메일과 대출 관련 스팸메일 등 스팸메일 발송자에게 급속히 확산되면서 '김하나' 라는 가명은 '스팸메일' 의 대명사가 됐다. (중략)

박씨는 재미로 만들었던 스팸메일 발송 프로그램이 사회문제로 확산되자 프로그램 제작을 중단했다. 당시 '김하나' 스팸 프로그램으로 발송된 이메일은 수조 통에 이르는 것으로 추산되고 있다. 그러나 2년여가 지난 지난해 등록금과 용돈 마련을 위해 다시 업그레이드된 프로그램을 제작했다 덜미를 잡혔다…"

— 출처 : 조선일보, 2007. 1. 30

인터넷에서 고기잡이를? : 피싱

피싱Phishing은 개인정보Private Data와 낚시Fishing의 합성어로 해커들이 만든 용어이며, 사회공학적 방법 및 기술적 은닉기법을 이용해서 민감한 개인정보, 금융계정 정보를 절도하는 신종 금융사기 수법이다.

피싱은 유명기관을 사칭한 위장 이메일을 불특정 다수 이메일 사용자에게 전송하고 위장된 홈페이지로 유인하여 인터넷상에서 신용카드번호, 사용자 아이디, 패스워드 등 개인의 금융정보를 획득한다.

피싱 피해 사례는 2003년 이베이eBay 사건이 대표적이다. 이베이를 사칭해 "보안 위험으로 계정이 일시 차단되었으니 첨부된 링크를 클릭해 이베이 홈페이지를 통해 재등록하라"는 메일이 인터넷 이용자에게 무작위로 발송되었고, 메일을 받은 사용자들은 신용카드번호, 사회보장번호 등을 의심하지 않고 입력하여 개인정보를 도용당했다.

이후 미국과 유럽의 유명 금융회사, AOL, 구글 등 인터넷 업체를 사칭한 피싱이 지속적으로 발생해 왔다. 영국계의 유명 금융회사인 로이드 퍼스널뱅킹Lloyd TSB을 사칭해 개인 금융정보 입력을 요구하거나, 가짜 구글 사이트를 통해 "400만 달러의 상금이 당첨되었습니다!"라고 광고하여 링크를 클릭하면 신용카드 정보나 주소 입력을 요청하는 사례도 있었다. 또한 AOL을 사칭해 "신용카드 사용정지 공지", "사용자 정보 확인 요구" 등으로 개인정보를 도둑질하는 사건이 발생했다.

최근에는 피싱 기법이 더욱 정교해지면서 금융이나 인터넷 업체뿐 아니라 다양한 분야로 범위가 확장되고 있다. 해리포터 전자북e-Book을 사칭해 애독자들에게 은행계좌를 입력하고 책을 구매할 것을 소개하는 메일이 발송되었으며, 적십자RedCross를 사칭해 해일 쓰나미로 피해를 본 사람들을 위한 성금모금 메일이 발송되기도 했다.

국내에서도 피싱으로 인한 피해 우려가 높아지고 있다. 지난 2005년 11월에는 피싱 사이트를 개설, 비밀번호 등 개인 금융정보를 알아내 돈을 몰래 유출한 피싱 사기로 5명이 구속되는 사건이 발생했다. 피셔Phishier는 인터넷 카페에 시중은행 명의로 가짜 대출광고를 게시해 피해자를 피싱 사이트로 유도하는 방법을 통해 개인 금융정보를 도둑질하고, 새 인증서를 발급받아 피해자 거래은행으로부터 1억 2,000여만 원을 절도했다. 피셔는 외국 서버를 이용하여 피싱 사이트를 구축하고, 돈을 빼내는 과정은 모두 무선으로 처리해 인터넷 접속기록을 남기지 않는 지능적 수법을 사용했다.

왜 사이트 접속이 안 되지? : 웹서비스 공격

웹서비스 공격에는 DoS 공격(Denial of Service attack, 서비스 거부 공격), DDoS 공격(Distributed Denial of Service attack, 분산 서비스 거부 공격) 등이 있다.

DoS 공격은 비정상적으로 컴퓨터의 리소스를 고갈시켜 사용자가 인터넷 상에서 평소 잘 이용하던 자원에 대한 서비스를 더 이상 받지 못하게 하는 것을 말한다. 네트워크 접속이나 서비스 등이 일시적으로 제 기능을 발휘하지 못하거나, 최악의 경우 수백만 명이 접속하는 웹사이트가 동작이 멈추는 경우도 생겨날 수 있다. 또한 컴퓨터 시스템 내의 프로그램이나 파일을 못 쓰게 만들 수도 있다. DoS 공격은 우연히 발생하는 경우도 있지만 보통 악의적인 의도로 이루어지며, 인터넷의 웹서버를 무력화시킨다.

DoS 공격은 컴퓨터 시스템의 보안을 침해하는 한 형태로서, 정보를 몰래 빼내가거나 그 외의 다른 보안상의 피해를 유발하지는 않지만 표적이 된 개인이나 기업에 시간과 비용 면에서 큰 손실을 안겨준다.

엠게임, DoS 서비스 공격받아 '홍역'

'풍림화산', '열혈강호' 등의 인기게임을 서비스하고 있는 게임포털 엠게임 사이트가 14일 저녁, DoS 서비스 거부 공격을 받아 마비됐다 3시간여 만에 복구되는 홍역을 치뤘다. DoS 서비스 거부 공격은 트래픽을 대량으로 발생시켜 네트워크의 한계대역폭을 넘어서는 패킷을 전송, 시스템 자원소모를 유발하는 것이다. 이로 인해 정상적인 사용자의 접속을 지연시키는 악성 공격이다. 지난 2007년 11월경, 게임 아이템 중개 사이트들을 마비시켰던 DDoS 공격과 유사한 방식의 공격이다.

엠게임에 따르면 14일 오후부터 베트남에 할당된 IP대역에서 DoS 공격 패킷이 흘러들어와 시스템이 부하되기 시작했다. 이로 인해 엠게임은 사이트를 일시적으로 폐쇄하고 하나로 IDC, 한국정보보호진흥원과 협조, 공격을 유발하는 불량 IP를 차단하는 한편, 방화벽으로 유입되는 악성 트래픽을 필터링하는 작업을 진행했다. 엠게임 사이트는 14일 밤 9시 이후 정상적으로 복구된 것으로 확인됐다.

— 출처 : 아이뉴스24, 2008. 2. 15

'DDoS 공습경보' 기업들이 떨고 있다

"요즘 온라인 게임에 한창 빠진 직장인 최모(34)씨. 최씨에게 오늘은 참 짜증나는 날이다. 퇴근 후 하려던 온라인 게임 사이트가 먹통이기 때문. 최씨는 게임회사에 항의 전화를 할까 하다 일단 참고 있는 중이다.

같은 시간 최씨를 고객으로 둔 온라인 게임 회사는 난리가 났다. 갑작스런 중국발 DDoS 공격에 회사 네트워크가 아예 마비된 것이다. CEO인 강씨는 당장의 금전 손해보다 고객들의 신뢰를 잃을까 노심초사하고 있다.

특정 시스템에 막대한 공격 트래픽을 보내 서비스를 마비시키는 '분산 서비스 거부 공격(DDoS)'이 국내 기업들을 상대로 무차별 폭격을 퍼붓고 있다.

바이러스도 악성코드도 아닌 접속 트래픽이 밀려오는 것이니 기존 해킹 방어기술로는 DDoS를 막기 어렵다. 네트워크 대역폭을 늘리면 시스템 마비는 막을 수 있겠지만 미봉책에 불과하다. (중략)

— 출처 : 지디넷코리아, 2008. 10. 16

DDoS 공격 개념도

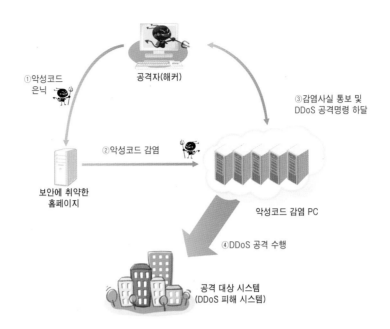

①악성코드
은닉

공격자(해커)

③감염사실 통보 및
DDoS 공격명령 하달

②악성코드 감염

보안에 취약한
홈페이지

악성코드 감염 PC

④DDoS 공격 수행

공격 대상 시스템
(DDoS 피해 시스템)

— 출처 : 한국정보보호진흥원

웹서비스 공격은 단일 시스템 공격인 DoS 공격에서 분산 시스템 공격인 DDoS 공격으로 발전해 더욱 큰 문제를 일으키고 있다. DDoS는 홈페이지에 순식간에 대량 접속을 일으켜 시스템을 다운시키고, 해당 사이트의 업무를 마비시킨 후 금전을 요구하는 방식으로 해킹이 이루어진다.

특히 DDoS 공격의 진원지들이 급속도로 늘고 있어 문제는 점점 심각해지고 있다. 일명 '좀비Zombie'라 불리는 악성코드에 감염된 PC는 본인도 모르게 공격자 명령에 따라 DDoS 공격을 단행하는데, 좀비 PC 수가 얼마나 되는지는 좀처럼 파악하기 어려우며, 매우 광범위하게 퍼져 있을 것으로 추정될 뿐이다. 이 같은 상황은 DDoS 공격을 감행할 수 있는 인프라가 갈수록 발전하고 있음을 의미한다. 실제로 보안에 자신 있다고 하는 국내 유명 사이트들이 DDoS에 허무하게 무너진 사례들을 볼 수 있다. 대형 증권사, 포털, 정부기관, 온라인 게임회사 등 업종을 가리지 않고 대형사고가 터지고 있다.

범죄의 재구성 : 디지털 포렌식

지식정보화 사회가 발전하면서 사이버 공간상의 범죄가 크게 늘어나고 있다. 이에 따라 사이버 범죄수사가 경찰이나 검찰의 주요 업무로 등장하고 있으며 사이버보안경찰, 사이버수사대 등의 새로운 직업군이 나타나고 있다.

사이버 범죄의 수사는 컴퓨터와 인터넷을 통한 정보의 흐름을 조사하고 범죄 사실에 대한 증거를 확보하는 것이 중요한데, 이러한 기술을 디지털 포렌식Digital Forensic이라고 한다. 포렌식이란 원래 '수사'를 의미하는데, 디지털 데이터에 대한 수사라는 의미에서 디지털 포렌식이라 부른다.

디지털 포렌식은 검찰, 경찰 등 국가 수사기관에서 범죄 수사에 활용되며, 일반 기업체 및 금융회사 등 민간 분야에서도 그 중요성이 갈수록 높아지고 있다. 디지털 포렌식은 크게 증거 수집, 증거 분석, 증거 제출과 같은 절차로 구분된다.

증거 수집은 컴퓨터 메모리, 하드디스크 드라이브, USB 메모리 등 저장 매체에 남아 있는 데이터를 취합하는 것인데, 원본 데이터가 손상되거나 변형되지 않아야 하기 때문에 원본 데이터의 무결성을 보장하는 이미징 기술 등을 사용한다.

증거 분석 단계에서는 수집된 데이터에서 수사에 필요한 유용한 정보를 끌어내기 위해 자세히 분석한다. 일부 데이터는 숨겨져 있을 수 있기 때문에 삭제된 파일을 복구하거나 암호화된 파일을 해독하는 기술 등이 활용된다.

마지막으로 이런 과정을 통해 입수된 디지털 증거가 법정 증거로 채택되

디스크 이미징(disk imaging) **기술이란?**
수집된 하드디스크를 분석 컴퓨터에 직접 연결한 후 조사 분석 과정을 실시하면 증거물이 물리적·논리적으로 손상되거나 변조될 우려가 있다. 그렇기 때문에 원본 하드디스크와 완벽하게 같은 사본 파일을 작성하고, 그 파일을 사용해 조사 분석을 실시하게 되는데, 이와 같이 사본 파일을 만드는 것을 이미징이라고 한다.

사이버 범죄 현황

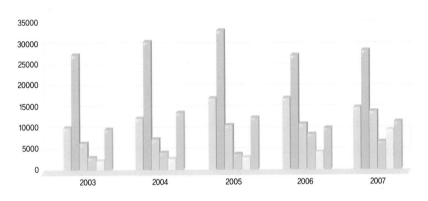

■ 해킹 바이러스 ■ 인터넷사기 ■ 사이버폭력 ■ 불법사이트운영 ■ 불법복제판매 ■ 기타

— 출처 : 경찰청 사이버테러대응센터

최근 5년간
사이버 범죄
발생 및 검거 현황

구분	총계		사이버 테러형 범죄		일반 사이버 범죄	
연도	발생	검거	발생	검거	발생	검거
2003	68,445	51,722	14,241	8,891	54,204	42,831
2004	77,099	63,384	15,390	10,339	61,709	52,391
2005	88,731	72,421	21,389	15,874	67,342	56,547
2006	82,186	70,545	20,186	15,979	62,000	54,566
2007	88,847	78,890	17,671	14,037	71,176	64,853

기 위해서는 증거 자료의 신뢰성을 확보한다. 이를 위해 법률적으로 디지털 포렌식에 대한 표준 절차뿐 아니라 증거 수집 및 분석에 사용된 포렌식 툴에 대한 검증 절차도 이뤄진다.

뉴스에서 자주 나타나는 사례를 보면 용의자의 사무실이나 집안에서 PC를 조사한 결과, 범죄와 관련된 이메일이나 사진 파일을 발견했다는 내용을 볼 수 있다. 용의자는 분명히 데이터를 지웠다고 생각하겠지만, 수사관들이 디지털 포렌식 기술을 이용해 데이터를 살려낸 것이다.

가장 일반적인 증거 분석 방법은 삭제한 데이터를 복구하는 것이다. 일반적으로 파일을 삭제하는 것은 파일 내용을 지우는 것이 아니라, 파일의 이름표에 해당하는 리스트를 지우는 것이다. 또 파일을 삭제했을 경우, 데이터베이스 파일이 남아 있을 수 있어 이것을 분석해 관련 파일의 존재 여부를 확인할 수 있다.

일부 데이터를 윈도에서 숨김 속성을 해놓거나 파일 확장자를 바꿨을 때는 포렌식 툴이 이런 파일들을 찾아준다. 보통 하나의 파일 형식은 하나의 파일 확장자와 하나의 식별자identifier라 불리는 유일한 값을 가지는데, 이 식별자는 파일 생성 시 헤더에 자동으로 저장된다. 따라서 확장자를 바꿀 경우, 파일 확장자와 식별자가 일치하지 않으므로 확장자가 바뀐 파일들을 찾을 수 있다.

이메일은 이메일 자체를 삭제하는 것이 아니라, 이메일 헤더 값을 바꿔서 삭제하기 때문에 복구될 가능성이 높다. 그렇지만 포털에서 제공하는 웹 메일은 이메일 데이터를 포털에서 관리하기 때문에 복구하기는 쉽지 않다.

또한 PC나 응용 프로그램을 사용하게 되면 운영체제나 프로그램 사용 흔적인 로그log를 남기는 경우가 있는데, 이런 데이터는 사건 분석에 중요한 정보가 될 수 있다.

디지털 포렌식은 수사기관, 기업체 등에서 광범위하게 사용되고 있다. 스파이, 기술 유출, 공갈, 사기, 위조, 해킹, 사이버 테러와 같은 PC 범죄 또는 회사 정보 및 기술 유출을 막는 데도 쓰인다. 갈수록 진화하는 디지털 범죄를 막기 위해서는 이를 예방, 수사할 수 있는 디지털 포렌식 기술이 매우 중요하다.

'신○○ 연서' 복구한 '디지털 포렌식 기술' 이란

"신○○ 전 동국대 교수와 변○○ 전 청와대 정책실장 간 주고받은 이메일의 복구가 사건의 진상을 밝히는 데 결정적인 역할을 함에 따라 디지털 포렌식 기술에 관심이 쏠리고 있다. 디지털 포렌식(Digital Forensics)은 범죄수사에 사용되는 과학적 증거 수집 및 분석 기법을 일컫는 포렌식에 디지털 기술을 적용, 범행과 관련된 이메일이나 접속 기록 등 각종 디지털 데이터와 통화 기록 등을 증거로 확보, 분석하는 것이다.

이번 신○○씨 로비의혹 사건에서는 이메일이 저장됐던 하드디스크 드라이브(HDD)를 복구하는 데 디지털 포렌식 기술이 적용됐다. HDD에 저장한 데이터를 삭제하더라도 실제로는 데이터 저장에 대한 정보만을 지우는 것으로 해당 섹터에 다른 데이터를 저장하기 전까지는 데이터가 남아있다. 이 때문에 메일뿐만 아니라 각종 작성 문서, 인터넷 사용기록 등도 복구해 범죄나 테러의 증거로 확보할 수 있다..."

— 출처 : 디지털타임스, 2007. 9. 12

시험문제 유출, 허술한 보안체계 심각!

최근 논란이 되고 있는 김포외고 시험문제 유출사건이 결국 관련 학원과 학교의 존폐로 이어지면서 시험문제에 대한 보안문제가 관심사로 떠오르고 있다. 그 동안 암암리에 거래되고 있는 학원과 학교의 결탁이 수면 위로 부상하면서 학원가는 초긴장 상태에 놓인 것이다. (중략)

이번 시험문제 유출에서 결정적인 증거 확보는 삭제된 데이터 파일 복구가 관건이었다. 경찰청 특수수사과는 달아난 김포외고 입학홍보부장 이모(51)씨의 노트북에서 삭제 데이터를 복구하는 데 주력한 결과, 이메일 로그 기록 등 혐의를 입증할 수 있는 자료를 수집했다. (중략)

한 고등학교 관계자는 "이미 학교와 학원에서는 특수목적고의 입학을 위한 사전 합의 등이 관행적으로 이뤄지고 있는 상황"이라며 "컴퓨터 등의 보안문제가 해결되지 않는 이상 이번 김포외고 같은 사례가 또 발생할 수 있을 것"이라고 보안 강화를 강조했다.

— 출처 : 보안뉴스, 2007. 11. 22

04_ 생활 속의 정보보호

신세대 주부 '정보화' 씨의 정보보호 생활

주부이자 두 아이의 엄마인 정보화 씨는 매우 바쁘게 살아가는 슈퍼 커리어우먼이자 신세대 네티즌이다. 그녀가 이처럼 일인다역을 충실히 할 수 있도록 해주는 가장 중요한 도우미는 바로 인터넷이다. 덕분에 혼자서는 도저히 불가능할 것 같은 많은 일들을 거뜬히 해결하고 있다.

남편이 회사에 출근하고 아이들도 학교에 간 오전 시간, 정씨는 컴퓨터를 켠다. 먼저 이메일을 점검하고 포털에 올라오는 주요 뉴스들을 체크한 후, 학교의 NEIS에 접속해 아이들의 학교생활을 점검한다. 아이들의 숙제, 준비물 등을 점검하고 성적표를 검토하며, 학교의 중요 일정도 체크한다.

다음은 주거래 은행에 접속, 인터넷 뱅킹을 이용해 계좌내역을 점검하고 아이들의 학원비를 송금한 후, 전자정부 홈페이지에 접속해 엊그제 새로 고지서를 받은 재산세, 자동차세 등도 납부한다.

정씨는 신세대 주부답게 주식, 펀드 등 재산을 불리는 일에 관심이 많다. 증권회사 홈페이지에 접속해 시세뉴스, 투자전략, 오늘의 경제뉴스 등의 정보를 참조하여 주문을 내고, 요즘 특히 신경을 쓰고 있는 펀드도 점검한다.

이번에 새로운 회사에 입사지원을 준비하고 있는 정씨. 몇 년 전만 해도 일일이 동사무소나 학교를 찾아다니며 각종 증명서들을 발급받느라 많은 시간을 허비했는데 이젠 그럴 필요가 없어졌다. 전자정부 홈페이지에서 본인 확인을 한 후 주민등록등본 온라인 발급을 신청하자, 그 자리에서 바로 프린터 출력이 가능하다. 졸업증명서와 성적증명서 역시 졸업한 대학의 홈페이지에 접속해 온라인 증명서 발급 메뉴를 통해 곧바로 발급받을 수 있다.

입사원서를 준비하다 보니 면접 때 입고갈 옷이 마땅치 않다는 생각이 든 정씨는 인터넷 검색으로 최신 유행 패션을 알아보고 가격비교 사이트에서 가격을 비교한 후, 인터넷 쇼핑몰에서 옷을 구입한다. 전에는 혹시 자신의 정보가 노출되지 않을까 하는 생각에 인터넷 쇼핑을 꺼렸지만, 공인인증서가 도입된 이후로는 맘 놓고 신용카드를 이용해 결제하고 있다.

아이들과 약속한 주말여행 준비도 인터넷으로 가능하다. 먼저 1박 2일로 갈 만한 여행지 정보를 알아보고 상세한 계획을 세운 후, 기차표를 예매하고 숙소도 예약한다.

인터넷을 사용해 업무와 가정 일들을 처리하면서 정씨는 이처럼 인터넷을 사용하지 않았던 시절에는 상상도 못할 정도로 많은 일들을 짧은 시간에 거뜬히 처리할 수 있게 됐다. 학교, 은행, 증권회사, 쇼핑몰, 동사무소 등을 직접 다니면서 이런 일들을 해야 한다면 힘이 드는 것은 물론이고, 그에 드는 시간과 비용도 적지 않았을 것이다.

하지만 한편으로는 걱정이 된다. 만일 누군가 사이버 공간에서의 나의 활동들을 빠짐없이 보고 있다면? 누군가 나의 개인정보를 도용한다면? 어느 날 모든 것이 마비되어 인터넷을 사용할 수 없게 된다면?

불현듯 이런 걱정들이 떠오르자 정씨는 자신의 정보보호를 더욱 철저히 하고, 정보보호와 관련된 최신 정보들을 꼼꼼하게 살펴보고 잘 챙겨야겠다는 생각을 한다.

전자상거래의 활성화

전자상거래는 시간과 공간의 제약이 없고 효율성, 편리성, 경제성을 갖추어 판매자와 소비자 모두에게 이익을 제공하므로 갈수록 확대되고 있다. 인터넷 쇼핑몰을 이용해 물건을 구입하는 것에서부터 인터넷 뱅킹을 이용한 은행거래, 주식거래, 교통, 의료, 항공권 예약, 세금납부, 연말정산 등 실제로 헤아릴 수 없는 다양한 분야에서 전자상거래가 이루어지고 있다.

세계 최고의 지식정보화 국가로 꼽히는 우리나라는 전자상거래 분야에서도 앞서가고 있다. 전자상거래가 등장한 이후 사기의 위험성, 제품의 신뢰성, 애프터서비스, 개인정보 보호 등의 측면에서 부작용이 적지 않았지만

전자상거래 규모 400조 원 돌파

우리나라의 연간 전자상거래 규모가 2006년 처음으로 400조 원을 넘어섰다.

지난 18일 통계청에 따르면 지난해 국내 전자상거래 규모는 413조 5,840억 원으로 전년에 비해 15.4% 성장한 것으로 나타났다. 지난 2002년 177조 8,000억 원이었던 전자상거래 규모는 2003년 235조 원, 2004년 314조 원, 2005년 358조 원을 기록했고, 지난해 처음으로 400조 원대에 올라섰다.

거래 주체별로는 기업 간 거래(B2B)가 366조 1,910억 원으로 88.5%를 차지했고, 기업·정부 간 거래(B2G)는 34조 4,360억 원(8.3%), 기업·소비자 간 거래(B2C)는 9조 1,320억 원(2.2%)으로 각각 조사됐다. 전년에 비해 기업 간 전자상거래 규모는 14.7%, 기업·정부 간, 기업·소비자 간 거래는 각각 18.6%, 15.3% 증가했다.

B2B 거래는 제조업 비중이 167조 5,440억 원으로 가장 높았고, 이 가운데 자동차 및 조선업(39.8%)과 전기·전자 업종(38.8%)의 비중이 큰 것으로 나타났다.

지난해 e마켓플레이스 수는 173개로 집계돼 전년에 비해 13개가 감소했지만, 이들의 연간 거래액은 16조 6,350억 원으로 오히려 22.4% 증가한 것으로 나타났다. e마켓플레이스의 수는 전자 부문이 25개로 가장 많았고, 기계 및 산업용 자재 20개, 기업소모성 자재(MRO) 19개, 농축수산물 및 식음료 15개, 의료 14개 등의 순이었다.

— 출처 : 전자신문, 2007. 3. 19

전자서명 등 암호기술과 공인인증 서비스의 이용이 활성화되면서 이처럼 전자상거래가 활짝 꽃을 피우게 된 것이다.

공인인증서란?

전자서명이란 공개키 암호기술을 이용하여 전자문서에 대해 전자적인 방법으로 서명을 생성한 것으로, 서명자가 전자문서에 대해 서명했으며 그 후 문서가 변경되지 않았다는 것을 보여준다. 전자서명은 서명자의 개인키를 이용해 생성되며 수신자는 서명자의 공개키를 이용해 검증하게 되는데, 문제는 서명자의 공개키를 어떻게 신뢰할 수 있는가 하는 것이다. 공개키의 신뢰성을 제공하는 방법으로 인증서를 이용한다. 인증서란 신뢰하는 인증기관이 사용자의 공개키에 대해 신뢰성을 보증하는 전자문서이다.

전자서명을 안전하고 원활하게 사용하기 위해서 인증서를 사용하며, 전자서명법에 의해 지정된 신뢰할 수 있는 제3의 기관인 공인인증기관에서 발급한 인증서를 공인인증서라고 한다. 즉 공인인증서란 공인인증기관이 발행

전자서명 생성 및
검증 과정

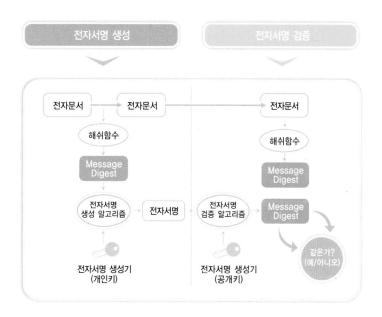

구분		세부 내용
개인 인증서	신용카드용 공인인증서	- 신용카드의 전자상거래 시에만 이용할 수 있는 공인인증서 - 수수료 무료
	범용 공인인증서	- 인터넷 뱅킹 및 보험, 전자정부 서비스, 금융결제원 제공 서비스에 국한된 공인인증서 - 수수료 4,400원 / 연
	은행·보험용 공인인증서	- 인터넷 뱅킹 및 보험, 전자정부 서비스, 기타 전자상거래 등에 모두 사용할 수 있는 공인인증서 - 수수료 무료 / 연
법인 인증서	범용 공인인증서	- 조달청 전자입찰, 인터넷 뱅킹 및 보험, 전자정부 서비스, 기타 전자상거래 등에 모두 사용할 수 있는 공인인증서 - 수수료 110,000원 / 연
	은행·보증용 공인인증서	- 인터넷 뱅킹 및 보험, 전자정부 서비스, 금융결제원 제공 서비스에 국한된 공인인증서 - 수수료 4,400원 / 연

한 사이버 거래용 인감증명서라고 할 수 있다. 공인인증서 내에는 가입자의 전자서명 검증키, 일련번호, 소유자 이름, 유효기간 등의 정보를 포함한 일련의 데이터를 포함하고 있다. 전자거래 시 공인인증서를 사용하면 신원 확인, 문서의 위·변조, 거래 사실의 부인 방지 등의 효과를 얻을 수 있다.

```
Root CA Certificate
Data:
    Version: 3 (0x2)
    Serial Number: 4 (0x4)
    Signature Algorithm: sha1WithRSAEncryption
    Issuer: C=KR, O=KISA, OU=Korea Certification Authority Central,
            CN=KISA RootCA 1
    Validty
        Not Before: Aug 24 08:05:46 2005 GMT
        Not After : Aug 24 05:05:46 2025 GMT
    Subject: C=KR, O=KISA, OU=Korea Certification Authority Central,
             CN=KISA RootCA 1
    Subject Public Key INfo:
        Public Key Algorithm: rsaEncryption
        RSA Public Key: (2048 bit)
            Modulus (2048 bit):
                00:bc:04:e4:fa:13:39:fo:34:96:20:6b:6c:68:bb:
                fa:db:77:ff:27:f7:ac:ec:2f:e7:fd:f0:7f:6d:6f:
                8c:2a:cd:25:09:5b:24:f4:a1:68:fc:28:ec:c9:25:
                e2:ac:ed:de:d8:33:84:f5:b0:a5:09:3aLa7:b1:47:
                48:c5:cc:4f:8c:79:9c:f9:06:57:7d:dd:ee:38:f6:
                cf:14:b2:9c:ea:d3:c0:5d:77:62:f0:47:0d:b9:1a:
                40:53:5c:64:70:af:08:5a:c0:f7:cf:75:f9:6c:8d:
                64:28:1e:20:fe:b7:1b:19:d3:5a:66:83:72:e2:b0:
                9b:bd:d3:25:15:0d:32:6f:64:37:94:85:46:c8:72:
                be:77:d5:6e:1f:28:2f:c7:69:ed:e7:83:89:33:58:
                d3:de:a0:bf:40:e8:43:50:ee:dc:4d:6b:bc:a5:ea:
                a6:c8:61:8e:f5:c3:64:af:06:15:dc:29:8b::3f:75:
                8c:bc:71:44:db:fc:ad:b5:17:1d:6d:89:83:cf:c6:
                33:bd:bf:45:a2:fe:0a:9f:a3:11:5f:0f:b9:1f:9c:
                1a:c2:46:cc:9c:28:66:9f:70:26:3c:2e:df:aa:80:
                fe:8c:c5:04:09:25:4f:cd:93:47:3c:37:ea:02:67:
                92:fe:fc:22:24:5c:ac:d2:2c:e0:5c:01:33:8a:c1:
                19:db
```

공인인증 분야의 선진국인 우리나라의 공인인증은 1999년 7월 1일부터 시행된 전자서명법에 근거하여 시작됐다. 이 법에 의거하여 (구)정보통신부 산하 한국정보보호진흥원에 전자서명인증관

리센터를 설립했고, 국내 최상위 인증기관으로서의 역할을 시작했다. 전자
서명인증관리센터는 국내의 공인인증기관들에게 공인인증서를 발급, 관리하
는 역할을 한다.

또한 전자서명법 제4조의 규정에 의해 6개의 공인인증기관을 지정했다.
한국정보인증(http://www.signgate.com), 코스콤(http://www.signkorea.
com), 금융결제원(http://www.yessign.or.kr), 한국정보사회진흥원
(http://sign.nia.or.kr), 한국전자인증(http://gca.crosscert.com), 한국무
역정보통신(http://www.tradesign.net) 등이다.

이들 공인인증기관들이 발급하는 인증서는 은행거래, 증권거래, 기업 간
상거래, 조달청 전자입찰, 전자무역 등 민간 분야 용도로 사용할 수도 있다.

아래 그림은 우리나라의 공인인증체계를 나타낸 것인데, 한국정보보호진
흥원의 전자서명인증관리센터를 최상위인증기관으로 하는 민간용 인증체계
와 행정전자 서명관리센터를 최상위인증기관으로 하는 행정기관용 인증체계
가 함께 운영되고 있음을 알 수 있다. 즉 국가기관에서 일하는 공무원들은
정부인증기관에서 인증서를 발급받아 사용한다.

우리나라의
공인인증체계

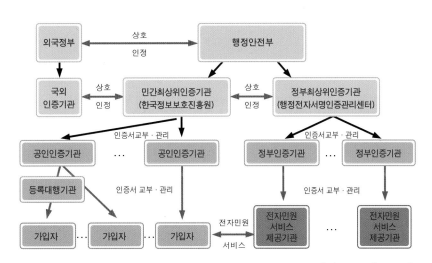

출처 : www.kasa.or.kr

한편 민간과 정부 부문의 인증기관이 상호인증을 맺음으로써 민간용 공인인증서를 사용하는 개인들이 정부의 전자민원 서비스를 쉽게 사용할 수 있다. 예를 들어 연말정산 간소화 서비스는 정부에서 제공하는 연말정산 관련 통합정보 서비스인데, 개인이 민간용 공인인증서를 사용하여 접근하고 이용할 수 있다.

공인인증서를 사용하면 어떤 점이 좋은가?

공인인증서를 전자상거래와 전자민원 서비스 등에 적용하게 되면서 상거래의 증거가 분명하게 남는 등 상거래가 투명해지는 효과가 있다. 공인인증서를 통한 전자거래는 전자서명의 형태로 거래의 증거가 데이터베이스에 남게 되므로 거래 사실을 감추거나 축소하는 등의 불법행위가 어렵게 되었다.

판매자와 소비자 모두 거래 내역을 바탕으로 세금을 내게 되는데, 세금계산서를 이용해서 세금을 포탈했다는 등의 이야기는 이제 가능하지 않다. 국세청에 의하면, 이렇게 거래가 투명해지면서 세금탈루가 줄어들어 세금 신고 액수가 크게 증가하고 있다고 한다.

공인인증서의 안전한 관리

공인인증서는 개인당 하나만 발급받을 수 있다. 법인용이나 은행·범용 개인공인인증서를 각각 발급받을 수는 있지만, 개인 범용인증서는 1인당 1개의 범용인증서만 발급된다. 따라서 개인이 새로운 범용 공인인증서를 발급받기 위해서는 기존에 사용하고 있었던 범용 공인인증서를 먼저 파기해야 한다.

한 컴퓨터에서 발급받은 공인인증서를 다른 컴퓨터에서 사용하기 위해서는 은행에서 제공하는 공인인증서 관리 프로그램을 이용하여 '인증서 내보내기'와 '인증서 불러오기'를 통해 동일한 인증서를 여러 대의 컴퓨터에 저장하여 사용할 수 있다. 더 안전한 방법으로는 공인인증서를 이동 저장장치에 보관하여 금융거래 시에 공인인증서를 매번 저장장치에서 읽어서 사용하도록 하는 것이 좋다.

여러 가지 장점과 편리함을 제공하는 공인인증서는 전자상거래에서 없어서는 안 될 필수요소로 자리잡았다. 그러나 인터넷 뱅킹에 대한 해킹 및 피싱의 피해 사례들이 보고되고 있다. 공인인증서는 PC에 저장되거나 복사가 가능하기 때문에 해커에게 공인인증서 정보가 노출될 수 있기 때문이다. 공인인증서의 복사를 방지하기 위해서는 하드웨어 보안모듈(HSM : Hardware Security Module)이라고 불리는 보안성이 강화된 휴대용 저장장치에 공인인증서를 저장하여 사용하는 것이 필요하다.

또한 해커들은 키로거 프로그램을 몰래 설치하여 사용자의 모든 키보드 입력정보를 빼낼 수 있다. 이를 방지하기 위해서는 키보드 해킹을 방어하기 위한 보안 프로그램을 사용해야 한다. 무엇보다도 개인 사용자의 보안의식

제1부_ 정보보호란 무엇인가?

강화를 통해 피해를 최소한으로 줄이려는 노력이 필요하다.

안전한 패스워드 사용하기

패스워드 보안의 중요성

우리는 정보보호라면 패스워드password를 가장 먼저 떠올릴 정도로 많은 패스워드를 사용하면서 살아가고 있다. 패스워드는 정보를 보호하기 위한 가장 기본적인 방어수단으로서 오래 전부터 사용되어 왔고, 현재까지 사용하고 있는 편리한 방법이다.

서버에 접속할 때 사용자 인증을 위해 사용하는 패스워드는 편리하게 사용할 수 있는 반면, 여러 가지 단점이 있다. 우선 사용자의 패스워드가 공격자에게 노출될 경우, 공격자는 인터넷상에서 사용자와 똑같은 일을 할 수 있다. 또한 패스워드를 오랫동안 사용하지 않거나 하여 기억할 수 없다면 서비스를 이용할 수 없게 된다. 여러 개의 인터넷 사이트에 가입하고 활동하는 사람이라면 일일이 패스워드를 기억하는 것이 쉽지 않아 낭패를 본 경험이 한두 번쯤은 있을 것이다. 그래서 가입한 인터넷 사이트들의 패스워드를 똑같은 것으로 사용하거나, 오랫동안 변경하지 않고 사용하는 일이 많은데, 이것은 매우 위험한 일이다. 패스워드를 수첩 같은 곳에 적어놓기도 하는데, 이것도 안전하게 관리하지 않으면 매우 위험한 일이다.

패스워드를 이용하는 방식은 이렇게 단점이 많지만, 아무런 추가 장치 없이 사람의 기억에만 의존할 수 있는 편리한 방식이기 때문에 오랫동안 사용되어 왔다. 요즘과 같이 바이오인증, 공인인증서, 스마트카드, 일회용 비밀키 등 최신 보안 메커니즘을 사용하더라도 패스워드는 이들과 병행하여 함께 사용되고 있다. 그러므로 안전한 패스워드의 사용은 앞으로도 계속 매우 중요한 문제가 될 것이다.

패스워드에 대한 공격

패스워드는 사람의 기억에 의존하는 쉬운 암호이기 때문에 공격 방법도 다양하다. 가장 쉬운 방법으로는 사용자가 패스워드를 입력하는 순간 옆에서 패스워드를 훔쳐 보는 것이다. 패스워드를 입력하는 순간을 녹화해 영상분석으로 패스워드를 알아낼 수도 있다. 패스워드가 인터넷을 통해 평문으로 전달되고 공격자가 이것을 지켜보게 된다면 패스워드가 고스란히 공격자에게 넘어간다. 또한 출입문에 비밀번호 입력장치가 사용된다면 반복 사용되는 숫자버튼에 흔적이 남을 것이고, 공격자는 손쉽게 출입문의 비밀번호를 알아낼 수 있을 것이다.

또한 패스워드는 기억하기 쉬운 암호이기 때문에 공격자는 사용자들이 흔히 사용하는 생일, 전화번호, 기타 개인정보 등을 이용해 패스워드를 유추할 수 있다. 사전에 나오는 단어들을 조합해 패스워드를 시도해 볼 수도 있는데, 이러한 공격을 사전공격Dictionary Attack이라고 한다. 해커들은 인터넷에 연결된 웹서버들을 스캔하고 사전 파일이 내장된 자동화된 프로그램을 사용하여 패스워드를 찾아내는 공격을 지속적으로 하고 있다. 그러므로 사전에 나오는 쉬운 패스워드를 사용하는 것은 피해야 하며, 추측하기 어려운 복잡한 패스워드를 사용해야 한다.

사전공격(dictionary attack)에 가장 많이 사용된 아이디는?
미국 메릴랜드 대학 마이클 쿠키어 교수팀의 연구에 따르면, 인터넷에 연결된 PC는 평균 39초마다 해커들의 공격받는 것으로 밝혀졌다. 쿠키어 교수팀은 해커가 주로 시도하는 ID와 패스워드 공격 행태, 그리고 컴퓨터의 접근 권한을 획득한 후 행위를 분석했다. 해커의 사전공격에 가장 많이 사용된 아이디는 'Root' 였으며, admin, test, guest, info, adm, mysql, user가 그 뒤를 이었다. 쿠키어 교수는 이러한 사용자 ID의 이용 자제를 권했다.

— 출처 : 한국과학기술정보연구원

안전한 패스워드를 사용하려면?

패스워드 방식은 이처럼 다양한 공격 방법에 취약하기 때문에 패스워드의 안전한 사용을 위해 노력해야 하며, 다음과 같은 최소한의 대책을 따라야 한다.

- 패스워드가 길수록 해킹은 더 어려워진다. 따라서 영문, 숫자, 특수문자 등을 조합해 8자 이상의 긴 패스워드를 사용하라.
- 쉽게 기억할 수 있는 문장을 만들되 자신의 일상생활과 연관된 생년월일, 전화번호, 주민등록번호 등 누구나 추측할 수 있는 패스워드는 사용하지 말라. 사전에 있는 단어는 가능하면 사용하지 않는 것이 좋다.
- 주기적으로 패스워드를 변경하라. 적어도 6개월에 한 번씩은 패스워드를 변경하는 것이 좋다.
- 중요도와 용도별로 ID와 패스워드를 따로 관리하라.
- 자신의 패스워드는 사랑하는 사이라도 알려주지 말라.
- 패스워드를 다른 사람이 볼 수 있는 장소에 기록해 두지 말라. 패스워드를 메모지 등에 기록할 경우, 메모지는 항상 자신이 소유하고 있거나 안전한 장소에 보관해 외부에 노출되지 않도록 한다.
- 초기 패스워드가 시스템에 의해 할당되는 경우, 빠른 시간 내에 해당 패스워드를 새로운 패스워드로 변경하라.

이러한 패스워드 사용수칙은 누구나 귀가 따갑도록 들어서 알고는 있겠지만 지키기는 쉽지 않다. 그러나 소중한 자신의 정보를 지키기 위해 이 정도의 수고는 투자해야 할 충분한 가치가 있는 것이다.

이제는 패스워드에만 의존하는 정보 시스템은 많지 않다. 지문인식, 홍채인식 등의 바이오인증 시스템, 공인인증기관에서 발급하는 공인인증서를 이용하는 인증 시스템, 스마트카드 등의 안전한 하드웨어를 이용하는 시스템, 원타임 패스워드라고 불리는 일회용 비밀키 시스템 등 다양한 인증 방식이 이용되고 있으며, 이들 방법들과 패스워드 인증을 결합해서 사용하기도 한다. 인터넷 뱅킹에서는 공인인증서뿐만 아니라 보안카드와 패스워드가 함께 사용되는 것이 좋은 예이다.

그러나 패스워드 사용은 가장 기본적인 보안방법으로서 사용이 불가피하다. 자신의 정보에 대한 보호의 필요성을 인식하고 안전한 패스워드를 사용하는 습관을 들이는 것이 정보보호의 첫 걸음이다.

05_ 정보화 시대와 국가정보전

📍 정보전이란?

정보화 시대의 도래는 전쟁의 양상까지 바꾸고 있다. 미래의 전쟁은 첨단무기나 군사력보다 각국이 보유한 정보의 능력에 의해 승패가 결정될 것이다. 선진 각국은 비약적으로 발전하고 있는 정보통신기술을 바탕으로 고도의 첩보전과 해커전을 전개함으로써 정보전쟁에서 우위를 차지하기 위해 치열한 경쟁을 벌이고 있다.

1991년의 걸프전은 국가정보전의 극명한 예를 보여준다. 당시 CNN을 통해 사상 최초로 실황중계된 전쟁을 본 사람들의 일차적 관심사는 스마트 폭탄이나 패트리어트 미사일 등 미국의 첨단무기들이었다. 그러나 군사 전문가들은 과거의 전쟁과는 구별되는 걸프전의 특징을 다른 데에서 찾는다.

먼저 미국을 비롯한 다국적군은 개전 초기 이라크군의 지휘 구조를 파괴하기 위해 공군력을 대거 투입했다. 이를 위해 다국적군은 바그다드에서부터 이라크군 최전방에 이르기까지 통신기지, 지휘본부, 전화국, 심지어는 광케이블이 통과하는 교량까지 항공 타격의 목표로 삼아 개전 초기부터 사담 후세인의 눈과 귀를 차단했다.

다음으로 전선의 병사에게까지 적군과 아군의 이동상황을 실시간으로 전달할 수 있는 정보체계가 활용됐다는 점이다. 전장 상황의 감시뿐 아니라 작전계획을 사전에 시뮬레이션해 봄으로써 최적의 작전개시 시점과 장소를 결정하는 데 도움을 주는 C4I 체계(Command, Control, Communication, Computer and Intelligence)를 활용했는데, 이는 이라크군과 다국적군의 우열을 확연하게 갈라주었다. 한 마디로 말해 걸프전은 미래의 전쟁에서 정보와 정보체계의 적절한 운용이 핵심 관건이라는 사실을 명확하게 인식시켜준 전쟁이었다. 이른바 '정보전' 시대가 도래한 것이다.

미 국방부와 관련 연구단체들의 정보전에 대한 관심은 걸프전 이래 부쩍 커지기 시작했다. 그 계기는 비교적 단순한 것이었다. "미국이 이라크를 그렇게 초전에 패퇴시킬 수 있었다면, 앞으로 미국이 같은 방식으로 공격받을 경우에는 어떻게 방어할 것인가" 하는 점이었다. 실제로 걸프전 당시 유럽의 해커들은 100만 달러만 주면 미군의 작전능력을 무력화시켜 주겠다고 사담 후세인에게 제안한 일도 있었던 것으로 알려졌다. 군사력을 단순히 규모로만 이해했던 후세인은 이런 제안을 일축해 버리고 말았지만, 만약 그가 그 제안을 받아들였다면 인터넷에 전적으로 의존하고 있던 미군에게 치명적인 결과를 초래했을 것이라고 전문가들은 말한다.

걸프전이 정보전의 도래를 예고했다면, 2003년 발발한 이라크전은 IT 기술을 기반으로 한 '정보'가 주력 전쟁수단으로 사용되고 있는 '사상 최초의 정보전'으로 기록될 것이라는 주장이 제기됐다. 인터넷이 본격적인 심리전의 도구로 사용된 것은 물론, 우주·공중·해저에 이르기까지 IT 네트워킹과 데이터 수집 인프라를 깔아 거의 완전에 가깝게 전장의 상황을 미리 파악하는 것이나 전문 해커를 동원, 암호화 기반체계 파괴를 시도한 것 등이 이라크전을 정보전으로 평가할 수 있는 양상이라는 것이다.

미국은 이라크전에서 위성 자동위치측정 시스템GPS을 이용해 지리정보를 수집한 후, 폭격 대상 지역에 정밀하게 폭탄을 떨어뜨리는 JDAM탄을 썼다. 또 위성(KH-12, 라크로스), 정찰기(U-2, JSTAR, EC-130) 등을 사용했다. 이를 통해 해상도 1미터 내의 각종 정보를 미리 입수할 수 있었다.

이라크전에서 보여진 또다른 특징은 정보전의 양상이 예전보다 훨씬 지능화·고도화되고 있다는 점이다. 적군에게 거짓 또는 위장 정보를 흘리는 수단이 신문에서 라디오, TV를 거쳐 이제는 인터넷으로 발전했으며, IT기술을 이용한 각종 첨단 장비가 출현해서 공격과 방어에 활용되고 있다.

정보전이란?

'정보전이란 무엇인가' 라는 책을 쓴 미 국방대학 국가전략연구소의 마틴 리비키(Martin C. Libicki) 교수는 정보전이 다음의 일곱 가지 유형을 포괄하는 개념이라고 폭넓게 정의한다.

지휘통제전(C2W : Command-and-Control Warfare) : 적 수뇌부, 지휘통제 시스템의 파괴

첩보전(IBW : Intelligence-Based Warfare) : 정보원을 통한 정보 장악

전자전(EW : Electronic Warfare) : 전자·전파 관련 무기와 암호기술 관련

심리전(PSYOPS : PSYchological OPerationS) : 적군 혹은 적국 국민을 설득, 동요시키기 위한 공작

해커전(: Hackerwar Software-based Attacks) : 적의 컴퓨터 시스템에 대한 공격

경제정보전(IEW : Information Economic Warfare) : 적의 경제활동을 방해하거나 장악하기 위한 공격

사이버전(Cyberwar) : 사이버 공간의 전쟁

정보전의 특징

미 국가안보국(NSA) 국장인 케네스 미니핸(Kenneth A. Minihan) 공군 중장은 정보전의 중요성에 대해 이렇게 말했다. "이제까지 컴퓨터 해킹 정도로 인식됐던 것이 지금은 적대적인 외국 정부나 테러리스트 집단이 전자전 공격능력을 개발하고 있는 단계로 접어들었다. (중략) 미국에게 이 분야의 기술은 최대의 강점인 동시에 최악의 취약점이며, 미군의 컴퓨터 네트워크와 정보체계가 빠르게 확산되면서 이에 대한 군의 통제가 어려워지고 있는 것은 심각한 문제가 아닐 수 없다."

미 국가안보국은 미국의 13개 정보기관들 중에서도 가장 비밀스런 집단이며, 그런 기관의 장이 공개석상에 나와 발언하는 일도 극히 드물다. 그러

면 미군 수뇌부가 그토록 지대한 관심을 쏟고 있는 정보전은 과연 어떤 특징을 갖고 있는가?

첫째, 정보전은 기존의 전쟁과 달리 비용이 매우 저렴하다는 점이다. 예전에는 군사력 증강이란 더 많은 탱크, 전투기, 함정을 보유하는 것을 의미했고, 이에 따라 각국은 엄청난 국방예산을 소비했다. 그러나 정보전을 위한 무기 확보에는 많은 예산을 필요로 하지 않는다. 극단적인 경우에는 적의 핵심 네트워크에 침투할 수 있는 해커, 프로그래머만 있으면 된다. 이런 특징에 따라 세계의 몇몇 군소 국가들도 정보전 능력 개발에 이미 착수한 것으로 알려지고 있다.

둘째, 사이버 공간에서 벌어지는 여러 활동들과 적의 정보전 공격을 구별할 수 있는 적절한 경고 시스템 및 평가방법이 아직 없다는 점이다. 즉 누가 적인지, 언제 어떻게 공격이 이뤄지는지, 심지어는 지금 공격이 진행되고 있는지의 여부 등을 확인하기가 매우 어렵다는 것이다.

셋째, 사이버 공간의 특성상 전투영역의 경계가 불분명하다. 과거처럼 지리적인 전선, 군과 민간 영역 사이의 구분이 애매해진 것이다. 적의 공격은 적 후방 깊숙이까지, 혹은 민간의 정보 인프라를 대상으로 자유로이 이뤄질 수 있다. 또 적의 공격이 국내에서 이루어졌는지, 해외에서 인터넷을 통해 이루어졌는지 구별해 내기도 어렵다.

넷째, 적의 실체를 식별하기가 어려워짐에 따라 새로운 정보 수집·분석 방법이 필요해졌다는 점이다. 전통적인 정보 수집·분석기법은 목표 대상의 지리적 위치와 역량이 비교적 분명한 상황에 적합한 것이었다. 그러나 사이버 공간의 공격과 방어는 전혀 새로운 안보 환경을 만들었고, 이에 따라 새로운 기법이 요구되고 있다.

다섯째, 사이버 공간의 특성상 정치적 선전과 역선전, 심리전을 펼칠 공간이 매우 넓어졌다. 예를 들어 가상 적국이나 비정부조직, 테러리스트 집단들은 대중의 정치적 지지를 이끌어내기 위해 인터넷 등을 사용할 수 있고, 이에 효과적으로 대응할 방안을 찾을 필요성도 그만큼 커졌다.

세계는 정보전에 어떻게 대비하고 있나?

미국의 수도 워싱턴 근교 알링턴에는 미국의 CIA를 비롯해 NSA 등 정보기관들이 대거 몰려 있다. 여기에는 미국의 국가안보와 군사의 핵심이 되는 기관과 조직들이 늘어서 있는데, 보안을 위해 주변에는 고층빌딩을 세우는 것이 금지되어 있고, 눈에는 안 보이지만 디지털 기술을 이용해 주요 건물들에 접근하는 차량과 행인들의 검색도 이루어지고 있다.

여기에 또 하나의 건물이 들어섰는데 바로 미국이 정보전, 일명 사이버전을 수행하는 데 헤드쿼터 역할을 하는 DISA(Defense Information Systems Agency, 국방정보시스템국)이다.

이곳에 근무하는 요원들은 탱크를 타고 전장을 누비는 훈련을 받는 것도 아니고, 전투기를 타고 하늘을 나는 시뮬레이션 훈련을 받지도 않는다. 이들은 전투화를 신고 있지도 않고, 일반 자동화기로 무장을 하고 있지도 않다. 사복을 입고 출퇴근하는 요원들도 많다.

그러나 이들이 바로 사이버 전쟁의 가장 전위에 서있는 최첨단 테크놀로지로 무장한 사이버 군인들이다. 이들의 임무는 세계 각국에서 미국의 국가안보와 군사 분야의 컴퓨터 정보 시스템에 대한 공격을 막고, 또 한편 유사시 적성국가의 컴퓨터 정보 시스템을 공격해 파괴, 교란, 마비시키는 전략을 개발하는 것이다. 이들은 탱크와 전투기를 동원하지는 않지만 실제 상대국 안보와 국방의 두뇌역할을 하는 주컴퓨터와 통신망을 공격해서 전쟁불능 상태에 빠지게 할 정도로 막대한 타격을 입힐 수 있다.

현재 미국의 육해공군, 그리고 해병대와 특수군까지 합쳐서 전체 군대가 보유하고 있는 컴퓨터는 약 250만 대이다. 이들 미군 내부의 컴퓨터는 미 국방부 펜타곤이 직접 관리하는 메인 컴퓨터를 중심으로 거미줄 같은 통신망으로 얽혀 있다. 이 같은 군 내부의 통신망에 해커가 침투하거나, 고도로 정교하게 만들어진 논리폭탄과 같은 바이러스가 침투했을 때 실제 군대 내부의 명령체계와 지휘가 한순간에 무너질 가능성도 있다. 국방정보시스템국은 바로 이 같은 해커와 바이러스의 침투로부터 군 내부의 컴퓨터와 통신망을 방어하는 곳이다.

또한 국방정보시스템국은 군 정보망에 대한 해커와 바이러스 침입을 막고 상대 국가를 공격하는 전략전술을 개발하는 주 임무 외에도 미국의 금융과 산업 정보 시스템을 보호하는 소위 국가안보 방어역할까지 하고 있다. 21세기 정보사회가 심화되면서 한 국가의 국방전략은 군과 경제, 행정, 산업, 사회 전반의 컴퓨터 정보통신망과 밀접한 관계를 맺는 사회로 변화했기 때문이다.

중국 또한 가장 활발하게 사이버 전쟁을 준비하고 있는 국가 중 하나이다. 중국은 최근 수년 전부터 컴퓨터 정보 전문가들을 모집해서 하나의 단위부대로 만들어 사이버 전쟁을 준비하고 있다. 이들 사이버전 특수부대는 주로 특정국가의 컴퓨터 통신망을 공격할 수 있는 바이러스를 만드는 등의 공격적인 것, 그리고 자국의 컴퓨터 통신망을 지키는 방어적인 전략을 동시에 수행하고 있다. 중국은 지난 1991년 미국과 이라크 사이에 전쟁이 벌어졌을 때, 미군이 우수한 테크놀로지와 인력을 동원해 이라크의 군사안보 분야의 컴퓨터 통신망을 마비시키는 것을 보고 이에 대한 대비책 마련에 박차를 가한 것으로 알려지고 있다. 특히 중국은 미국이 다른 어느 나라에 비해 인공위성, 미사일 등 최첨단 무기체제를 운용하면서 컴퓨터와 통신에 대한 의존도가 높다는 것을 파악해, 이것이 장점이면서도 단점이 될 수 있다는 것에 주목하고 이 부분을 집중적으로 파고들고 있다.

중국은 반대로 미국의 사이버 공격을 막는 방어망 구축 분야에서도 다른 어느 나라보다 발빠르게 나가고 있다. 미 군사 전문가들은 중국이 이 같은 사이버 전쟁 전략을 시행하면서 컴퓨터 통신 분야에서 대단히 견고한 방어체제를 구축한 것으로 판단하고 있는데 이를 중국의 거대한 방어벽, 또는 중국의 방어장성(The Great Firewall of China) 등으로 부르고 있을 정도이다.

제2부_ 암호, 쉽게 이해하기

01_ 암호란 무엇인가?

암호cryptography란 용어의 어원은 그리스어의 비밀이란 뜻을 가진 크립토스Cryptos로 알려져 있다. 평문을 해독 불가능한 형태로 변형하거나, 암호화된 통신문을 원래의 해독 가능한 상태로 변환하기 위한 모든 수학적인 원리, 수단, 방법 등을 취급하는 기술 또는 과학을 말한다. 즉 중요한 정보를 다른 사람들이 보지 못하도록 하는 방법이다. 그러나 현대의 정보화 사회에서는 정보를 감추는 기밀성뿐만 아니라 정보에 대한 적법한 권한을 가지고 있는지 확인하는 인증 및 접근통제, 정보의 변조 여부를 확인하는 무결성, 정보에 대한 사용자의 서명 등 좀더 다양한 기능들을 요구한다. 현대의 암호는 이런 기능들을 구현하기 위한 모든 수학적 기반기술이라고 말할 수 있다.

암호는 고도의 수학적인 내용을 포함하고 있어서 일반인들이 접근하기 어려운 순수 학문처럼 보이지만, 실제로는 정보보호 적용을 목표로 하는 매우 실용적인 학문이라고 말할 수 있다. 안전한 암호를 사용하는 것만으로 모든 정보를 보호할 수 있다고 생각할 수는 없겠지만, 암호를 사용하지 않고 궁극적인 정보보호를 성취하는 것은 불가능하다.

다음 그림은 암호 시스템이 어떻게 구성되는지 보여준다. 송신자sender와 수신자receiver는 비밀리에 메시지를 주고받고자 한다. 송신자와 수신자는 자신들이 직접 소유하고 관리하는 컴퓨터를 이용하며, 인터넷과 같은 공개된 공용 통신망을 통해 통신을 한다. 송신자는 보내고자 하는 평문을 암호화

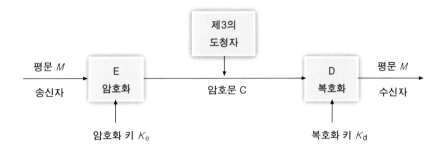

알고리즘을 이용해 암호문으로 변환하고, 이것을 공용 통신망을 통해 수신자에게 보낸다. 수신자는 복호화 알고리즘을 이용해 평문을 복구한다. 이때 암호화키는 송신자에 의해 암호화 알고리즘에 사용되고, 복호화키는 수신자에 의해 복호화 알고리즘에 사용된다.

도청자eavesdropper는 정당한 참여자가 아닌 제삼자로서 통신망에서 관찰되는 암호문으로부터 암호해독cryptanalysis 기술을 이용해 평문을 해독하고 통신되는 메시지에 대한 정보를 획득하고자 하는 사람을 말한다. 제삼자는 메시지의 도청과 같은 수동적인 공격뿐만 아니라 메시지를 위조하거나 전달을 방해하는 등 좀더 능동적인 공격을 가할 수 있는데, 이들을 통칭하여 공격자attacker라고 한다.

암호에는 어떤 방식들이 있나?

• 대칭키 암호(비밀키 암호) : 암호화와 복호화 알고리즘에 동일한 키가 사용되는 방식의 암호 알고리즘을 말한다. 복호화에 사용되는 키는 제삼자에게 알려지면 안되므로 송신자와 수신자는 사용되는 키를 비밀리에 공유하고 안전하게 보관해야 한다.

• 블록암호 : 대칭키 암호의 일종으로, 암호화와 복호화 시 특정 크기의 블록 단위로 암호화·복호화 연산을 하는 방식의 암호를 블록 암호라고 한다. 각 블록의 암호화와 복호화에는 동일한 키가 사용된다. 예를 들어 DES 암호는 64비트의 블록 단위로 암호화된다.

• 스트림 암호 : 스트림 암호는 대칭키 암호의 하나로 블록 크기를 1로 하여 블록마다 각각 다른 키를 사용하여 암호문을 생성하는 것으로 볼 수 있다. 암호화와 복호화 시 키스트림 생성기를 이용하여 키스트림을 생성하며, 이것을 평문과 연산하여 암호화하고, 거꾸로 이것을 암호문과 연산하여 평문을 얻어낸다.

- 비대칭키 암호(공개키 암호) : 하나의 쌍이 되는 두 개의 키를 생성하여 하나는 암호화에 사용하고 다른 하나는 복호화에 사용한다. 암호화에 사용하는 키는 공개할 수 있어서 공개키라고 부르고, 복호화에 사용하는 키는 사용자만이 안전하게 보관해야 하므로 개인키(비밀키)라고 부른다. 두 개의 키가 서로 다르므로 비대칭키 암호라고 부르며, 하나의 키를 공개하므로 공개키 암호라고도 부른다.

- 해쉬함수 : 해쉬함수는 임의의 길이의 정보(비트스트링)를 입력하여 고정된 길이의 출력값인 해쉬코드로 압축시키는 함수이다. 이것은 입력정보에 대해 변조할 수 없는 특징값을 나타내며, 통신 중에 정보의 변조가 있었는지 여부를 확인하는 용도로 사용된다. 이런 용도로 사용될 수 있기 위해서 해쉬함수는 같은 해쉬값을 가지는 두 개의 입력 메시지를 찾는 것이 계산적으로 불가능해야 한다.

- MAC 알고리즘 : 메시지 인증코드(MAC : Message Authentication Code)는 데이터가 변조(수정, 삭제, 삽입 등)되었는지를 검증할 수 있도록 데이터에 덧붙이는 코드이다. 종이문서는 원래의 문서를 고치거나 삭제하면 그 흔적이 남아서 변조되었는지를 확인할 수 있다. 하지만 디지털 데이터는 일부의 비트가 변경되거나 임의의 데이터가 삽입되거나 일부가 삭제되어도 흔적이 남지 않는다. 이런 문제를 해결하기 위해 원래의 데이터로만 생성할 수 있는 값을 데이터에 덧붙여서 확인하도록 하는 것이 MAC이다.

- 전자서명 : 전자문서의 전자적인 방식에 의한 서명으로 서명자만이 생성할 수 있고, 누구나 서명의 유효성을 검증할 수 있다. 전자서명은 공개키 암호 알고리즘을 사용하며, 개인키로 서명하고 공개키로 검증한다. 개인키는 해당 서명자만이 가지고 있으므로 전자서명은 서명자의 정당한 서명으로 인정된다.

- 키합의 : 공개키 암호는 속도가 느리기 때문에 실제의 데이터를 암호화, 복호화하는 용도에 사용하지 않는다. 송신자와 수신자가 비밀키 암호를 사용하기 위해서는 미리 비밀키를 공유하거나 안전한 통신 채널을 사용하여 세션키를 전송하는 것이 필요하다. 송신자와 수신자가 직접 만나지 않고도 공개된 통신채널을 통해서 특정한 방법으로 세션키를 안전하게 공유하는 방식을 키합의라고 한다.

02_ 역사 속의 암호

아래 그림은 1997년 크립토Crypto라는 국제암호학회에서 참가자들에게 나누어준 T셔츠에 도안된 암호의 역사에 관한 기록이다. 암호 연구에 대한 역사가 벌써 3,000년이 넘었다는 것을 말해 주고 있다.

암호기술의 발전 역사를 구분할 때 흔히 두 번의 큰 전환점을 기준으로 하여 고대암호, 근대암호, 현대암호의 세 단계로 나눈다.

첫 번째 전환점은 1920년대 1차, 2차 세계대전에서 무선통신 기술의 발전을 기반으로 여러 가지 기계적 · 전자적 암호장치를 개발하고 사용한 것이었고, 두 번째는 1970년대 들어 컴퓨터 사용이 활발해지면서 컴퓨터를 이용한 암호기술이 발전한 것이다.

이러한 전환점을 기준으로 고대로부터 1차, 2차 세계대전 이전까지 사용된 초보적인 암호기술들을 고대암호라고 하며, 두 차례의 세계대전부터 1970년대까지의 복잡한 기계장치와 전자장치들을 이용한

암호 연구의 역사

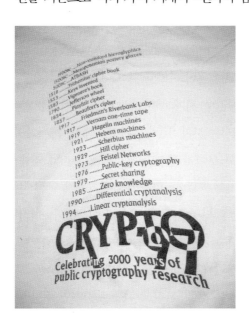

암호기술을 근대암호, 컴퓨터가 개발된 이후 컴퓨터를 이용하는 발전된 암호기술을 현대암호라고 부른다.

고대암호 및 근대암호 시기에는 암호기술이 주로 특정 계층의 전문가들에 의해 군사용·첩보용으로 쓰였고, 일반인들은 암호기술에 대해 인식하거나 접할 기회가 없었다. 반면 현대암호 시기에 들어서는 일반인들도 암호기술에 대해 공부할 수 있고 널리 사용하게 되었다.

이러한 암호기술의 역사를 살펴보면 인류는 고대로부터 정보를 보호해야 할 필요성을 느꼈고, 이것을 성취하기 위해 그 당시의 최선의 지식과 기술을 이용하여 암호를 고안하고 이용하는 데 많은 노력을 기울여 왔음을 알 수 있다.

고대암호

고대 봉건사회에서는 황제나 군주가 지방관리에게 보내는 비밀문서, 전쟁 중의 작전지시와 보고, 첩자들과의 통신 등 전쟁이나 첩보 시에 정보를 비밀히 전달해야 하는 경우에 다양한 비밀통신 기법들이 사용되었다. 영화나 드라마에서 여러 가지 재미있는 사례들이 나타난다.

멀리 기밀정보를 전달해야 하는 경우 사자의 머리를 깎고 메시지를 쓴 후 머리를 길러서 보내면 받는 측에서는 사자의 머리를 깎고 메시지를 읽는 방법, 종이에 쓴 메시지가 그냥 보면 보이지 않지만 불빛에 비추거나 약품처리를 하면 메시지가 나타나도록 하는 방법, 비밀노출을 방지하기 위해 사자에게 말로 전달하도록 하는 방법 등 다양한 통신 방식이 이용됐다. 이러한 비밀통신 방법을 스테가노그래피steganography라고 하는데, 적들도 이 통신방식을 알고 있으면 비밀을 유지하기가 어려운 취약한 방법이다.

반면 암호에서는 통신 방식뿐만 아니라 키key라고 하는 부가적인 비밀정보를 가지고 정보를 처리하게 된다. 암호 알고리즘은 알려지더라도 키를 보호함으로써 정보를 안전하게 감출 수 있다.

스키테일 암호

기원전 400년경 고대 그리스의 군사들은 스키테일scytale 암호라고 불리는 전치암호를 사용한 기록이 있다.

특정 지름을 갖는 막대에 종이를 감고 평문을 횡으로 쓴 다음 종이를 풀면 평문의 각 문자는 재배치되어 정보를 인식할 수 없게 되는데, 암호문 수신자가 송신자가 사용한 막대와 지름이 같은 막대에 종이를 감고 횡으로 읽으면 평문을 읽을 수 있다. 여기서 막대의 지름은 송신자와 수신자 사이에 공유된 비밀키가 된다.

스키테일 암호

— 출처 : http://en.wikipedia.org

시저 암호

로마의 황제였던 줄리어스 시저Julius Caesar는 시저 암호라고 불리는 환자암호를 사용하였다. 시저는 가족과 비밀통신을 할 때 각 알파벳 순으로 세 자씩 뒤로 물려 읽는 방법으로 글을 작성했다. 즉 A는 D로, B는 E로 바꿔 읽는 방식이었다. 수신자가 암호문을 복호화하려면 암호문 문자를 좌측으로 3문자씩 당겨서 읽으면 원래의 평문을 얻을 수 있다. 송신자와 수신자는 몇 문자씩 이동할지를 비밀키로 하여 바꿔가면서 사용할 수 있다.

시저는 브루투스에게 암살당하기 전 가족들로부터 다음과 같은 긴급통신문을 받았다. 시저가 받은 편지에는 'EH FDUHIXO IRU DVVDVVLQDWRU'라고 되어 있었으나 3글자씩 당겨서 읽어보면 뜻은 'BE CAREFUL FOR

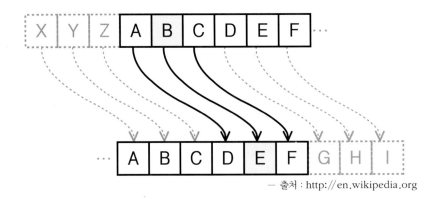

ASSASSINATOR', 즉 '암살자를 주의하라'는 것이었다.

   당시 시저의 권세를 시기했던 일당은 시저를 살해할 암살 음모를 꾸미고 있었으며, 시저 자신도 이를 어느 정도 눈치 채고 있었다. 하지만 시저는 구체적으로 암살자가 누구인지 알 수 없었다. 결국 암호문을 전달받은 당일 시저는 원로원에서 전혀 생각지도 못했던 브루투스에게 암살당하면서 "브루투스, 너마저…"라는 말을 남겼다.

악보암호

   악보암호는 전설적인 스파이 마타하리가 사용했던 방식이다. 마타하리는 일명 '첩보원 H21'이란 이름으로 프랑스 장교에 접근해 군사기밀 정보를

마타하리의 악보 암호

프랑스 호위선단 마르세이유에서 출항

독일에 빼돌렸는데, 이때 비밀통신에 사용된 암호가 악보였다. 일정한 형태의 음표에 알파벳 하나씩을 대응시킨 형태로 얼핏 보기에 평범한 악보처럼 보이지만, 실제로 연주하면 전혀 '음악'이 되지 않는다.

마타하리의 첩보활동은 20여만 명에 달하는 프랑스군을 죽음으로 몰고 갔다. 그녀는 1차대전이 끝나기 1년 전 프랑스 정보부에 체포돼 사형당했다.

근대암호

고대의 단순한 암호 방식으로부터 17세기 근대 수학의 발전과 더불어 암호기술도 발전하기 시작하였는데, 프랑스의 외교관이었던 비제네르Vigenere가 고안한 키워드를 이용한 복수 시저 암호형 방식, 플레이페어Playfair가 만든 2문자 조합 암호 등 다양한 암호 방식이 발전했다.

20세기 들어서는 통신기술의 발전과 기계식 계산기에 대한 연구를 바탕으로 두 차례의 세계대전을 통해 암호 설계와 해독에 대한 필요성이 높아지면서 암호에 대한 연구가 활발히 진행됐다.

근대암호의 이론적 기초를 세운 클로드 샤논

— 출처 : http://www.research.at.com

근대암호의 이론적 기초가 된 논문은 1920년 프리드만Friedman이 발표한 '일치 반복률과 암호 응용'과 1949년 샤논Shannon이 발표한 '비밀 시스템의 통신이론'이다. 샤논은 이 논문에서 일회성 암호체계가 안전함을 증명하였고, 암호체계 설계의 두 가지 기본원칙인 혼돈confusion과 확산diffusion 이론을 제시했다. 암호체계를 설계함에 있어서 혼돈은 평문과 암호문 사이의 상관관계를 숨기는 반면, 확산은 평문의 통계적 성격을 암호문 전반에 확산시켜 숨기는 역할을 한다. 혼돈과 확산이라는 두 가지 개념은 오늘날의 암호체계 설계에도 여전히 적용되고 있다.

프리드만은 2차 세계대전 중 독일군이 사용하던 이니그마Enigma 암호와 일본군이 사용하던 무라사끼 암호를 해독한 사람으로 유명하다. 이니그마 암호는 각기 다른 몇 개의 암호판을 전기적

으로, 연결하여 원문을 입력하면 전기적 연결에 의해 새로운 암호문을 출력하는 방식으로, 이 기계가 존재하지 않으면 암호를 풀 수 없다.

미드웨이 해전의 암호전쟁

태평양 전쟁 당시 일본의 진주만 공습으로 큰 피해를 입고 전력이 약화됐던 미국은 일본의 그 다음 공격목표가 어디인지를 알아내야 했다.

1942년 4월, 하와이 주둔 미국 해군 정보부의 암호해독반 블랙 챔버는 일본군의 무전이 증가하고 있음을 발견했다. 이미 일본해군의 암호체계인 JN-25를 해독하고 있던 해독반은 AF라는 문자가 자주 나타난다는 사실에 주목했다. AH는 진주만을 뜻하는 것이었다.

암호해독반의 지휘관이었던 죠셉 로슈포르 중령은 AF를 미드웨이 섬이라고 생각했다. 일본의 정찰기가 "AF 근처를 지나고 있다"는 내용의 무선 보고를 해독한 적이 있었던 그는 정찰기의 비행경로를 추정해 본 결과 AF가 미드웨이 섬일 것이라는 심증을 갖게 된 것이다.

로슈포르 중령은 체스터 니미츠 제독에게 일본군의 침공이 임박했다는 것과 AF가 자주 언급된다는 점, 그리고 AF가 미드웨이 섬일 것이라는 보고를 한 후, 미드웨이 섬의 담수 시설이 고장 났다는 내용의 가짜 전문을 하와이로 평문 송신하게 하자고 건의했다. 3월에 미드웨이 섬 근처에 일본 해군의 비행정이 정찰 왔던 것을 알고 있던 니미츠 제독은 이 건의를 받아들였다. 사실 미드웨이 섬의 정수 시설은 아무런 문제가 없었다. 이틀 후, 도청된 일본군 암호 중 "AF에 물 부족"이라는 내용이 해독되었다. 이로써 일본군의 다음 공격 목표가 미드웨이 섬이라는 것이 분명해진 것이다.

미군은 암호해독을 통해 일본의 공격목표가 미드웨이라는 사실을 알아낸 후 전투에 대비하고 반격을 준비하여 일본의 태평양함대를 격파하고 전쟁을 승리로 이끌 수 있었다.

현대암호

현대암호는 1970년대 후반 스탠퍼드 대학과 MIT 대학에서 시작되었다. 1976년 스탠퍼드 대학의 디피Diffie와 헬만Hellman은 'New Directions in Cryptography(암호의 새로운 방향)'라는 논문에서 처음으로 공개키 암호의 개념을 발표했다.

종래의 관용암호 또는 대칭키 암호 방식에서는 암호화키와 복호화키가 동일한 비밀키를 사용하기 때문에 송신자와 수신자는 비밀통신을 하기 전에 비밀키를 공유하고 있어야 한다. 반면 공개키 암호 방식에서는 하나의 쌍이 되는 공개키와 비밀키를 생성하여 암호화에 사용되는 공개키는 공개하고, 복호화에 사용되는 비밀키는 사용자가 안전하게 보관하도록 한다. 또 송신자와 수신자가 사전에 키를 공유할 필요가 없기 때문에 불특정 다수 사용자 간에 사전 준비 없이도 암호통신망을 구축하는 데 유용하게 사용할 수 있다.

1978년 MIT 대학의 론 리베스트Ron Rivest, 아디 샤미르Adi Shamir, 레오나드 에이들맨Leonard Adleman은 소인수분해 문제에 기반한 RSA 공개키 암호를 개발했는데, 이것은 오늘날까지도 가장 널리 사용되는 공개키 암호 방식이다. 공개키 암호의 도입은 현대암호의 발전에 중요한 계기가 되었다.

한편 1977년 미국 상무성의 표준국은 상업용 암호 표준화의 필요성이 제기됨에 따라 암호 알고리즘을 공개 모집하여 당시 IBM사가 제안한 알고리즘을 DES(Data Encryption Standard)라는 표준 암호 알고리즘으로 채택했다. DES의 표준화를 계기로 금융 시스템을 중심으로 상업용 암호화의 이용이 증가하게 되었다. 컴퓨터 통신망을 이용한 문서 전송과 전자자금이체 등이 활성화되었으며, 암호 방식이 일반인들에게 알려지고 널리 사용되는 계기가 되었다.

이전의 암호 방식에서는 사용하는 키뿐만 아니라 암호 알고리즘도 비밀로 하여 암호문의 비밀을 지키려고 했으나, 현대암호에서는 암호 알고리즘을 공개하도록 하고 있다. 1883년 커크호프Auguste Kerckhoff는 암호 시스템의 안전성에 대해 "키 이외에 암호 시스템의 모든 것이 공개되어도 안전해야 한다"고 했는데, 이것을 커크호프의 원칙이라고 한다. 이렇게 함으로써 암호 방식의 안전성을 공개적으로 검토하게 하여 확인하는 것이다.

표준화된 암호와 컴퓨팅 기기들을 사용하는 현대암호에서는 암호 알고리즘을 감추기가 매우 어렵다. 또한 암호 알고리즘을 감춘다고 해서 암호의 보안성이 높아지는 것도 아니다. 비밀로 다루어진 암호 알고리즘이 일단 공개되고 나면 그 안전성에 문제가 발견되는 사례가 많다. 그러므로 암호 분야에서는 어떤 암호 알고리즘이 많은 암호학자들에 의해 장기간 세부적으로 수행된 분석에서도 잘 견디어낼 때까지는 그 알고리즘을 안전하다고 인정하지 않는다. 즉 암호체계는 '무죄가 증명될 때까지는 유죄'이다.

🔩 암호 알고리즘의 표준화

암호기술은 송신자와 수신자 모두 합의된 같은 알고리즘을 사용해야 통신이 가능하다. 그러므로 암호기술의 표준화는 정보보호의 확산에 매우 중요한 역할을 한다. 폐쇄된 소규모 그룹에서만 비밀스럽게 사용하는 암호기술이라면 표준화된 알고리즘이 필요 없을지도 모르지만, 인터넷과 같은 공용의 통신망과 누구나 사용하는 표준화된 컴퓨터 및 운영체제를 이용해 생면부지의 상대편과도 안전한 통신을 하기 원한다면 표준화된 암호 알고리즘을 사용하지 않을 수 없다. 즉 모든 컴퓨터에 같은 암호 알고리즘이 구현되어 있어야 서로 호환이 되고 안전한 통신이 가능하다. 이러한 측면에서 산업계, 학계, 정부기관, 국제표준기구 등을 통해 암호 알고리즘을 표준화하고, 이를 산업계에 적용하기 위한 노력이 기울여져 왔다.

표준 암호 알고리즘을 사용한 최초의 사례는 1977년 미국에서 표준화된 블록암호 알고리즘인 DES를 들 수 있다. 표준화된 DES 알고리즘이 널리 사용되면서 암호의 이용이 기존의 군사용 등 특수한 용도에서 일반적인 상업용으로 확산되었고, 암호 방식이 일반인들에게 알려지고 널리 사용되는 계기가 되었다. 그러나 DES 알고리즘은 암호시스템 자체는 비교적 안전한 것으로 평가되지만, 비밀키가 56비트로 너무 작아서 현재 우리가 사용하는 컴퓨팅 능력에 비해 취약하다는 단점이 있다. 1998년 기록으로 키 공간에 대한 전수조사를 통해 56시간 만에 DES의 키를 찾아냈으니 현재의 컴퓨터로는 이보다 훨씬 짧은 시간에 찾아낼 수 있어서 전혀 안전하지 않다고 볼 수 있다.

이에 따라 DES를 대체할 새로운 블록암호 표준의 필요성이 제기됐다. 미국표준기술연구소(NIST)는 블록암호 알고리즘을 세계적으로 공모했고, 5년의 표준화 과정을 거쳐 2001년 11월 26일 AES를 새로운 표준 알고리즘으로 발표했다. 이 알고리즘은 벨기에의 암호학자인 존 대먼과 빈센트 라이먼이 만들었으며, 처음에는 두 사람의 이름을 합해서 레인달Rijndael이라는 이름을 썼다. 키의 크기(블록의 크기)로 128, 160, 190, 224, 256비트를 사용할 수 있으며, 미국 표준으로 인정받은 것은 128비트이다.

이밖에도 세계 각국은 암호 알고리즘의 표준화에 노력하고 있다. 우리나라에서는 한국정보보호진흥원과 ETRI 주도하에 개발된 대칭키 방식의 128비트 블록암호 알고리즘인 SEED가 한국의 표준 블록암호 알고리즘으로 제정되어 사용되고 있다.

SEED 암호 알고리즘이란?

1999년 2월 한국정보보호진흥원과 ETRI 주도하에 국내 암호 전문가들이 함께 개발한 암호 알고리즘으로 인터넷, 전자상거래, 무선통신 등에서 공개되면 민감한 영향을 미칠 수 있는 중요 정보 및 개인정보를 보호하기 위해 개발된 국내 블록암호 알고리즘이다. SEED는 1999년 9월 정보통신단체표준(TTA)으로 제정되었으며, 2005년에는 국제표준화 기구인 ISO/IEC 국제 블록암호 알고리즘 표준으로 제정됐다.

현재 유럽지역의 연구자들을 중심으로 스트림 암호의 표준화를 위해 이크립트ECRYPT라는 프로젝트를 2004년부터 진행하고 있다. 이외에 해쉬함수, 전자서명 알고리즘 등도 표준화된 알고리즘들이 사용된다.

표준화된 암호 알고리즘들은 우리가 사용하고 있는 컴퓨터, 통신기기, 운영체제, 응용 소프트웨어, 하드웨어, 보안 프로토콜 등에 실제 구현되어 사용되고 있다. 윈도, 리눅스, 맥 OS 등 운영체제에는 이들 표준 암호 알고리즘들이 내장되어 있다. 인터넷 보안에 사용되는 IPSec 프로토콜, 사용자간 세션 암호화에 사용되는 SSL/TLS 프로토콜 등은 암호 알고리즘들이 복합적으로 사용되어 통신 시스템의 정보보호 기능을 제공하는 좋은 사례이다. 그 밖에도 암호기술은 휴대폰을 이용한 이동통신의 보안, 저작권 보호, 이메일 보안, 공인인증, 전자상거래, 전자정부 서비스 등 이루 헤아리기 어려울 만큼 다방면에 응용되고 있다.

03_ 빠르고 효율적인 암호 시스템 :
대칭키 암호

대칭키 암호 방식에서는 암호화에 사용되는 암호화키와 복호화에 사용되는 복호화키가 동일하다는 특징이 있으며, 이 키를 송신자와 수신자 이외에는 노출되지 않도록 비밀히 관리해야 한다. 우리가 일반적으로 사용하는 암호라는 의미로 관용암호라고도 하며, 키를 안전하게 보관해야 한다는 의미로 비밀키 암호라고도 한다. 이 방식은 고대암호로부터 연결된 오랜 역사를 가지고 있다.

사용되는 키가 짧고 속도가 빨라서 효율적인 암호 시스템을 구축할 수 있다. 이 암호 방식은 알고리즘의 내부 구조가 간단한 치환(대치)과 전치(뒤섞기)의 조합으로 되어 있어서 알고리즘을 쉽게 개발할 수 있고, 컴퓨터 시스템에서 빠르게 동작한다. 그러나 송수신자 간에 동일한 키를 공유해야 하므로 많은 사람들과의 정보교환 시 많은 키를 생성, 유지, 관리해야 하는 어려움이 있다. 이러한 대칭키 암호 방식은 데이터를 변환하는 방법에 따라 블록 암호와 스트림 암호로 구분된다.

블록암호

블록암호는 고정된 크기의 블록 단위로 암호화·복호화 연산을 수행하며, 각 블록의 연산에는 동일한 키가 이용된다. 고대암호 알고리즘에는 평문의 문자를 특정한 다른 문자로 대치하는 환자암호Substitutuin Cipher, 평문 문자의 순서를 특정 방식으로 섞어서 재배치하는 전치암호Transposition Cipher, 그리고 이들을 혼합하여 사용하는 적암호Product Cipher으로 구분할 수 있다.

샤논의 암호이론에 의하면, 전치와 환자를 반복시켜 암호화하면 평문의 통계적 성질이나 암호키와의 관계가 나타나지 않아 안전한 암호를 구성할 수 있다. 이러한 성질을 이용하여 파이스텔Feistel은 전치와 환자를 반복 적용한 파이스텔 네트워크Feistel Network 방식의 암호 알고리즘을 설계하였는데, DES 알고리즘이 대표적인 예이다.

이 방식은 암호화와 복호화 과정에 적용되는 키만 다르고 알고리즘은 동일하기 때문에 하드웨어·소프트웨어 구현 시 하나의 알고리즘만 프로그래밍 하면 되기 때문에 편리하며, 안전성도 높다는 것이 밝혀졌기 때문에 현대 대칭키 암호 설계에 많이 이용된다. 대표적인 블록암호 알고리즘은 DES, Triple-DES, IDEA, FEAL,

파이스텔 네트워크 방식의 암호 알고리즘 설계자 호스트 파이스텔

— 출처 : IBM Watson연구소

MISTY 등이 있으며, 국내 암호표준인 SEED가 있다. AES는 DES 알고리즘을 대치하여 사용되는 새로운 표준 블록암호 알고리즘이다.

스트림 암호

스트림 암호는 블록 단위로 암호화·복호화되는 블록암호와는 달리 이진화된 평문 스트림과 이진 키스트림의 배타적 논리합(XOR) 연산으로 암호문을 생성하는 방식이다. 이러한 스트림 암호는 키스트림이 평문과 관계없이 생성되어 동기식으로 사용해야만 하는 동기식 스트림 암호, 키스트림이 평문 혹은 암호문의 함수관계에 의해 생성되기 때문에 복호화 시 동기가 흐트러졌더라도 스스로 동기화가 이루어져서 복호화가 가능한 자기 동기식 스트림 암호가 있다.

1970년대부터 유럽을 중심으로 발달한 스트림 암호는 주기, 선형복잡도 등 안전성과 관련된 수학적 분석이 가능하고, 알고리즘 구현이 쉬워 군사 및 외교용으로 많이 사용되고 있다. 또한 구현 여건이 제약되는 이동통신 환경에서도 구현이 용이하여 이동통신 등의 무선데이터 보호에 많이 사용된다.

04_ 나의 키를 공개한다 : 공개키 암호

🔑 많은 키들을 어떻게 관리하나? : 공개키 암호의 도입

1976년 디피Diffie와 헬만Hellman에 의해 공개키 암호의 개념이 도입되고, 1978년 RSA라는 실용적인 공개키 암호 알고리즘이 개발된 이후 공개키 암호는 현대 암호를 이루는 중요한 요소가 되었다.

공개키 암호는 비대칭키 암호라고도 한다. 이것은 대칭키 암호와는 달리 하나의 쌍이 되는 두 개의 키가 존재하여 하나의 키는 누구든지 사용할 수 있도록 공개하고, 다른 하나는 자신만이 사용할 수 있도록 비밀리에 보관하는 방식이다. 이때 공개하는 키는 암호화에 사용되며 공개키라 하고, 비밀로 보관하는 키는 복호화에 사용하며 개인키라고 한다.

공개키로 암호화한 암호문은 이것의 쌍이 되는 개인키로만 복호화할 수 있다. 이 때 공개키가 공개되더라도 이것으로부터 개인키를 계산해 내는 것은 계산적으로 불가능하다. 공개키 암호 방식은 대칭키 암호에서와 같은 비밀키의 사전분배가 필요 없는 새로운 방식이다. 비밀통신을 하기 위해서는 송신자는 수신자의 공개키를 이용하여 메시지를 암호화해서 보내면 된다. 이 암호문은 개인키를 가진 정당한 수신자 이외에는 어느 누구도 복호화할 수 없는 비밀 메시지가 된다.

대칭키 암호를 원활하게 사용하기 위한 비밀키의 사전분배는 생각보다 매우 어려운 문제이다. 예를 들어 100명의 사용자들이 대칭키 암호를 이용하여 서로 비밀통신을 하고자 하는 경우를 생각해 보자. 각 사용자는 99명의 사용자들과 비밀키를 사전에 공유하고 있어야 하며, 이것이 노출되지 않도록 안전하게 보관해야 한다. 비밀키가 남들에게 노출되지 않도록 사전에 공유하기 위해서는 안전한 통신채널이 있어서 이것을 이용하여 전달하거나, 직접 만나서 전달하는 수밖에 없다. 안전한 통신채널이 이미 있다면 복잡한 암호를 쓸 필요도 없는 것이요, 직접 만나서 비밀키를 전달하는 것은 요즘 같은 정보화 시대에는 어울리지 않는 방식이다. 99개의 공유된 비밀키를 안전하게 보관하는 것도 쉽지 않은 문제이다. 컴퓨터 내의 데이터베이스에 보관하는 것도 해킹의 위협 등을 고려하면 쉽지 않고, 많은 비밀키를 기억하여 사용하는 것은 불가능하다도 보아야 할 것이다. 반면에 공개키 암호 방식을 이용하면 각 개인은 자신의 개인키 하나만을 안전하게 보관하면 되기 때문에 키 관리 문제가 매우 간단하게 해결할 수 있게 된다.

공개키 암호는 키분배 문제를 해결했을 뿐만 아니라, 통신망에서 사용자를 인증하는 중요한 도구로 사용된다. 사용자들이 비대면 상황에서 정보를 주고받으며 상호작용을 하는 인터넷 통신망에서 지금 통신하고 있는 상대방이 누구인지 확인하고 상대방에게 나의 신분을 확인시키는 일은 매우 중요하다. 상대방의 신분이 서로 확인되어야 상거래와 같은 중요한 활동을 할 수 있기 때문이다.

예를 들면 사용자가 서버에 로그인하는 간단한 서비스도 서버는 로그인 과정에서 사용자가 사용권한이 있는 정당한 사용자인지 확인 후에 서비스를 제공해야 한다. 매우 중요한 서비스를 제공하고 있는 서버가 사용자의 신분 인증을 허술하게 하여 나쁜 의도를 가진 공격자에게 로그인을 허용했다고 가정하면 서비스의 안전성에 심각한 영향을 미칠 수 있다. 공개키 암호를 이용하면 사용자 인증 문제가 매우 간단하게 해결된다. 로그인 과정에서 사용자만이 비밀리에 보관하고 있는 개인키를 이용하도록 요구하면 서버는 사용자의 공개키를 이용하여 사용자의 신분확인이 가능하기 때문이다.

인증 문제를 메시지에 확대하면 전자서명도 가능하다. 사용자가 특정 문서에 자신의 개인키를 이용하여 서명이라고 하는 연산을 하면, 어느 누구나 사용자의 공개키를 이용하여 서명의 검증이 가능하다. 개인키를 보관하고 있는 것은 해당 사용자 이외에는 아무도 없기 때문에 사용자가 특정 문서에 개인키로 연산을 한 것은 정당한 서명으로 인정할 수 있다.

어려운 수학 문제를 풀어보자 : 소인수분해와 이산대수 문제

공개키 암호에서 사용되는 한 쌍의 키는 임의의 키가 아니라, 특정한 성질을 만족시켜야 공개키·개인키 쌍으로 사용할 수 있다.

공개키 암호는 정수론에 기초한 일방향 함수one-way function를 사용하고 있다. 좀더 자세히 말하면, 공개키 암호를 구성하기 위해서는 비밀문trapdoor을 갖는 일방향 함수를 사용하고 있다. 쌍이 되는 두 개의 키 중에서 하나의 키를 공개키로 공개하더라도 다른 하나의 개인키는 노출되지 않아야 하기 때문이다. 공개키 암호에서 사용되는 일방향 함수의 대표적인 문제는 소인수분해 문제와 이산대수 문제이다.

소인수분해 문제

소인수분해 문제Integer Factorization Problem는 큰 두 소수의 곱을 계산하는 것은 쉽지만 역으로 큰 두 소수의 곱인 합성수가 주어졌을 때, 이것을 소인수분해하기는 어렵다는 것이다. 소인수분해 문제는 NP(비결정론적 다항식 시간)의 의미에서 어려운 문제라고 알려져 있다.

$$\text{Primes } p,\ q \xrightarrow[\text{hard}]{\text{easy}} n=pq$$

예를 들어 작은 소수인 43과 47을 곱하여 2021이라는 합성수를 구하는 것은 곱셈을 배운 초등학생도 쉽게 계산할 수 있다. 정해진 곱셈 규칙대로 계산하면 예상되는 시간 내에 분명히 답을 얻을 수 있다. 반면 2021이라는 숫자가 먼저 주어지고, 이것이 어떤 두 정수의 곱이냐를 물어보면 아마 쉽게 답을 구할 수 없을 것이다. 이것은 비교적 작은 숫자이므로 두 숫자를 구하려고 노력한다면 여러 번의 시도 끝에 답을 구할 수 있을 것이다.

운이 좋아서 43이라는 숫자를 처음에 시도해 보았다면 한 번에 답을 얻을 수도 있겠지만, 운이 없다면 모든 소수를 다 시도해 보고 마지막에 답을 얻게 될지도 모른다. 이 문제를 푸는 데에는 여러 가지 가능성을 시도해 보는 이외에 정해진 다항식 시간의 알고리즘이 없기 때문에 NP 문제라고 한다.

만일 RSA 암호 시스템에서 사용하는 300자리 정도의 큰 정수를 주고 곱이 되는 두 정수를 구하라고 하면, 이것은 정말 까마득한 문제가 될 것이다. RSA 알고리즘은 소인수분해 문제의 어려움에 기반을 두고 고안된 공개키 암호 알고리즘이다.

이산대수 문제

이산대수 문제Discrete Logarithm Problem는 모듈러 연산으로 나머지만을 취하는 잉여계residue 시스템에서 위수를 구하는 것이 어렵다는 문제이다.

$$\text{Given } g,\ x,\ p \xrightarrow{\text{easy}} y=g^x \bmod p$$
$$x=\log_g y \xleftarrow[\text{hard}]{} \text{Given}=g,\ y,\ p$$

간단한 예를 들어 생성원 g=10을 밑으로 하고, 임의의 정수로 승산을 한 후 소수 p=47로 나머지 연산을 하는 시스템을 생각해 보자. 이 경우 10

을 제곱하면 6이 되고, 네제곱을 계산하면 36이 된다. 이것을 이산대수 방식으로 표시하면 10을 밑으로 할 때 2는 6의 이산대수이고 4는 36의 이산대수라고 말한다.

$$10^2 \bmod 47 = 100 \bmod 47 = 6$$
$$10^4 \bmod 47 = 6^2 \bmod 47 = 36$$

이것을 계산하는 것은 승산과 모듈러 연산을 할 줄 아는 사람이라면 누구나 계산할 수 있는 쉬운 문제이다. 그러나 만일 36이 mod 47로 연산할 때 10의 몇 제곱이냐를 물으면, 이 답을 구하는 것은 쉽지 않은 문제이다. 32는 mod 47에서 10의 몇 제곱일까? 이것을 구하기 위해서는 아마 10의 모든 승산을 계산해서 32가 되는 것을 찾아야 할 것이다. 답은 12제곱인데, 독자들은 답을 쉽게 구했는지 모르겠다.

만일 실제 암호 시스템에서 사용하는 300자리 정도의 큰 정수를 주고 이산대수를 구하라고 하면, 이것도 까마득한 문제가 될 것이다. 엘가말 ElGamal 공개키 암호, DSA 전자서명 등은 이산대수 문제의 어려움에 기반을 두고 고안된 공개키 암호 알고리즘이다.

공개키 암호의 해독

물론 이런 어려운 문제들의 해법이 앞의 예에서 보인 것처럼 모든 공간을 검색해서 찾는 전수검사로만 할 수 있는 것은 아니며, 이보다 빠르게 답을 찾는 방법이 연구되고 있다. 암호학자 또는 암호해독학자들은 소인수분해 문제, 이산대수 문제를 얼마나 빨리 계산할 수 있는지, 쉬운 계산 방법이 있는지에 대해 연구를 계속하고 있다. 이러한 암호해독 문제가 중요한 이유는 우리가 사용하는 암호 시스템이 실제로 안전한지에 대한 확신을 가질 수 있어야 하기 때문이다. 만일 현재 사용하고 있는 암호 알고리즘이 공격에 대해 안전하지 않다면, 안전한 수준의 암호 알고리즘으로 바꾸어 사용해야 하는 것이다. 이런 암호해독 분야의 사례로서 비교적 최근에 발표된 RSA-200의 해독사례가 있다.

RSA-200은 RSA사에서 내건 소인수분해 공모 문제로서 다음과 같은 663비트의 수, 십진수로 200자리의 큰 수를 소인수분해하라는 문제이다.

RSA-200 = 27,997,833,911,221,327,870,829,467,638,722,601,621,070, 446,786,955,428,537,560,009,929,326,128,400,107,609,345,6 71,052,955,360,856,061,822,351,910,951,365,788,637,105,95 4,482,006,576,775,098,580,557,613,579,098,734,950,144,178, 863,178,946,295,187,237,869,221,823,983

이 문제는 오랫동안 풀리지 않고 있었는데, 소인수분해 기술의 발전에 따라 2005년 5월 9일 F. Bahr, M. Boehm, J. Franke, T. Kleinjung 가 마침내 소인수를 찾아냈다(http://www.loria.fr/~zimmerma/records/ rsa200 참조). 그들은 GNFS(General Number Field Sieve)라는 기술을 이용하였으며, 네트워크로 연결된 수많은 컴퓨터들의 계산량을 동원하여 2.2 GHz Opteron CPU 컴퓨터의 55년치 계산량에 해당하는 계산을 한 후에 다음과 같은 두 개의 소인수를 찾아냈다.

p= 3,532,461,934,402,770,121,272,604,978,198,464,368,671,197,400, 197,625,023,649,303,468,776,121,253,679,423,200,058,547,956,528, 088,349

q=7,925,869,954,478,333,033,347,085,841,480,059,687,737,975,857, 364,219,960,734,330,341,455,767,872,818,152,135,381,409,304,740,1 85,467

시간이 충분히 있는 독자라면 이 두 숫자를 곱했을 때 실제 위의 200자리 숫자가 나오는지 계산해 보는 것도 흥미있을 것이다.

이 사례는 663비트, 200자리 숫자를 소인수분해하는 문제는 더 이상 불가능한 문제가 아니며, 많은 계산량을 동원하면 풀릴 수도 있기 때문에 안전한 암호 시스템으로 사용할 수 없다는 것을 말해 준다. 거꾸로 말하면 소인수분해 문제를 실제로 풀기 위해서는 이만큼의 많은 계산량이 소요된다는 것을 보여주고 있다.

⚡ 공개키 암호 알고리즘이란?

RSA 암호

RSA 암호는 1978년 MIT의 리베스트Rivest, 샤미르Shamir, 에이들맨Adleman이 제안한 공개키 암호 알고리즘으로, 앞서 소개한 소인수분해 문제의 어려움에 이론적 기초를 두었다. 설명하거나 이해하기에 가장 간단한 알고리즘이면서도 안전성이 높아서 현재까지도 제일 많이 사용되는 공개키 암호 알고리즘이다. 이것의 키생성, 암호화, 복호화 알고리즘은 다음과 같다.

- **키생성**
  - 두 개의 큰 소수 p와 q를 선택하고, 이들의 곱 $n=pq$를 계산한다.
  - $\varphi(n)=(p-1)(q-1)$을 계산한다.
  - n과 서로소인 e를 선택하고 $de=1 \bmod \varphi(n)$를 만족하는 수 d를 계산한다. (n, e)는 공개키로 공개하고, d는 개인키로 안전하게 보관한다.
- **암호화**
  - 메시지 m을 암호화하기 위하여 송신자는 수신자의 공개키 (n, e)를 이용하여 다음과 같이 암호화한다. $c=m^e \bmod n$

RSA 알고리즘을 개발한 샤미르, 리베스트, 에이들맨(좌측부터)

— 출처 : 미국수학회, http : //www.ams.org/featurecolumn/archive/internet.html

- c를 메시지 m에 대한 암호문으로 수신자에게 전송한다.

· **복호화**

- 수신자는 자신의 비밀키 d를 이용하여 암호문 c를 다음과 같이 복호화한다.

$c^d \bmod n \rightarrow m$

　　RSA 암호에서 메시지와 암호문은 n보다 작은 정수로 표시되며, 암호화와 복호화는 단순한 모듈러 승산으로 계산되는데, 이 계산은 보기보다 많은 시간이 소요되는 연산이다. 하드웨어, 소프트웨어의 구현조건에 따라 다르겠지만 암호화 속도가 빠른 블록암호에 비해 공개키 암호는 100~1000배 정도 더 많은 시간이 소요된다. 그러므로 공개키 암호 알고리즘은 많은 양의 데이터를 암호화하는 용도에는 적합지 않으며, 블록암호에 사용되는 세션키를 안전하게 전달하는 용도에 주로 사용된다.

　　RSA 암호 알고리즘의 안전성은 사용되는 키의 길이에 따라 달라진다. 보편적으로 사용하는 키의 길이는 512비트, 768비트, 1024비트, 2048비트 등인데, 사용자가 필요에 따라 키의 길이를 선택한다. 키의 길이가 짧으면 암호화 속도가 빠르지만 안전성이 문제가 되며, 키 길이가 길면 안전성은 높지만 암호화·복호화 속도가 크게 느려진다. 앞에서 살펴본 바와 같이 663비트의 길이를 가지는 숫자가 소인수분해되었으므로 512비트, 768비트의 키 길이는 현재의 컴퓨팅 환경에서 안전하다고 볼 수 없으며, 1024비트 이상의 키를 사용해야 한다.

엘가말 암호

이산대수 문제의 어려움에 기반한 최초의 공개키 암호 알고리즘은 1984년 스탠퍼드 대학의 암호학자 테하르 엘가말Tehar ElGamal이 제안한 엘가말 ElGamal 암호 방식이다. 이것의 키생성, 암호화, 복호화 알고리즘은 다음과 같다.

- 키생성
  - 큰 소수 p를 선택하고 생성자 g를 선택한다.
  - 비밀키 x를 선택하고 공개키 $y=g^e \bmod p$를 계산한다.
  - (y, g, p)를 공개키로 공개하고, x는 비밀키로 안전하게 보관한다.
- 암호화
  - 메시지 m을 암호화하기 위해 난수 k를 선택하고, 수신자의 공개키 (y, g, p)를

이용하여 다음을 계산한다.

$r=g^k \bmod p, \quad s=my^k \bmod p$

- 암호문 (r, s)를 수신자에게 전송한다.

• 복호화

- 수신자는 자신의 비밀키 x를 이용하여 다음과 같이 복호화한다.

$s/r^x \bmod p \rightarrow m$

엘가말 암호 알고리즘으로 암호화하면 메시지의 길이가 두 배로 늘어난다. 그런데 암호화할 때 난수 k를 이용하므로 같은 메시지에 대해 암호화해도 할 때마다 서로 다른 암호문을 얻게 되는데, 이것은 정보보호 측면에서 큰 장점이다. RSA 암호 알고리즘에서는 난수를 사용하지 않기 때문에 같은 메시지에 대한 암호문은 항상 같은데, 이것은 공격자가 암호문을 복호화하지 않고도 평문을 추측할 수 있는 단점이 있다. 그러므로 실제 적용 시 RSA 알고리즘은 난수를 사용하는 OAEP(optimal asymmetric encryption padding)이라는 난수화 패딩 알고리즘과 함께 사용된다.

타원곡선 암호

최근 많은 연구가 이루어지고 있는 타원곡선 암호는 안전성이 높고 속도가 빨라서 새로운 공개키 암호 방식으로 각광받고 있다. 타원곡선 암호의 해독에는 그 특성상 소인수분해 문제, 이산대수 문제를 해독하기 위한 기존의 효율적인 해독방식이 적용되지 않는 것으로 밝혀져서 더 짧은 키를 안전하게 사용할 수 있고, 이에 따라 같은 안전도를 갖는 공개키 암호 시스템을 구현한다고 할 때 암호화 · 복호화 속도도 크게 빨라질 수 있다.

예를 들면 RSA의 1024비트의 키와 타원곡선 암호의 160비트의 키는 같은 수준의 안전도를 갖는 것으로 알려져 있다.

🔩 전자서명이란?

지금까지 소개한 암호 알고리즘을 이용하면 인터넷과 같은 공개된 통신 망에서도 정보를 비밀스럽게 주고받을 수 있다. 그런데 이러한 기밀성만 가 지고 상거래가 이루어질 수 있을까? 비대면의 온라인에서 상거래를 가능하 게 하기 위해서는 상대방의 신분확인, 문서에 대한 서명(계약서, 영수증) 등과 같은 것이 가능해야 한다. 종이문서에 사용하는 수기서명이나 도장을 이용한 서명은 인터넷 환경에서는 쓰기가 곤란하다. 그렇다면 수기서명이 포함된 전자문서를 법적으로 인정할 수 있을까? 전자문서는 쉽게 복사 가능 하고 원본과 사본을 구별할 수 없으며, 얼마든지 위조가 가능하다.

이것의 대안으로 암호기술의 인증기능을 이용해 전자문서에 서명이 가 능하게 하는 것이 전자서명이다. 공개키 암호가 가지는 인증기능을 이용해 서명자의 신분을 인증하고, 서명 대상인 전자문서의 인증을 동시에 수행하 도록 하여 전자서명 효과를 얻을 수 있다.

공개키 암호의 기본적인 가정은 공개키에 대해 쌍이 되는 개인키(비밀키) 는 사용자가 안전하고 비밀스럽게 보관한다는 것이다. 이러한 환경에서 개 인키를 이용하여 어떤 서명 연산을 한다면 이것은 개인키를 가지고 있는 해 당 사용자만이 가능한 작업이며, 이 결과는 그 사용자의 서명으로 인정할 수 있다. 앞에서 설명한 RSA 공개키 암호를 거꾸로 사용하면 전자서명으로 사용할 수 있다.

- 전자서명
  - 메시지 m에 대한 서명은 $s = m^d \bmod n$으로 계산한다.
- 서명검증
  - $s^e \bmod n = m$을 만족하는지 확인한다.

서명자는 자신만이 가지고 있는 개인키 d를 이용하여 메시지 m에 대해 모듈러 승산으로 s를 계산한다. 이러한 s를 계산할 수 있는 사람은 개인키 d를 가지고 있는 해당 사용자뿐이다. 이 서명은 공개키 e를 이용하여 누구나 검증할 수 있다.

전자서명이 실제로 전자상거래에 사용될 수 있기 위해서는 이러한 기술적인 요소뿐만 아니라 법적·제도적인 뒷받침이 필요하다. 오늘날 국내에서 온라인의 전자상거래가 크게 확산되고 있는 것은 1999년 2월에 제정되고 1999년 7월부터 시행된 전자서명법이 있었기에 가능했던 것이다. 즉 전자문서에 대해 만들어진 전자서명의 유효성을 종이문서에 대한 수기서명과 똑같이 법적으로 인정하게 되었다. 인터넷 뱅킹을 통해 전자자금거래를 하거나 인터넷에서 신용카드 결제를 하는 경우, 전자서명이 만들어지고 상대방에게 전달되기 때문에 이것이 거래의 유효성에 대한 증거물이 된다.

공개키 암호는 현대의 전자상거래 환경에 필수불가결한 암호방식이다. 사용자 산 키를 안전하게 분배하고 전자서명이 가능하게 하는 등 다양한 정보보호 요구사항을 만족시키기 위해 사용되는 핵심 암호기술이다.

안전한 전자서명 알고리즘의 요구조건
1. 위조 방지 : 정당한 서명자 이외의 타인은 서명을 위조할 수 없어야 한다.
2. 사용자 인증 : 전자서명으로부터 서명자가 누구인지 확인할 수 있어야 한다.
3. 부인 방지 : 서명자는 문서에 서명한 사실을 부인할 수 없어야 한다.
4. 변조 방지 : 한 번 서명한 문서의 내용을 변경할 수 없어야 한다.
5. 재사용 방지 : 하나의 서명은 다른 문서의 서명으로 재사용할 수 없다.

05_ 공개키에 대한 신뢰 부여 : 공개키 인증

인증서와 인증기관

공개키 암호가 실제로 사용될 수 있기 위해서는 공개키의 인증이라는 문제가 먼저 해결되어야 한다. 공개키 인증이란 특정한 공개키가 누구의 키인지 어떻게 확신할 수 있느냐 하는 문제이다.

개인키가 전자서명을 생성하는 데 사용될 수 있다고 했는데, 나의 개인키로 서명한 것이 나의 서명이라는 것을 남들이 인정하게 하려면 내 개인키와 쌍이 되는 공개키를 남들도 나의 공개키라고 인정해 줄 수 있어야 한다. 만일 다른 사람이 키 쌍을 임의로 만들어 공개키를 나의 이름으로 등록해서 사용하려고 시도하는 경우, 이것을 방지할 수 있어야 한다.

공개키를 분배하기 위해 초기의 연구자들은 공개키 디렉터리라고 하는 장소에 개인의 공개키를 등록함으로써 분배하는 방법을 생각했다. 그런데 여기에 공개키에 대한 무결성과 인증성이 문제가 되었다. 즉 공격자가 타인의 이름으로 공개키를 대신 등록하여 사용한다든가, 이미 등록된 공개키를 바꿔치기 한다면 공개키 디렉터리에 공개된 공개키를 신뢰할 수 없게 된다.

공개키에 대한 무결성과 인증성을 제공하는 현실적인 방법은 모두가 신뢰할 수 있는 권위 있는 인증기관을 도입하고, 개인의 공개키에 대해 인증기관이 전자서명을 하도록 하는 것이다. 즉 인증기관이라고 불리는 신뢰와

권위가 있는 제3자가 나의 신분을 확인한 후, 나의 공개키와 나의 신분을 확인할 수 있는 개인정보를 포함하는 문서에 서명함으로써 나의 공개키가 유효하다는 것을 인정하는 증명서인 인증서를 발급한다. 사용자가 인증기관을 신뢰한다면 인증기관이 발급한 인증서를 신뢰할 수 있고, 나의 공개키의 유효성도 인정된다.

현실 세계의 예를 하나 들어보자. 비즈니스 계약서와 같은 중요한 문서에는 인감도장을 찍게 되는데, 여기에 찍힌 도장이 나의 인감도장이라는 것을 증명하기 위해 정부에서 발급하는 인감증명서를 첨부한다. 정부에서 발급한 인감증명서를 통해 계약서에 찍힌 도장이 나의 신분을 확인하는 인감도장이라는 것을 남들도 인정하게 된다. 전자상거래 환경에서 공개키는 인감도장에, 공인인증서는 인감증명서에, 인증기관은 정부에 해당된다고 볼 수 있다.

지식정보화 사회에서 공개키는 인증기관이 발급하는 인증서를 통해 유효성이 확인된다. 국가에서 인정하는 인증기관을 공인인증기관, 이것이 발급하는 인증서를 공인인증서라고 부른다. 반면 개인이나 회사와 같은 조직이 정부의 인증을 받지 않고 자신들의 필요에 따라 인증서를 발급해서 사용할 수도 있는데 이것을 사설인증기관, 사설인증서라고 부른다. 공인인증서는 그 사회 전체에서 유효성을 인정받지만, 사설인증서는 해당 그룹에서만 인정받을 뿐 공인인증서와 같이 모두에게 인정받을 수는 없다.

공개키 인증서의 발급과 폐기

공개키 인증서를 발급받기 위해 사용자는 자신의 컴퓨터 내에서 공개키·개인키의 키 쌍을 생성한다. 개인키는 자신의 컴퓨터에 안전하게 보관하고, 공개키와 자신의 인증정보를 인증기관에 전송해 인증서 발급을 요청한다. 이때 자신이 개인키를 가지고 있음을 증명하기 위해 자신의 개인키로 서명한 문서도 함께 보낸다. 인증기관은 사용자의 신분을 인증하고 서명문을 확인한 후 사용자의 공개키와 사용자정보, 인증정보를 포함한 문서에 서명하여 인증서를 만들어 사용자에게 발급한다. 사용자는 자신의 개인키·공개키를 사용할 때 공개키가 자신의 것임을 확인시킬 필요가 있을 경우, 이 인증서를 제공한다. 사용자의 개인키는 사용자만이 안전하게 보관하므로, 비밀문서를 열어 보거나 문서에 서명을 하는 것은 사용자만이 할 수 있다.

공개키의 사용에서 마주치는 첫 번째 문제는 이미 발급한 인증서를 더 이상 사용할 수 없도록 할 때, 어떻게 무효화시킬 것인가이다. 물론 공개키 인증서에는 유효기간 정보가 있어서 유효기간이 지나면 자동으로 무효화되지만, 유효기간 이내에 발급을 취소해야 하는 경우를 말한다.

공개키 인증서의 사례

동사무소에서 주민등록증을 발급하거나 경찰서에서 운전면허증을 발급한 경우, 무효화시키려면 이것을 반납하면 된다. 주민등록증 위조 사건이 많지만 위조가 안 됐다고 가정할 때, 반납과 동시에 주민등록증은 무효화된다고 볼 수 있다. 그러나 공개키 인증서는 개인정보와 공개키에 대한 인증기관의 전자서명으로서 완전한 전자문서이다. 이것은 얼마든지 복사할 수 있어서 반납이 근본적으로 불가능하다.

공개키 인증서의 발급을 취소해야 하는 사유는 많다. 사용자가 회사를 퇴직해 공개키의 사용자격을 잃은 경우에는 더 이상 전자서명을 사용할 수 없도록 해야 한다. 개인키를 부실하게 관리해 남에게 노출된 것으로 의심될 경우에는 피해가 발생하지 않도록 공개키 인증서 발급을 취소해야 한다. 가장 많은 인증서 취소 사례는 개인이 개인키를 백업하지 않고 잃어버리거나 접근비밀번호를 기억하지 못해 사용할 수 없게 된 경우, 인증서를 재발급받기 위해 기존의 인증서를 취소하는 것이다.

공개키 인증서의 취소를 위해 사용하는 방법은 소위 블랙리스트 방법이다. 즉 인증기관이 인증서 취소목록(CRL : Certificate Revocation List)이라고 불리는 취소할 인증서의 리스트를 만들고, 이것을 서명한 문서를 배포하는 것이다. 인증서의 사용자들은 최신의 CRL을 획득하여 사용하고자 하는 인증서가 취소되었는지 여부를 확인하고 사용해야 하는 의무를 지닌다. 공개키 인증서의 취소는 인증기관과 사용자 모두의 관점에서 볼 때 매우 부담스러운 업무이다. 인증기관은 인증서의 취소 요청에 대해 빠르게 대응해야 하며, 이것을 배포해야 한다. 사용자는 인증서 사용 전에 최신의 CRL을 획득하고 점검해야 하는 통신상·계산상의 부담을 가진다.

▗ 계층적인 인증체계

공개키 인증서를 발급하고 사용함에 있어서 특정 회사, 조직 등 작은 규모의 사회에서는 하나의 인증기관만으로 충분히 커버할 수 있을지도 모른다. 그러나 국가와 같이 많은 사용자들에게 서비스해야 하고 적용 분야가 각기 다른 경우, 하나의 인증기관으로 모든 인증서비스를 제공하는 것은 어렵다. 적용 분야나 지역별로 별도의 인증기관이 필요하다. 이런 경우 인증기관이 서로 다른 사용자들 간에 상호 인증이 가능한가 하는 문제가 있다. 인증기관 간에 인증이 확장되지 않는다면 사용자들은 같은 인증기관에 속한 사용자들끼리만 인증을 사용할 수 있을 뿐, 다른 인증기관에 속하는 사용자들은 서로 신뢰할 수 없게 된다.

이 문제를 해결하기 위해 계층적인 인증체계나 인증기관 간의 상호인증을 이용한다. 계층적인 인증체계란 상위의 인증기관이 하위의 인증기관에게 인증서를 발급하는 방식으로 계층적으로 인증을 확장하는 방법이다. 두 사

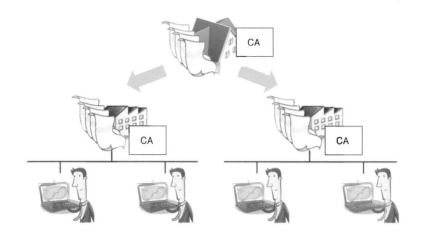

용자가 발급받은 공개키 인증서의 인증기관이 서로 다르지만, 이들 인증기관들이 공통의 상위인증기관으로부터 인증을 받았다면 두 사용자들 모두 상위인증기관을 신뢰하므로 서로 인증이 가능하다. 상호인증이란 두 인증기관이 서로 인증서를 주고받음으로써 하위의 사용자들도 서로 인증이 가능하도록 하는 방식이다. 이렇게 복수의 인증기관들이 서로 인증을 확장하는 체계를 공개키 인증체계라고 한다.

🎯 인증 서비스의 업무 흐름

인증기관이 사용자에게 인증서를 발급하여 공개키를 사용할 수 있게 하는 서비스는 서비스 기관들과 이들 사이의 많은 업무들이 포함되는 복잡한 일이다. 인증기관, 등록기관, 사용자, 상위인증기관, 디렉터리 서비스 등 많은 참가자들이 키생성, 신분인증, 등록, 갱신, 폐기, 복구, CRL 발급 등 복잡한 업무절차를 거쳐서 인증 서비스가 제공된다. 이러한 인증 서비스가 제공되면 인터넷 환경에서 많은 응용 분야에 적용할 수 있게 되므로, 인증 서

공개키 기반구조의
참가자들과 업무 흐름

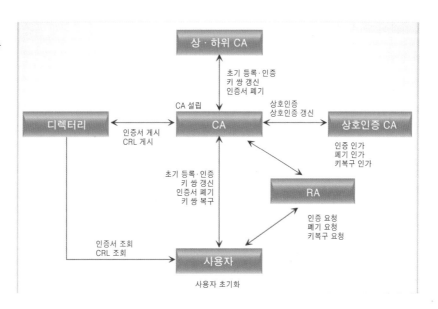

비스는 지식정보화 사회를 구성하는 주요 기반구조라고 볼 수 있다. 이러한 의미에서 공개키 인증서를 사용할 수 있도록 만들어주는 서비스를 통칭하여 공개키 기반구조(PKI : Public Key Infrastructure)라고 부른다.

여기서 각각의 기관들이 하는 업무절차들에 대해 간단히 살펴보자. 인증기관(CA : Certification Authority)은 사용자의 신분을 확인하고 사용자의 정보와 공개키에 서명을 함으로써 인증서를 발급해 주는 기관이다. 그런데 사용자의 신분을 확인하는 일은 인증서를 발급하는 일 이상으로 매우 중요하며 시간이 걸리는 일이다. 만일 사용자의 신분확인을 허술하게 하면 공격자가 타인의 명의를 도용하여 인증서를 발급받아 사용하게 될지도 모른다. 그러므로 신분확인은 주민등록번호, 계좌번호, 계좌비밀번호 등 기존의 사용자 인증정보들을 확인하거나, 사용자를 직접 대면 확인하는 등의 복잡한 업무절차가 필요하다.

많은 수의 사용자들 인증작업을 하나의 인증기관이 수행하기 어려울 때 등록기관(RA : Registration Authority)을 둘 수 있다. 은행이나 동사무소와 같이 대민창구에서 사용자 신분확인을 효율적으로 할 수 있는 기관들이 등록기관이 된다. 등록기관은 사용자 신분확인을 수행한 후 인증기관에 인증서 발급을 요청하고, 발급된 인증서를 사용자에게 전달한다. 인증기관은 인증서 취소 요청이 있으면 CRL을 만들어서 디렉터리에 게시한다. 인증기관은 상위인증기관으로부터 인증서를 발급받는다.

이러한 인증체계에서 가장 상위에 있는 인증기관을 최상위인증기관(Root CA)이라고 한다. 최상위인증기관은 다른 인증기관으로부터 인증서를 발급받는 것이 아니고 스스로 인증서를 발급하여 게시한다. 인증기관은 다른 인증기관들과 서로 인증서를 주고받음으로써 인증을 확장할 수 있다.

🔑 공개키를 내 맘대로 정한다 : ID 기반 암호

인증기관을 이용하는 공개키 인증 방식은 인증기관으로부터 인증서를 발급받아 사용하므로, 암호화된 메시지를 보내거나 상대방의 전자서명을 확인하려면 상대방의 인증서를 가지고 있어야 하며, 이것의 유효성을 검증해야 한다. 따라서 인증서가 미리 분배되어 있어야 하기 때문에 실제 응용환경에서 단점이 된다.

최근 이러한 인증서의 분배가 필요 없이 사용자의 이름, ID, 이메일 주소, IP 주소 등 사용자의 ID 정보를 그대로 공개키로 사용할 수 있는 ID 기반 암호 방식에 대한 연구가 활발히 진행되고 있다. 암호화된 메시지를 보내고자 하는 사람은 상대방의 인증서를 찾아올 필요가 없이 상대방의 ID를 공개키로 사용하여 암호문을 만들어 보내면 된다. 상대방의 전자서명을 받은 경우, 상대방의 ID를 공개키로 사용하여 서명을 검증할 수 있다.

이런 장점이 있는 반면, ID 기반 암호 방식은 개인키를 개인이 스스로 만들 수 있는 것이 아니라, 별도의 키 생성기관이 만들어서 사용자에게 안전하게 전달해 주어야 한다는 단점이 있다. 키 생성기관은 사용자의 신분을 확인하는 역할을 해야 하므로 인증기관과 비슷한 역할을 한다고 볼 수 있으나, 누구나 볼 수 있는 인증서를 만들어 공개하는 것이 아니라 사용자만이 사용할 수 있는 비밀정보인 개인키를 만들어 사용자에게 비밀스럽게 전달해야 한다. 만일 키 생성기관이 악의를 가지고 있으면 사용자가 할 수 있는 암호문의 복호화, 전자서명 등 모든 일을 할 수 있다. 그러므로 ID 기반 암호 시스템은 키 생성기관을 전적으로 신뢰할 수 있는 소규모 조직에서 효율적인 암호 시스템을 구축하고자 하는 경우에 사용할 수 있다.

공개키 기반구조는 공개키를 안전하게 사용하기 위한 신뢰구조로서 지식정보화 사회의 구현을 가능하게 하는 사회의 기반구조라고 생각할 수 있다. 전자상거래 등 개인의 신분인증이 필요하고, 당사자의 책임이 수반되는 정보교환에는 공개키 인증이 필수적이다.

06_ 위조문서 식별하기 : 해쉬함수

해쉬함수란?

해쉬함수Hash Function는 임의의 길이를 갖는 메시지를 입력하여 고정된 길이의 해쉬값을 출력하는 함수이다. 현재 사용되고 있는 SHA-1과 같은 표준 해쉬함수들은 160비트 내지 256비트의 해쉬값을 출력한다. 암호 알고리즘에는 키가 사용되지만, 해쉬함수는 키를 사용하지 않으므로 같은 입력에 대해서는 항상 같은 출력이 나온다. 이러한 함수를 사용하는 목적은 입력 메시지에 대한 변경할 수 없는 증거값을 뽑아냄으로써 메시지의 오류나 변조를 탐지할 수 있는 무결성을 제공하기 위해서다.

해쉬함수는 전자서명과 함께 사용되어 효율적인 서명 생성을 가능하게 한다. 긴 메시지에 대해 서명을 하는 경우, 전체 메시지에 대해 직접 서명을 하는 것이 아니고 짧은 해쉬값을 계산해 이것에 대해 서명을 하게 된다. 공개키 연산은 많은 계산량을 필요로 하기 때문에 전체 메시지를 공개키 길이의 블록 단위로 나누어 모든 블록에 서명을 하는 것은 매우 비효율적이다. 그러므로 먼저 메시지를 입력하여 160비트 내지 256비트의 짧은 해쉬값을 계산하고, 이것에 대해 한 번의 서명 연산을 한다. 이 계산값은 원래의 메시지에 대한 서명으로 인정된다.

해쉬값에 대한 서명이 원 메시지에 대한 서명으로 인정되기 위해서는 같은 해쉬값을 갖는 또다른 메시지를 찾아내기가 계산적으로 어려워야 한다. 해쉬함수는 임의의 길이의 입력으로부터 짧은 길이의 해쉬값을 출력하므로, 입력은 서로 다르지만 같은 출력을 내는 충돌이 반드시 존재한다. 만일 같은 해쉬값을 갖는 다른 메시지를 찾아내기가 쉽다면, 서명자는 자신의 서명을 다른 메시지에 대한 서명이라고 우길 수 있을 것이다. 이렇게 되면 전자서명에 대한 신뢰가 불가능하고 전자거래에 사용할 수 없게 된다. 그러므로 안전한 해쉬함수로 사용될 수 있기 위해서는 충돌을 찾아내기 어렵다는 특성을 가져야 한다.

해쉬함수의 안전성

안전한 해쉬함수가 가져야 하는 가장 기본적인 요건은 같은 출력을 내는 두 개의 서로 다른 입력, 즉 충돌을 찾기가 계산적으로 어려워야 하는데, 이 것을 충돌저항성Collision Resistance이라고 한다. 해쉬함수의 출력 길이가 길수록 충돌을 찾기가 어렵다는 것은 상식적인 이야기겠지만, 효율성 측면에서는 출력 길이가 가능하면 짧은 것이 좋기 때문에 과연 해쉬함수의 출력 길이를 얼마로 하는 것이 효율적이면서도 안전한지는 안전성을 정확히 따져 봐야 한다.

암호학자들은 해쉬함수의 충돌을 찾아내는 데 많은 노력을 기울이고 있다. 이것이 해쉬함수의 안전성을 분석하는 데 가장 중요한 요소이기 때문이다. 160비트의 출력을 내는 해쉬함수에 대해 공격자는 임의의 메시지들을 입력시키면서 해쉬값을 계산하여 같은 출력값이 있는지 찾아볼 것이다. 과연 어느 정도의 시도 후에 충돌을 찾아낼 수 있을까?

이것을 분석하는 이론 중에 생일공격Birthday Attack이라는 재미있는 이론이 있다. "사람의 생일은 1년이 365일이므로 365개의 가짓수가 있다. 사람이 많이 모이면 생일이 같은 사람이 있을텐데, 몇 사람이 모이면 생일이 같은 사람이 존재할 확률이 0.5보다 커질까?"

이 문제를 풀기 위해서는 다음과 같은 실험을 생각해 본다.

1. 칠판에 365일을 써넣고 한 사람씩 자신의 생일을 지워나간다.
2. 첫 번째 사람은 365일 중에서 무조건 자신의 생일을 지울 수 있으므로 365/365, 즉 1의 확률을 가진다.
3. 두 번째 사람은 364일 중에서 자신의 생일을 지울 수 있으므로 364/365의 확률을 가진다.

이러한 과정을 반복하여 생일이 같은 사람이 나타날 확률이 0.5보다 커지는 사람 수를 계산해 보면 답은 23명이다. 즉 23명 이상이 모이면 생일이 같은 사람이 존재할 확률이 0.5 이상이 된다. 이 정도 사람이 모이는 기회가 있다면 재미삼아 생일을 조사해 보는 것도 좋을 것이다.

이론적으로는 출력의 가짓수가 n이라고 하면, $\sqrt{n}$ 정도의 입력을 조사해 보면 충돌이 발생할 수 있다. 비트 수로 따지면 160비트의 출력을 내는 해쉬함수는 2^{80}개 정도의 서로 다른 입력값의 해쉬값을 계산, 비교해 보면 충돌을 발견할 수 있다는 것이다. 현재의 컴퓨터를 이용하여 2^{80}개 정도의 해쉬값을 찾아보는 것은 시간이 많이 걸려서 계산적으로 어렵기 때문에 안전한 해쉬함수로 생각하고 사용한다.

생일공격(Birthday Attack) 이란?
생일모순(Birthday Paradox)에 근거하여 해쉬함수를 공격하는 방법이다. 생일모순이란 임의로 모인 23명에서 생일이 같은 사람이 있을 확률은 50%이상이나 된다는 것으로, 실제로 그렇게 많은 경우수가 아니더라도 해쉬함수 출력으로부터 해쉬함수 입력을 찾아낼 수 있다는 이론에 근거하여 반복적인 대입으로 충돌이 발생하는 또다른 입력값을 찾아내는 것이다.
— 출처 : 네이버 용어사전

해쉬함수의 응용

앞에서 해쉬함수는 전자서명에 사용된다고 했는데, 이것은 서명자가 특정 문서에 자신의 개인키를 이용하여 연산함으로써 데이터의 무결성과 서명자의 인증성을 함께 제공하는 방식이다. 메시지 전체에 직접 서명하는 것은 공개키 연산을 모든 메시지 블록마다 반복해야 하기 때문에 매우 비효율적이다. 따라서 메시지에 대한 해쉬값을 계산한 후, 이것에 서명함으로써 매우 효율적으로 전자서명을 생성할 수 있다. 서명자는 메시지 자체가 아니라 해쉬값에 대해 서명을 하였지만, 같은 해쉬값을 가지는 다른 메시지를 찾아내는 것이 어렵기 때문에 이 서명은 메시지에 대한 서명이라고 인정된다.

송신자의 신분인증이 필요없고 데이터가 통신 중 변조되지 않았다는 무결성만 필요할 때, 해쉬함수를 메시지 인증코드(MAC : Message Authentication Code)라는 형태로 사용할 수 있다. 송신자와 수신자가 비밀키를 공유하고 있으면 송신자는 메시지와 공유된 비밀키를 입력으로 하여 해쉬값을 계산하면 메시지 인증코드가 된다. 메시지와 메시지 인증코드를 보내면 수신자는 메시지가 통신 도중 변조되지 않았다는 확신을 가질 수 있다.

07_ 암호해독 기술과 암호 알고리즘의 안전성

✎ 암호 알고리즘의 안전성 평가 : 암호해독

지금까지 대칭키 암호, 공개키 암호, 전자서명, 해쉬함수 등 널리 사용되는 암호 알고리즘들을 간단히 소개했는데, 이 알고리즘들이 과연 얼마나 안전한가 하는 의문이 들 것이다. 과거 고대암호, 근대암호 시절에는 암호 알고리즘 자체를 감추고 암호문을 주고받음으로써 메시지의 비밀을 지키고자 했지만, 표준화된 컴퓨터와 통신 시스템을 이용하는 현재는 암호 알고리즘이 표준화되어 공개적으로 사용된다. 그 대신 암호 알고리즘에 사용되는 추가적인 비밀키 정보를 안전하게 보관함으로써 통신의 보안을 유지한다. 그러므로 우리가 사용하는 암호 알고리즘이 얼마나 안전한지 정확한 평가가 필요하다.

영화에서는 가끔 해커들이 암호 시스템의 비밀키를 찾아내는 장면이 매우 다이내믹하게 나타나기도 한다. 암호해독 시스템을 통해 비밀키가 한 글자씩 순서대로 찾아지는 장면을 그래픽하게 보여주기도 하는데, 이것은 실제 암호 알고리즘의 해독과는 매우 다른 비현실적인 장면이다.

암호학Cryptology을 암호설계Cryptography와 암호해독Cryptanalysis으로 분류하여 얘기하기도 하는데, 그만큼 암호설계뿐만 아니라 암호해독도 중요한 역할을 하고 있다는 것을 보여준다. 안전한 암호 알고리즘을 설계하기 위해서는 설계된 암호 알고리즘의 안전성을 정확히 분석할 수 있어야 가능하다. 암호 알고리즘의 안전성을 담보하기 위한 기반기술로서 암호학자들은 암호해독에도 많은 노력을 기울이고 있다. 암호기술은 암호설계자들과 암호해독자들 사이의 경쟁을 통해 발전한다고 볼 수 있다.

🎵 적을 알고 나를 안다 : 공격자 모델 파악하기

암호 알고리즘의 안전성을 분석하기 위해서는 공격자가 어떤 지식을 가지고 하는지 알 필요가 있다. 공격자가 공격에 필요한 더 많은 지식을 가질수록 공격은 쉽게 이루어질 수 있다. 암호 알고리즘의 공격자가 가지는 지식의 양에 따라 다음과 같이 구분한다.

- 암호문 단독공격(Ciphertext Only Attack) : 공격자는 암호문만 가지고 있으며 이로부터 평문 또는 키를 찾아내고자 한다. 공격자가 사용자 간의 통신을 관찰하면 암호문은 얼마든지 얻을 수 있으므로, 이것은 매우 일반적인 공격상황이라고 볼 수 있다.

- 기지평문 공격(Known Plaintext Attack) : 공격자는 특정 암호문의 평문을 알고 있는 상황에서 키를 찾아내거나 다른 암호문의 평문을 알아내고자 한다. 공격자는 평문과 암호문의 쌍을 알고 있으므로 이러한 지식을 이용하여 좀더 유리한 상황에서 공격할 수 있다. 우리가 주고받는 메시지들은 추측하기 쉬운 내용들을 포함하기도 하는데, 예를 들어 메일을 보낼 때 "Dear Mr. Kim"과 같이 관용적인 인사로 시작하는 경우, 공격자는 암호문에 해당되는 평문을 얼마든지 추측할 수 있다. 또한 특정 형식의 파일을 암호화하여 전송하는 경우 파일의 헤더 부분은 잘 알려진 메시지 블록들을 포함하는데, 공격자는 이러한 정보들을 기지평문으로 활용할 수 있다.

- 선택평문 공격(Chosen Plaintext Attack) : 암호장치에 얼마든지 접근할 수 있어서 선택된 평문을 입력해 그에 대한 암호문을 얻을 수 있는 상황에서 복호화키나 선택된 암호문의 평문을 찾아내고자 한다. 암호 알고리즘이 하드웨어로 구현되어 있고, 키가 내장된 암호장치를 공격자가 가지고 있다고 가정해 보자. 공격자는 원하는 만큼 선택한 평문을 입력시켜 보고 그에 대한 암호문을 얻을 수 있다. 공개키 암호 알고리즘은 공개키가 알려져 있으므로 공격자는 선택한 어떤 평문도 암호화하여 암호문을 얻을 수 있다. 이런 평문·암호문 쌍에 대한 지식을 기반으로 공격자는 좀더 유리한 환경에서 암호 시스템을 공격할 수 있다.

- 선택암호문 공격(Chosen Ciphertext Attack) : 공격자가 복호화 장치에 접근할 수 있어서 선택한 모든 암호문의 평문을 얻을 수 있는 능력을 가지고 있을 때, 키를 찾아내거나 선택된 암호문의 평문을 얻고자 하는 공격이다. 복호화 능력을 항상 가지고 있다면 그 암호 시스템은 해독된 것과 마찬가지이겠지만, 이 공격 모델에서는 공격자가 복호화하고자 하는 목표 암호문은 이런 방식으로 복호화가 허용되지 않는다고 가정할 때, 공격자가 복호화를 할 수 있느냐 하는 문제이다. 이 공격 모델은 목표 암호문을 제외한 어떤 암호문에 대해서도 평문을 알 수 있는 기회를 주므로 공격자에게 가장 많은 능력을 부여한다.

공격자에게 부여되는 능력은 암호문 단독공격이 가장 적고, 선택암호문 공격이 가장 크다. 만일 어떤 암호 알고리즘이 이러한 선택암호문 공격에 대해서도 안전하다는 것이 증명되면, 암호문 단독공격에 대해 안전한 암호 알고리즘보다 안전성이 더 높다고 생각할 수 있다. 따라서 높은 능력을 가지는 공격자에게도 안전한 암호 알고리즘을 설계하는 것이 최근의 암호설계 방향이다.

공격자의 모델을 능동적 공격자Active Adversary와 수동적 공격자Passive Adversary로 나누기도 한다. 수동적 공격자는 암호문을 읽기만 함으로써 기밀성을 위협하는 반면에, 능동적 공격자는 암호문의 변조·삭제·첨가 등을 시도함으로써 기밀성 이외에 무결성과 인증에 위협을 가한다.

공격자는 암호 알고리즘을 공격함에 있어서 알고리즘 자체의 설계에 취약점은 없는지 다양한 방식으로 분석한다. 암호분석학자들은 알고리즘의 설계를 면밀히 검토해 보고 취약점을 찾기 위해 노력한다. 한편으로는 무지막지한 방법으로 전수조사Brute-Force Attack라는 것을 사용하기도 한다. 이것은 목표 암호문의 키 공간 전체를 조사해 의미 있는 평문을 알아내 키를 찾는 방법이다.

암호 알고리즘이 아무리 취약점이 없게 설계되었다 하더라도 키 공간이 작으면 컴퓨터를 이용하여 전수조사를 해봄으로써 쉽게 깨질 수 있다. 또 컴퓨터의 성능이 높아지고 분산컴퓨팅 기법을 사용하는 등 종합적인 컴퓨팅 능력이 높아지면서 과거에는 안전한 암호 알고리즘으로 인정받고 사용해 왔지만 더 이상 안전하지 않게 되는 경우가 있다. DES 알고리즘이 1977년 표준 알고리즘으로 선정된 후 오랫동안 사용되어 왔지만, 지금의 컴퓨팅 환경에서는 안전하지 않기 때문에 2001년 AES 알고리즘이 새로운 표준으로 선정된 것이 좋은 예이다.

키 길이를 늘려라 : 블록암호 방식의 안전성

블록암호 알고리즘은 대용량 메시지를 빠르게 암호화하기 위해 오랫동안 사용되어 왔으며, 암호학자들은 이것의 안전성을 분석하기 위해서 많은 노력을 기울여 왔다. 1990년 비함Biham과 샤미르Shamir는 두 개의 평문 블록들의 비트 차이(예 : 1001과 1101의 차이는 $1001 \oplus 1101 = 0100$이 됨)에 대응하는 암호문 블록들의 차이를 이용하여 사용된 암호열쇠를 찾아내는 차분해독법Differential Cryptanalysis을 발표했는데, 이를 계기로 암호해독 연구가 크게 발전했다. DES 암호설계자의 한 사람인 코퍼스미스Coppersmith에 의하면,

설계 당시부터 이미 차분공격법을 알고 있어서 그에 대한 대비책으로 S함수 설계조건이 나왔다고 한다. 1993년 비함과 샤미르에 의하면, DES 암호는 계산량 2^{47}의 차분공격으로 해독이 된다. 1993년에는 일본의 마쓰이Matsui가 DES S함수의 입력과 출력 비트 사이의 상관도를 선형근사하여 해독하는 선형근사 공격법Linear Cryptanalysis을 발표하여, 2^{43}개의 기지평문과 12대의 워크스테이션Workstation으로 50일 만에 해독했다.

DES는 암호설계의 안전성과는 별도로 키 길이가 56비트로 너무 짧기 때문에 전수공격으로 해독되었다. 1993년에 캐나다의 바이너Weiner는 키 검색장치(Key Search Machine)를 설계하였는데, 100만 달러를 들여 칩을 만들어 공격하면 3.5시간 안에 해독할 수 있다고 주장했다.

실제로 컴퓨터의 성능 발달과 해독 알고리즘의 개량으로, 전수조사에 의한 DES 암호 공격이 실행되어 1997년 2월에는 RSA사에서 개최한 DES 챌린지Challenge I에서 7만 8,000대의 컴퓨터를 이용하여 96일 만에, 1998년 7월에는 DES 챌린지 II에서 25만 달러의 전용 칩을 제작하여 56시간 만에, 1999년 1월 18일 DES 캘린지 III에서 1만여 대의 컴퓨터와 전용 칩을 이용하여 DES 암호를 22시간 15분 만에 해독했다.

이러한 전수공격에 대응하기 위해서는 키 길이를 늘려야 하는데, 128비트 이상의 키 길이를 가지는 암호 알고리즘을 사용할 것을 권고하고 있다. 이를 위해 DES의 키 길이를 늘리는 효과적인 방법인 3중 DES 암호를 이용하거나 새로운 국제표준 알고리즘인 AES 암호, 국내표준 알고리즘인 SEED 암호를 사용하도록 권고한다.

암호해독기의 일부

— 출처 : http://en.wikipedia.org

출력값을 늘려라 : 해쉬함수의 안전성

해쉬함수는 메시지의 무결성과 인증성을 제공하기 위해 사용된다고 소개했는데, 안전한 해쉬함수는 충돌을 찾기 어려워야 한다. 해쉬함수의 표준 알고리즘으로는 미국 표준인 SHA-1, 국내 표준인 HAS-160 등이 사용되고 있다.

생일공격에 의하면 n비트의 해쉬값을 출력하는 해쉬함수는 $2^{n/2}$의 계산량으로 충돌을 찾을 수 있다. 그런데 최근 중국의 왕Wang은 유로크립트Eurocrypt2005 학회에서 SHA-1 등의 해쉬함수에서 차분공격법을 사용하여 생일공격보다 빠르게 충돌을 찾을 수 있다는 것을 보여주었다.

이를 계기로 해쉬함수에 대한 연구가 매우 활발해지고, 160비트 이상의 출력값을 내는 해쉬함수를 사용해야 한다는 방향으로 논의가 진행되고 있다.

어려운 수학 문제를 풀어라 : 공개키 암호의 안전성

공개키 암호 알고리즘은 소인수분해 문제, 이산대수 문제 등 어려운 수학적 문제에 기반하여 하나의 키를 공개키로 공개하더라도 그것의 쌍이 되는 개인키는 찾기 어렵다는 특징을 사용하는 암호 방식이다. 이것에 대한 공격은 암호문에서 평문을 직접 찾기보다는 암호 시스템의 이론적 기반이 되는 어려운 수학적 문제를 풀어서 공개키에서 개인키를 찾아내는 방법으로 진행되어 왔다. 물론 공개키 암호 알고리즘의 안전성과 그의 이론적 기반이 되는 어려운 문제의 안전성이 같은 수준인가 하는 것은 아직도 연구가 계속되고 있는 분야이다.

예를 들어 소인수분해 문제에 기반한 RSA 알고리즘에서는 두 개의 큰 소수 p, q를 선정하여 이들의 곱 $n=pq$를 계산하고, mod $\varphi(n)$에 대하여 서로 역수가 되는 e, d를 계산한 후 (n,e)를 공개키로 공개하고, d를 개인

제2부_ 암호, 실제 이해하기

키로 비밀히 보관한다. 이때 사용되었던 p, q는 비밀키로 저장하거나 메모리에서 지워버린다. 공격자는 공개키인 (n,e)를 알고 있으며, 개인키인 d를 찾아내고자 한다. 만일 공격자가 공개키 n을 소인수분해할 수 있으면 p, q를 찾아내고 개인키인 d도 계산해 낸다.

현재는 1024비트 이상의 공개키를 사용할 것을 권고하고 있다. 우리나라의 최상위인증기관인 전자서명인증센터는 최고의 안전성을 추구하기 위해 2048비트의 RSA 공개키를 사용하고 있다. 공개키 암호의 안전성을 높이기 위해서는 키 길이를 늘리는 것이 첫 번째 대응책인데, 키 길이를 늘리면 계산량도 따라서 늘어난다는 단점이 있다.

암호학자들은 소인수분해 문제를 풀기 위해 노력해 왔으며 quadratic sieve, number field sieve, GNFS 등의 소인수분해 기법들을 연구하고 있다.

한편 이산대수 문제에 기반한 공개키 알고리즘들도 널리 사용되고 있는데, 이산대수 문제를 푸는 것은 소인수분해 문제를 푸는 것과 비슷한 수준의 계산량이 필요한 것으로 널리 인식되고 있다.

✒ 안전성을 수학적으로 증명한다 : 증명 가능한 안전성

암호 알고리즘의 안전성을 평가하는 전통적인 방법은 공격자의 공격에 얼마나 오래 견디고 살아남느냐 하는 것이다. 즉 공격자에게 취약성이 발견되고 애초 설계했던 기준보다 빠르게 암호를 해독할 수 있다면 그 알고리즘은 안전하지 않은 것으로 평가되어 폐기된다. 반면 오랜 기간 동안 효율적인 공격 방법이 발견되지 않으면 안전한 알고리즘으로 평가해 왔다. 그러나 이것은 체계적인 평가 방법이라고 볼 수 없으며, 암호학자들은 안전성을 수학적으로 증명하는 방법에 관심을 가지고 있다. 이것을 증명 가능한 안전성

provable security이라고 한다.

이 방법은 제시된 암호 알고리즘이 어떤 보안 목표를 가지는지 엄밀하게 정의하고, 또한 공격자에게 어떤 능력을 허용하는지 정의한 후, 이러한 환경에서 제시된 암호 알고리즘이 안전하다는 것을 수학적으로 증명하는 것이다. 공격자에게 가능한 한 많은 능력을 부여해도 암호 알고리즘의 보안 목표가 달성될 수 있다는 것을 보여주고자 하는 것이다. 공격자에게 능력을 제공하는 모델로서 오라클oracle이라고 하는 개념을 도입한다.

예를 들어 공개키 암호 알고리즘의 안전성을 분석하기 위해서는 질의자 challenger와 공격자attacker 사이의 다음과 같은 게임을 생각해 본다. 공격자는 공개키와 쌍이 되는 개인키를 가지고 있지 않지만, 어떤 암호문에 대해서도 그것을 복호화하여 평문을 출력해 주는 복호화 오라클에게 접근할 수 있는 권한을 가지고 있다.

이러한 게임에서 공격자가 이길 수 있는 확률은 얼마나 될까? 공격자는 복호화 오라클에게 질의할 수 있다는 능력을 이용하여 최선의 전략으로 유리한 질문들을 해봄으로써 이 게임에서 이기려고 할 것이다. 공격자는 질의를 진행하면서 얻는 경험을 바탕으로 다음 번에는 좀더 유리한 질의를 만들 수 있다. 이러한 공격을 적응적 선택 암호문 공격(adaptive chosen ciphertext

오라클을 이용하는 공격자와 질의자 사이의 게임

1. 먼저 공격자는 복호화 오라클을 마음대로 시험해 볼 수 있다. 어떤 암호문이라도 복호화 오라클에게 질의를 하면 그에 해당되는 평문을 얻어 볼 수 있다.

2. 다음 단계로 공격자는 두 개의 동일 길이의 메시지 m_0, m_1을 선택하여 질의자에게 제시한다.

3. 그러면 질의자는 그 중 임의로 하나를 선택해서 그것을 공개키로 암호화하여 암호문을 만들어 공격자에게 제시한다. 두 개의 메시지 중에서 어느 것을 선택했는지는 공격자에게 알려주지 않는다.

4. 공격자는 복호화 오라클에게 암호문을 질의할 수 있는데, 단 위의 단계에서 질의자가 제시한 암호문만은 질의할 수 없다.

5. 공격자가 최종적으로 질의자가 어떤 메시지를 선택했는지를 맞춘다면 공격자가 게임에서 이기게 된다.

attack)이라고 한다. 암호 알고리즘이 안전하다면 이러한 게임에서 공격자가 암호문에서 평문이 둘 중 어느 것인지 구분할 수 없어야 한다. 이러한 안전성의 개념을 구별 불가능성indistinguishability이라고 한다.

공격자에게 질의된 암호문을 직접 해독할 수 있는 능력을 제외한 가능한 한 많은 능력을 제공하더라도 공격자는 두 개의 메시지 중에서 어느 것을 암호화했는지 구별해 낼 수 없다면 공개키 암호 알고리즘으로서 매우 안전한 알고리즘이라고 평가할 수 있다. 이러한 증명 가능한 안전성의 개념은 안전한 암호 알고리즘을 설계하기 위해 필수적인 안전성 평가 방식이다.

08_ 사용자 신분을 확인하라 : 인증

인터넷 통신을 위협하는 요소들

인터넷과 같은 개방형 네트워크를 통해 메시지를 주고받는 것은 마치 모든 사람이 들을 수 있는 시장과 같은 공개된 장소에서 큰 소리로 서로 얘기를 주고받는 것과 같다. 또한 상대방을 확인할 수 있는 대면 상태가 아니므로 상대방이 맞는지 확신을 가지기 어렵다. 이런 환경의 통신에서는 공격자가 다음과 같은 여러 가지 불법적인 위협을 가할 수 있다.

- 메시지 노출 : 메시지의 내용이 상대방이 아닌 공격자에게 노출될 수 있다.
- 위장 : 공격자가 정당한 송수신자인 것처럼 행동하여 불법적인 메시지를 주고받을 수 있다.
- 내용 변조 : 공격자가 메시지의 내용 일부 또는 전체를 삽입, 삭제, 변경 등을 할 수 있다.
- 순서 및 시간 변경 : 공격자가 메시지의 송신을 지연시키거나 순서를 다르게 보내거나 하여 송신자의 의도와는 다른 결과를 초래할 수 있다.
- 트래픽 분석 : 공격자가 사용자들 사이의 트래픽 형태를 분석함으로써 유용한 정보를 얻을 수 있다.
- 부인 : 공격자의 불법적인 활동에 따라 메시지의 송수신 사실이 부인될 수 있다.

그러므로 개방형 네트워크에서 신뢰할 수 있는 통신을 하기 위해서는 기밀성뿐만 아니라 통신 당사자가 상대방의 신분과 전송되는 메시지가 변조되지 않았다는 확신을 가질 수 있는 방법이 제공되어야 한다.

인증이란?

인증Authentication이란 정보의 주체가 되는 송신자와 수신자 간에 교류되는 정보의 내용이 변조 또는 삭제되지 않았는지, 그리고 주체가 되는 송수신자가 정당한지를 확인하는 방법을 말한다. 인증이라 하면 사용자 인증과 메시지 인증으로 나눌 수 있다.

사용자 인증user authentication이란 네트워크상에서 사용자가 자신이 진정한 사용자라는 것을 상대방에게 증명할 수 있도록 하는 기능을 말한다. 반면 제삼자가 위장을 통해 사용자 행세를 하는 것이 불가능해야 한다.

메시지 인증message authentication이란 전송되는 메시지의 내용이 변경이나 수정되지 않고 본래의 정보를 그대로 가지고 있다는 것을 확인하는 것을 말한다. 전송되는 메시지가 변경되지 않았다는 사실과 누가 보낸다는 사실을 함께 증명하는 것은 전자서명을 통해 이룰 수 있다.

사용자 인증은 신원확인identification이라고도 하는데, 서버에 로그인하는 경우 등 사용자의 신분을 확인하고 정보 서비스를 이용할 수 있는 권한을 부여하기 위해 사용된다. 일단 사용자 인증을 통과하면 원격 접속자가 해당 사용자로서의 모든 권한을 수행할 수 있기 때문에, 중요한 서비스를 제공하는 서버의 입장에서는 원격 접속자에게 엄격한 인증절차를 거치도록 요구해야 한다.

📌 사용자 인증을 위한 접근 방법

사용자가 서버에게 자신의 신원을 증명하는 것에는 사용자가 알고 있는 지식을 이용하는 방식, 사용자가 가진 물건을 이용하는 방법, 사용자 자신의 신체적인 특징을 이용하는 방식 등이 있다.

사용자가 알고 있는 지식을 이용하는 방식은 패스워드를 이용하는 것이 대표적인 사례이다. 이것은 사용자의 기억에 의존하기 때문에 값싸고 편리하게 사용할 수 있지만 패스워드를 안전하게 관리하는 것이 어렵고, 패스워드가 공격자에게 누출되면 공격자도 사용자와 똑같은 행위를 할 수 있다. 질의·응답형 인증 프로토콜을 이용하는 방식은 서버에서 사용자에게 사용자만이 대답할 수 있는 어려운 질문을 하고, 사용자가 이에 맞는 대답을 하면 인증을 한다.

흔히 포털 사이트에서 사용자 등록시 질문과 그에 대한 대답을 등록하도록 한다. 패스워드를 잃어버린 경우 서버는 이 질문을 하고, 사용자가 등록된 대답을 입력하면 인증을 통과하여 패스워드 변경 페이지로 접근할 수 있다. 은행에서 사용하는 보안카드 방식은 이 두 가지가 결합된 것이라고 볼 수 있다. 넓은 의미에서 암호를 사용하는 인증 방식은 이러한 범주에 들어간다고 볼 수 있다.

사용자가 소유하고 있는 것을 이용하는 방식은 주민등록증, 여권, IC카드 등 사용자가 소유하고 있으며 위조하는 것이 어려운 보안토큰을 이용하는 방식이다. 서버의 인증요구에 대해 사용자는 이런 보안토큰을 소유하고 있음을 보여줌으로써 인증을 얻을 수 있다. 이 방식은 사용자에게 특정 보안토큰을 발급해야 하기 때문에 경제적인 부담이 있고, 사용자는 이것을 안전하게 보관해야 할 의무가 있다.

사용자 자신의 신체적 특징을 이용하는 방식은 지문인식, 홍채인식, 얼굴인식, 음성인식, 동적서명인식 등 소위 바이오인식(biometrics)을 이용하는 방식이다. 이러한 신체적 특징은 사용자 간 구별이 쉬우며, 반면 위조하기는 어려워야 한다. 이러한 방식은 값비싼 하드웨어 시스템을 도입해야 하는 경제적인 부담이 있다. 또한 정당한 사용자를 인식하지 못하거나 불법 사용자를 정당한 사용자로 인식하는 등 오차가 있을 수 있다는 것을 고려해야 한다.

여기서 소개한 인증 방식들은 각각 장단점이 있어서 어느 한 가지에 전적으로 의존하는 것보다 여러 가지를 결합해서 사용하는 사례가 많다. 이러한 방식을 멀티팩터 인증 시스템이라고 한다. 예를 들면 IC카드를 사용하는 시스템에서 사용자에게 패스워드 입력을 요구하도록 하는 것이다. IC카드는 위조가 어려운 안전한 하드웨어 시스템이라고 할 수 있지만, 사용자의 IC카드가 분실되어 타인에게 넘어가 아무나 사용할 수 있다면 큰 문제가 된다. 이럴 때 패스워드 입력이라는 추가 단계가 있다면 타인에 의한 불법적인 사용을 방지할 수 있다.

🔑 암호학적 인증 기법

앞에서 구분한 인증 기법들은 인증에 사용하는 정보·수단 등을 기준으로 한 단순한 분류라고 볼 수 있는데, 이를 더욱 안전하게 사용하기 위하여 암호기술이 여러 가지 방식으로 결합되어 적용되고 있다.

패스워드를 이용한 인증 방식에서 패스워드가 서버에 그대로 저장된다면 서버가 해킹되는 경우 모든 패스워드가 해커에게 넘어갈 수 있다. 따라서 서버에는 패스워드의 해쉬값을 저장하는 셰도 패스워드shadow password 방식을 이용하기도 한다.

항상 고정된 패스워드가 사용되는 경우, 통신망을 감시하고 있는 공격자가 통신 내용을 저장해 놓았다가 추후의 인증에 재사용replay하려고 시도할 수 있는데, 이를 방지하기 위해 일회용 패스워드 시스템이 사용되기도 한다. 사용자와 서버는 특정한 암호학적 관계를 가지는 정보와 세션정보를 이용하여 일회용 패스워드를 생성, 사용할 수 있다. 패스워드는 한번만 사용되고 바뀌므로 공격자는 통신망을 감시하고 현 세션의 패스워드를 알아내더라도 인증에 사용할 수 없다.

공개키 인증서를 이용한 방식에서는 사용자가 서버에게 전자서명을 제출하고, 서버는 전자서명의 유효성을 검증함으로써 사용자의 신분을 인증할 수 있다. 공개키 인증이 확산되면서 이러한 인증 방식이 확산되고 있는데, 인터넷 뱅킹 서비스에 로그인 시 이런 방식이 이용되고 있다. 전자서명은 암호학적 안전성을 가지고 있으며, 일반적 의미의 해커가 위조할 수 없다.

신분증, 출입증을 IC카드 형태로 발급하여 인증에 사용하는 사례가 증가하고 있다. 이 경우 사용자의 개인정보, 암호 등은 IC카드 내에 안전하게 저장되어 복제가 어렵다. IC카드와 단말기는 질의·응답 프로토콜 형태로 신분확인을 할 수 있는데, 이때 사용자의 비밀키는 IC카드 내부에서만 사용될 뿐 단말기 쪽으로 전송되지 않는다.

🏃 바이오인식에 기반한 인증 방법

바이오인식 기술은 살아있는 사람의 생리학적 특징 또는 행동적 특징을 기반으로 사용자를 인증하거나 인식하는 기술을 말한다. 널리 사용되는 생체의 특징으로는 다음과 같은 것들이 있다.

- 지문(fingerprint) : 지문은 사람마다 다르고 평생 변하지 않는다. 미뉴시아라고 불리는 분기점, 종단점 등의 특징점에 의해 다른 사람들과 식별한다. 데이터량 이 적고 정밀한 인증이 가능하다.

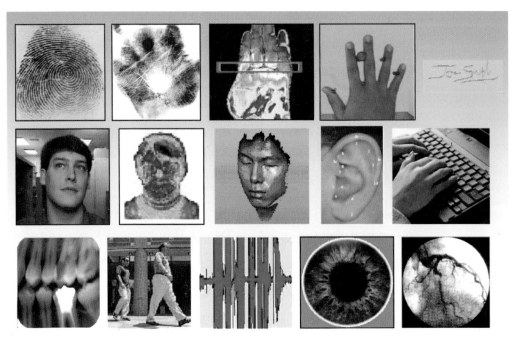

여러 가지 바이오인식 기술

- 손모양 : 손의 각 부분의 길이, 두께를 특징으로 사용자를 인증한다.
- 얼굴 : 사람은 얼굴 모양을 보고 타인을 인식하는 만큼 가장 일반적인 인증 방법이지만, 기계가 영상처리를 통해 인증하는 것은 아직까지 어려운 점이 많다. 사진을 이용한 인증, 변장에 대한 대처 등도 필요하다.
- 홍채 : 사람의 눈에 있는 홍채의 주름을 기반으로 인증하는 방법인데 매우 정밀한 인증이 가능하다. 반면 장비의 가격이 비싼 것이 단점이다.
- 음성 : 음성신호의 주파수 성분으로부터 성문 데이터를 추출하여 인증하는 방법이다. 그러나 녹음에 의한 대리인증, 병이나 피로에 의한 음성 변화, 잡음에 대한 취약성 등 아직 문제가 많다.
- 동적서명특성 : 필순, 필압, 쓰는 속도, 펜들 들어올릴 때의 운동 등과 같은 동적인 필적을 이용하여 식별하는 방법이다. 정확도가 높지 않다.

바이오인식 기술은 사용하는 기술에 따라 인식의 정확도, 비용, 응용환경이 다르며, 상용화할 수 있는 기술 수준도 다르다. 가장 널리 보급된 기술은 지문인식 기술로 일반 가정의 출입문 통제에도 사용되고 있다. 그밖에 자동차의 운전자 인식, 휴대폰의 지문인식, 마우스형 지문인식기 등이 있다. 홍채인식을 이용한 출입관리도 보급이 확산되고 있다.

09_ 재미있는 암호 프로토콜 이야기

지금까지 암호기술들의 여러 가지 측면들을 소개했는데, 실제 우리들의 온라인 생활의 정보를 보호하기 위해서는 어느 한 가지 암호기술만 사용하는 것보다 목적에 따라 여러 가지 암호기술들이 복합적으로 사용된다. 온라인의 특정 작업은 상호 신뢰하기 어려운 여러 참가자들의 복잡한 상호작용으로 이루어지기 때문이다. 여기에서는 암호기술이 현실 세계의 프로토콜과 결합되어 사용되는 방식들에 대해 소개한다.

프로토콜이란?

프로토콜이란 용어는 외교 분야에서 의정서議定書, 의전儀典 등의 의미로 쓰이는데, 외교행사에서는 엄격한 프로토콜(Protocol, 의전절차)를 지켜야 한다고 말한다. 프로토콜이란 용어는 특히 통신에서 많이 사용하는데, 통신 당사자들 사이의 메시지 전송규약을 의미한다.

현재의 표준 인터넷 프로토콜인 IP(Internet Protocol)는 인터넷으로 연결된 컴퓨터 사이의 패킷 전송 시 송신자와 수신자의 인터넷 주소, 전송 서비스의 특성 등을 포함하여 패킷의 헤더를 구성하는 규칙, 이들 정보에 기반하여 통신장비들이 제공해야 하는 서비스 등을 정의하고 있는데, 간단히 얘기하면 송신 측과 수신 측의 컴퓨터 사이에 메시지를 원활히 전달하기 위한 상호 약속을 의미한다. 송신 측과 수신 측이 같은 프로토콜을 사용해야 서로 통신이 가능한데, 비유해서 얘기하자면 송신 측은 한글로 보내는데 수신 측은 영문으로 이해하려고 한다면 서로 통신이 이루어지지 않을 것이다.

프로토콜의 의미를 좀더 확장해 보면, 특정 작업을 수행하기 위한 다자 간의 약속된 절차를 의미한다고 볼 수 있다. 우리들은 현실 세계에서 다양한 프로토콜들을 수행하며 살아가고 있다. 상점에 가서 물건을 고르고 흥정하고 구입하는 것도 따지고 보면 매우 복잡한 프로토콜이다. 판매원과 고객이 적절한 프로토콜에 따라 흥정이 원만하게 이루어지면 거래가 성사되지만, 어느 한쪽이 마음이 상한다거나 손해 본다는 느낌이 든다면 거래는 이루어지지 않는다. 판매 성적이 우수한 영업사원은 고객의 마음을 꿰뚫어보고 욕구를 만족시키는 능력이 탁월한 사람이다. 남녀 간의 연애에도 프로토콜이 있다. 어느 한쪽의 일방적인 행동은 때로 상대방에게 거부감을 주고, 아픔을 주고, 관계를 끝내게 하기도 한다. 양쪽이 모두 상대방을 아껴주고 배려하고 사랑한다면 좋은 결실을 맺을 수 있을 것이다.

✐ 공정하게 빵나누기 : 대면 프로토콜과 비대면 프로토콜

두 명의 어린이가 있는데 하나의 빵을 나눠먹으려고 한다. 그런데 빵을 조금만 먹어도 좋다고 생각하는 어린이는 별로 없을 것이다. 그럼 빵을 어떻게 나누면 서로 공평할까? 가

공평하게 빵나누기

장 쉬운 방법 중의 하나는 한 어린이로 하여금 빵을 나누게 하고, 대신 다른 어린이가 먼저 선택하도록 하는 것이다. 이렇게 하면 빵을 나누는 어린이는 가능한 한 공평하게 나누려고 노력할 것이다. 이것은 대표적인 대면 프로토콜의 하나이다.

우리가 현실 세계에서 남들과 직접 만나 대면 상태로 수행하는 여러 가지 작업들을 생각해 보자. 상점에 가서 물건을 고르고 흥정을 하고 구입하는 일은 직접 눈으로 확인하고 비교해 최종 선택을 하며, 물건을 받는 것과 함께 지불을 하는데, 우리는 이미 익숙해 있지만 사실은 매우 복잡한 측면이 있는 대면 프로토콜이다. 이러한 쇼핑 과정에서 어떤 문제가 발생하거나 공평하지 않다고 생각되면 언제든지 프로토콜을 중단할 수 있다. 이것은 구매자와 판매자가 같은 시간에 같은 장소에 존재하기 때문이다. 대면해서 프로토콜을 수행하게 되면 프로토콜의 공정성을 엄격하게 감시할 수 있다.

대면 프로토콜에서도 문제가 발생하는데, 물건을 강매하기도 하고 교묘하게 속이기도 한다. 한 사람이 이미 약속된 내용을 지키지 않으면 다른 사람에게 피해가 발생하는데, 이런 것을 사기라고 한다. 약속을 지키지 않으면 남들에게서 신뢰를 잃게 되고 더 이상 거래를 하지 못하게 될 수 있다.

그러면 비대면의 통신을 통해서도 이러한 복잡한 사회활동을 하는 것이 얼마나 가능할까? 반대로 얘기하면 이러한 복잡한 사회활동을 비대면의 통신을 통해서도 가능하게 하려면 무엇이 필요할까? 통신을 통해 상거래와 같은 중요한 업무를 수행하는 데 있어서 어떤 걱정들이 있을 수 있는지 살펴보자.

- 물건을 구입하기로 하고 돈을 지불했는데 물건이 배달되지 않는다면?
- 구매자가 지불한 돈이 위조지폐라면?
- 통신을 통해 지불되는 돈을 타인이 가로챈다면?
- 구매자가 어떤 물건들을 구입하는지 남들에게 쉽게 노출된다면?
- 현재 통신하고 있는 상대방을 신뢰할 수 있는가?
- 거래 진행 중에 예기치 않게 중단되는 경우 피해를 보지는 않을까?

이외에도 많은 문제들이 제기될 수 있는데, 대면 프로토콜에서는 직접 눈으로 확인함으로써 많은 부분들을 해결할 수 있다. 그러나 비대면 프로토콜에서는 이런 걱정들을 다른 방법으로 해결하여 참가자들이 프로토콜의 진행 과정을 신뢰할 수 있어야 사용될 수 있다.

📍 통신 상대방을 믿을 수 있을까?

시드니 셸던의 소설 '내일이 오면'

세계적인 베스트셀러 작가인 시드니 셸던 Sidney Sheldon의 소설 '내일이 오면If Tomorrow Comes' 에는 제프와 트레이시라는 두 사기꾼의 이야기가 나온다. 이들은 세계 랭킹 1, 2위를 다투는 체스 선수들인 멜리코프와 네굴레스코와 같은 유람선을 탔는데, 제프는 이들에게 트레이시가 실력 있는 체스 선수라고 소개하고, 두 사람과 동시에 경기하면 적어도 한 사람에게는 이기거나 비길 수 있다고 주장했다.

자신들의 자존심이 침해당했다고 분해하는 두 체스 선수들은 드디어 많은 관객들의 내기 속에 제프가 설계한 체스 경기에서 트레이시와 대결하게 되었다. 체스 초보로서 제프에게 한두 시간 배운 것밖에 없는 트레이시가 사용한 방법은 두 방을 왔다 갔다 하면서 한 사람의 움직임을 다른 사람에게 그대로 옮겨놓는 간단한 방법이었다. 결국 경기는 비기고 제프와 트레이시는 내기돈을 챙기게 되었다는 얘기다.

이러한 공격을 암호학에서는 중간자 공격man-in-the-middle attack이라고 하는데, 통신망의 중간에 있는 사람이 양쪽을 속이는 공격 방식이다. 또한 재전송 공격(replay attack)이라고도 볼 수 있는데, 한쪽의 통신 내용을 저장했다가 다른 쪽에 그대로 써먹기 때문이다. 소설에서 트레이시는 두 방을 왔다 갔다 하면서 경기를 진행했는데, 눈치 빠른 사람이라면 금방 속임수를 알아챌 수 있었을 것이다. 그러나 이러한 경기가 통신을 통해서 동시에 이루어진다면 속임수를 알아채기 어렵다. 그만큼 게임을 신뢰할 수 없게 되고, 통신을 통해서는 이렇게 돈이 걸린 중요한 게임을 하지 않을 것이다. 독자 여러분 중에서 혹시 인터넷 바둑을 통해 돈내기 게임을 하는 사람이 있다면, 상대방 뒤에 고수가 훈수하고 있을지 모른다는 생각을 해보라.

우리는 사람들이 많이 다니는 시장바닥에서 야바위꾼들이 현란한 속임수로 순진한 행인들의 주머니를 털어내는 장면을 많이 보았다. 야바위꾼들은 세밀한 기술로 속임수를 쓰는데 순진한 눈으로는 알아채기 어렵다. 최근 상영한 〈타짜〉라는 영화에서는 화투에서 정밀한 프로토콜을 통해 속임수가 이루어지는 장면들을 잘 소개하고 있다. 한 사람의 물주로부터 돈을 털어내기 위해 나머지 사람들이 모두 짜고 치는 고스톱을 하기도 한다. 사행성 오락 게임장에서 승률을 조작하여 고객들에게 큰 피해를 입혔다는 뉴스를 자주 들어보았을 것이다. 마술이라고 하는 것은 드러내 놓고 관객들을 속이는 기술이며, 관객들은 속는 것에 즐거움을 느낀다.

이와 같이 눈으로 확인할 수 있는 대면 프로토콜에서도 속임수가 있는데, 비대면의 통신상에서 이러한 게임을 한다면 당신은 그 게임을 신뢰하고 참여할 수 있는가? 이렇게 신뢰가 부족한 것은 프로토콜이 정당하고 올바르게 실행되고 있다는 것을 확인할 수 있는 방법이 없기 때문이다.

그러나 암호기술을 이용하면 이러한 비대면 게임에 대해서도 신뢰성을 보장하도록 할 수 있다. 사기를 치려는 참가자가 있다면 드러나게 하고, 증거를 남김으로써 모든 참가자들이 건전하게 행동하도록 강제할 수 있다. 반대로 말하면 비대면의 통신 프로토콜에서는 암호기술을 이용하지 않고는 신뢰성을 제공하기 어렵다.

만나지 않고도 믿고 통신할 수 있다 : 암호 프로토콜

암호 프로토콜이란 다자간의 비대면 통신 프로토콜에서 정보보호 기능을 제공하기 위하여 암호기술을 적용하는 프로토콜을 말한다. 이를 위해서는 목표로 하는 프로토콜에서는 어떤 정보보호 요구사항을 만족시켜야 하는지 좀더 자세히 분석해 보고, 이들 성질들을 어떻게 만족시킬 수 있는지 고려해야 한다. 목표 프로토콜에 따라 정보보호 요구사항은 달라지겠지만, 일반적으로 다음과 같은 보안특성이 요구된다.

- 공정성 : 비대면 프로토콜에 참여하는 참여자들 사이에 어느 한쪽이 유리하거나 불리하지 않도록 공정성을 보장해야 한다. 어느 한쪽이 불리하다는 것이 알려지면 이런 비대면 프로토콜을 사용하려고 하지 않을 것이다.
- 인증성 : 비대면 프로토콜에서 상대방의 신분이 맞는지, 주고받는 메시지가 위조되지 않았는지 확인할 수 있어야 한다. 상대방에 대한 신뢰는 프로토콜을 수행할 수 있는 가장 기본적인 전제가 된다.
- 정확성과 검증성 : 통신 프로토콜을 통해 약속된 절차가 맞게 이루어지고 있는지 정확성을 검증해 볼 수 있어야 한다.
- 프라이버시 : 프로토콜 수행에 관한 정보가 제삼자에게 불필요하게 노출되지 않아야 한다. 이를 위해 암호화가 필요하다.

이러한 보안 요구사항들을 만족시키기 위해서는 암호기술에 의존해야 하며, 암호기술을 사용하지 않고 이런 특성들을 제공하는 것은 불가능하다고 할 수 있다. 암호 프로토콜에 관한 연구가 매우 활발하게 이루어지고 있는데, 이것의 궁극적인 목표는 비대면의 통신에서도 대면 세계 이상으로 참여자들 간에 신뢰성 있는 활동이 가능하도록 제반 관련 기술을 제공하는 것이다.

⬚ 인터넷으로 동전던지기 게임을 한다면?

　　암호 프로토콜에 대한 가장 첫 번째 이야기로서 우리가 흔히 즐기는 동전던지기 게임을 인터넷을 통해 할 수 있겠는가 하는 질문을 할 수 있다. 동전던지기 게임은 누가 동전을 던지든지 확률이 1/2인 게임으로 공평하게 승부를 가릴 때 사용되는 게임이다. 축구 경기에서는 심판이 동전을 던져서 선공을 결정하는데, 선공이 될 확률은 1/2이다. 이것은 양팀과 심판이 같은 시간과 공간에 존재하기 때문에 눈으로 직접 확인할 수 있는 매우 공평하고 이해하기 쉬운 게임이다. 그러나 인터넷을 통해 통신하고 있는 두 사람이 동전던지기와 같은 게임을 할 수 있을까? 어느 한쪽이 속임수를 쓸 수 있는 가능성이 있거나 절차가 불공평하다면 인터넷을 통해서는 절대 동전던지기를 하려고 하지 않을 것이다.

　　이것을 가능하게 하기 위해서는 블랙박스와 같은 특징을 갖는 장치가 필요하다. 이것은 한 번 집어넣으면 마음대로 열어볼 수 없고 내용을 바꿀 수도 없어야 하며, 반면 나중에 열어볼 수 있어야 한다. 인터넷상에 이러한 블랙박스가 존재한다면 A와 B 두 사람은 다음과 같이 동전던지기 게임이 가능하다.

1. A는 임의의 숫자를 종이에 써서 블랙박스에 넣는다. 이 박스를 열 수 있는 키는 A만이 가지고 있다. 그리고 이 박스를 B에게 전송한다.
2. B는 이 박스에 들어 있는 숫자가 홀수인지, 짝수인지 추측하여 A에게 말한다.
3. A는 블랙박스를 열 수 있는 키를 B에게 제공한다.
4. B는 블랙박스를 열어서 숫자를 확인한다. 홀수·짝수를 B가 맞추었으면 B가 이기는 것이고, 아니면 A가 이기는 것이다.

　　이러한 특성을 갖는 블랙박스는 해쉬함수와 같은 일방향 함수를 이용하여 구현 가능하다. 해쉬함수는 그 특성상 입력 메시지로부터 해쉬값을 계산하는 것은 쉽지만, 해쉬값이 주어졌을 때 그 값을 출력할 수 있는 입력 메시지를 찾아내는 것은 계산적으로 어렵다. 앞의 동전던지기 게임을 해쉬함수 H를 이용하여 다시 정리해 보자.

1. A는 임의의 정수 x를 선택하여 이것의 해쉬값 $H(x)$를 계산하고, 이 값을 B에게 전송한다.
2. B는 정수 x가 홀수인지, 짝수인지 추측하여 A에게 말한다.
3. A는 원래의 정수 x를 B에게 전송한다.
4. B는 $H(x)$를 계산하여 앞에서 받은 값과 같은지 확인한다. 홀수·짝수를 B가 맞추었으면 B가 이기는 것이고, 아니면 A가 이기는 것이다.

이렇게 암호기술을 이용하면 A와 B가 서로 사기를 칠 수 없고 결과의 정확성을 검증할 수 있어서 비대면 통신으로도 공정한 게임을 할 수 있다.

여러 가지 암호 프로토콜

암호기술을 이용해 여러 가지 유용한 프로토콜들을 안전하게 수행하는 재미있는 사례들이 많이 있다. 여기에서는 몇 가지 대표적인 사례들을 소개하는데, 비대면 통신 프로토콜에서 통상적으로 이루어지기 어려운 문제들을 암호학을 이용하면 어떻게 구현 가능한지 알 수 있다.

만나지 않고도 비밀키를 공유할 수 있다 : 키합의

A와 B 두 사람은 인터넷을 통해 안전한 통신을 하려고 하는데, 이를 위해 안전한 암호 알고리즘으로 암호화해서 메시지를 전송하기로 하였다. 그런

데 이를 위해서는 먼저 암호 알고리즘에 사용할 비밀키를 공유해야 한다. 직접 만나서 비밀키를 합의한다면 문제가 해결되겠지만 요즘 같은 세상에 직접 만나서 비밀키를 합의한다는 것은 귀찮고 경쟁력에 뒤떨어지는 방법이다. 이런 목적에 사용할 수 있는 방법이 키합의key agreement 프로토콜이다. 디피헬만Diffie-Hellman 프로토콜을 이용한 키합의 방식이 대표적인데, 이것은 이산대수 문제를 푸는 것이 어렵다는 사실에 기반하여 안전하게 키를 합의하는 방식이다. $\bmod p$를 사용하는 이산대수계에서 생성자를 g라고 할 때,

1. A는 임의의 난수 a를 선택하고 $y_a = g^a \bmod p$를 계산하여 B에게 전송한다.
2. B는 임의의 난수 b를 선택하고 $y_b = g^b \bmod p$를 계산하여 A에게 전송한다.
3. A와 B는 자신의 난수와 상대방으로부터 받은 정보를 이용하여 똑같은 정보 K를 계산할 수 있다.

   A: $y_b^a = (g^b)^a \bmod p = g^{ab} \bmod p \rightarrow K$

   B: $y_a^b = (g^a)^b \bmod p = g^{ab} \bmod p \rightarrow K$

여기에서 계산된 K는 A와 B만이 계산할 수 있는 비밀정보로서 두 사람은 이것을 비밀키로 사용할 수 있다. A와 B 이외의 공격자들은 전송되는 정보인 y_a와 y_b를 얻을 수 있겠지만, 이것으로부터 $K = g^{ab} \bmod p$를 계산할 수 없다. 이것을 계산적 디피헬만 문제(Computational Diffie-Hellman problem)라고 하는데, 어려운 문제로 알려져 있다.

이러한 키합의 방식은 SSL(secure socket layer)과 같은 세션 암호화에 사용된다. 웹브라우저와 웹서버 간에 결제정보와 같은 중요 정보를 전송하고자 하는 경우, 이것이 공격자에게 노출되면 안 되기 때문에 암호화해서 전송한다. 그런데 암호화에 사용되는 비밀키를 결정하기 위해 웹브라우저와 웹서버는 서로 만날 수 없고, 이러한 키합의 방식을 이용하여 y_a와 y_b를 주고받은 후 비밀키 K를 계산하여 암호화를 할 수 있다.

눈감고 서명하기 : 은닉서명

암호학자 데이비드 촘

— 출처 : http://www.mccullagh.org/
theme/david-chaum.html

은닉서명blind signature은 사용자 A
가 서명자 B에게서 자신의 메시지를
보여주지 않고 서명을 받을 수 있는 방
법이다. 메시지의 비밀성을 지키면서
타인의 인증을 받고자 할 때 사용한다.
이것은 사용자 A가 자신의 종이문서
위에 먹지를 올려놓고 서명자 B에게
서명을 요구하여 서명을 받는 것과 같

다. 은닉서명 프로토콜은 암호학자인 데이비드 촘David Chaum에 의해 제안되
었는데, 그는 이것을 전자화폐, 전자투표 등에 적용하여 사용자의 익명성과
프라이버시를 제공할 수 있다고 주장했다.

RSA 암호를 이용한 은닉서명 프로토콜은 다음과 같다. 서명자 B의 공개
키는 (n, e), 비밀키는 d라고 하자. 사용자 A는 메시지 M에 대해 서명자
B의 서명을 얻고자 한다.

1. 사용자 A는 임의의 난수 r을 선택하고 은닉된 메시지 $r^e M \bmod n$을 계산하여 B
   에게 전송한다.

2. 서명자 B는 A로부터 받은 메시지에 대해 서명하고 이것을 A에게 전송한다.
   $(r^e M)^d \bmod n = r M^d \bmod n$

3. A는 난수 r을 제거하여 서명자 B의 서명을 얻는다.
   $r M^d / r \bmod n = M^d \bmod n$

서명자 B는 은닉된 메시지에 서명하고, 사용자 A는 은닉된 난수를 제거
하여 최종서명을 얻는다. 따라서 서명자는 자신이 실제로는 어떤 메시지에
서명을 했는지, 어떤 서명을 누구에게 해주었는지 구분할 수 없다.

이러한 은닉서명은 은행이 화폐를 발행하는 용도에 사용할 수 있다. 화폐라는 것은 발권은행의 서명이 있어야 유효성을 인정받을 수 있는데, 은행이 일반적인 전자서명을 이용하여 전자화폐를 발행하면 사용자가 그것을 어디에 사용했는지 모두 추적할 수 있다. 현실 세계에서 사용하는 지폐는 유일성을 나타내는 일련번호가 있지만, 일반적으로 그것을 기록하면서 사용하지 않기 때문에 화폐를 어디에 사용했는지 프라이버시가 보장된다고 볼 수 있다.

그러나 전자화폐는 사용자의 컴퓨터에 저장되고, 이것을 받은 상점은 은행에서 환전하기 전까지는 데이터베이스에 안전하게 보관할 것이며, 은행에서도 전자화폐의 사용 기록을 남기기 위해 데이터베이스에 보관할 것이다. 이렇게 되면 사용자가 전자화폐를 어디에 사용했는지에 관한 개인정보가 모두 추적될 수 있다.

이러한 용도에 앞의 은닉서명 방식이 사용될 수 있다. 사용자는 은행에게 전자화폐 인출을 요구하고 은닉서명 프로토콜을 이용하여 전자화폐를 발권받으면 사용자는 유효한 전자화폐를 얻게 되지만, 은행은 이 전자화폐를 누구에게 발권했는지 추적할 수 없게 된다.

은닉서명은 전자투표에도 사용될 수 있다. 현실 세계에서 수행하는 투표용지 방식의 투표에서는 선거관리위원회가 도장을 찍은 유효한 투표용지를 제공하고 투표자가 여기에 기표를 하여 투표함에 넣게 되지만, 전자적인 방식의 투표에서는 이런 투표용지를 만들 수 없다.

일반적인 전자서명으로 투표용지를 만들면 이것을 누구에게 제공했는지 기록으로 남기 때문에 투표자가 어떤 후보자에게 투표를 했는지 추적될 수 있다. 은닉서명으로 전자투표를 구현하는 방식은 먼저 투표자가 기표한 메시지를 선관위에게 은닉하여 전송하고, 선관위가 여기에 서명을 하여 돌려주면 투표자는 은닉을 해제하여 선관위가 서명한 투표용지를 계산한다. 이런 방식으로 투표가 이루어진다면 투표자의 선택이 드러나지 않아 비밀투표의 원칙을 지킬 수 있다.

은닉서명은 메시지의 비밀성을 보장하면서도 타인의 인증이 필요한 경우 사용할 수 있는 유용한 암호 프로토콜이다.

비밀정보를 안전하게 보관한다 : 비밀분산과 문턱암호

소수의 허가받은 사람만이 사용해야 하는 아주 중요한 정보가 있다고 하면, 이것을 어떻게 해야 안전하게 보관할 수 있을까? 예를 들면 핵무기를 발사할 수 있는 장치를 동작시키는 키가 있다고 하자. 이 키를 잃어버리게 되면 핵무기를 발사할 수 없으므로 잃어버리지 않도록 안전하게 보관해야 한다. 그렇다고 키의 복사본을 여러 개 만들어 보관하는 것은 그 중에 하나라도 공격자들의 손에 넘어간다면 핵무기가 불법적으로 사용될 수도 있기 때문에 조심해야 한다.

또한 핵무기의 발사는 매우 중요한 결정사항이기 때문에 어떤 한 사람의 결정만으로 발사할 수 있도록 해서는 안 된다. 이런 경우에 비밀정보를 여러 개로 나누어 각자 다른 사람들에게 분산시켜 보관하고 비밀정보를 사용할 경우에는 분산된 정보를 모아서 사용하도록 하는 것을 비밀분산이라고 한다.

비밀분산secret sharing과 함께 문턱암호threshold cryptography 기법이 사용되기도 한다. 비밀정보를 여러 개로 나누어 보관하고 있는데, 이 모든 정보가 모여야만 사용할 수 있다면 분산정보의 안전한 보관에 어려움이 있을 수 있다. 분산정보 중에서 일부가 훼손될 수도 있고, 그것을 보관하는 사람이 협조하지 않을 수도 있다. 문턱암호란 비밀이 나누어져 보관되는 경우, 그 중에서 몇 개 이상의 비밀정보가 모이면 비밀정보를 복구할 수 있도록 하는 암호 기법을 말한다. 예를 들어 비밀정보를 n개로 나누고 그 중에서 t개 이상 모이면 원래의 비밀정보를 복구하여 사용할 수 있다면 이것을 (t, n) 문턱암호라고 한다.

영화에서도 핵무기를 발사하는 장면에서는 키를 나누어 보관하고 있던 여러 사람이 함께 동의하고 키를 모두 꽂아야만 비로소 핵무기가 발사되도록 하는 것을 보았을 것이다. 실제로 러시아, 미국의 핵무기 시스템은 이렇게 비밀이 분산되어 보호되는 시스템을 사용하는 것으로 알려져 있다.

비밀을 보여주지 않고 남을 설득하기: 영지식 증명

영지식 증명zero knowledge proof은 암호학에서 매우 중요한 역할을 하는 프로토콜이다.

수학책에서 배우는 정리theorem와 그것에 대한 증명proof을 생각해 보자. 수학자는 자신이 주장하는 정리가 옳다는 것을 남들에게 보여주기 위해 자신의 지식을 동원하여 엄밀한 수학적인 증명을 한다. 여기에서 사용되는 증명은 모든 과정과 정보를 공개하는 공개적인 증명이다.

그런데 우리의 현실 세계에서는 정보를 공개하지는 못하지만 자신이 그것을 알고 있다는 것을 증명해야 할 경우가 많다. 자신이 가진 비밀정보를 보여주면 물론 그 비밀정보를 알고 있다는 증명이 되지만, 한 번 노출시키면 그 정보는 더 이상 비밀정보가 아니다. 자신의 정보를 노출시키지 않으면서 그것을 알고 있다는 것을 증명하는 것을 영지식 증명이라고 한다.

아라비안나이트에 나오는 '알리바바와 40인의 도적' 이야기를 알고 있을 것이다. 알리바바는 보물이 가득한 동굴의 문을 열 수 있는 '열려라 참깨'라고 하는 주문을 알고 있다. 물론 비밀정보를 혼자서만 기억하고 오랫동안 보물을 쓴다면 좋겠지만, 알리바바는 입이 근질거려서 이것을 남들에게 자랑하고 싶어졌다. 그러나 이 주문을 남들에게 알려준다면 보물은 더 이상 자신만의 것이 아니다. 알리바바는 이 주문을 알려주지 않고 어떻게 하면 자신이 이것을 알고 있다는 것을 남들에게 자랑할 수 있을까?

다음의 동굴 그림은 영지식 증명을 설명하기 위해 사용되는 대표적인 예제이다. 갑순이는 동굴의 입구로부터 반대쪽에 있는 비밀문을 열 수 있는 암호를 알고 있다. 갑순이는 이 암호를 을돌이에게 알려주지 않고 이것을 알고 있다는 것을 증명하려고 한다. 어떻게 하면 이것이 가능할까?

갑순이와 을돌이는 다음과 같은 게임을 한다.

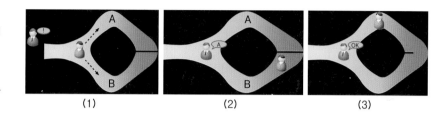

(1)   (2)   (3)

1. 을돌이를 동굴 입구에서 기다리게 하고 갑순이는 갈라지는 지점에서 A 또는 B
   방향을 임의로 선택하여 들어가서 비밀문 앞으로 간다. 이때 을돌이는 갑순이
   가 어느 방향으로 갔는지 알 수 없다.
2. 을돌이는 동굴이 갈라지는 지점까지 와서 갑순이에게 A 또는 B의 어느 한 방
   향으로 나오도록 큰 소리로 말한다.
3. 갑순이는 을돌이의 요구에 따라 A 또는 B의 방향으로 을돌이에게 간다. 갑순
   이는 필요한 경우 암호를 이용하여 비밀문을 열고 반대편으로 갈 수 있다.
4. 1~3의 게임을 을돌이가 동의할 때까지 n회 반복한다.

여기에서 갑순이는 비밀문을 열 수 있는 암호를 알고 있으므로 을돌이가
원하는 방향으로 항상 나타날 수 있다. 그러면 을돌이는 자신이 요구하는
방향에서 갑순이가 나타나면 갑순이가 암호를 알고 있다는 것을 얼마나 믿
을까? 만일 갑순이가 비밀문의 암호도 모르면서 A 또는 B의 방향을 임의
로 선택하여 갔다면 을돌이의 임의의 요구에 맞춰서 나타날 수 있는 확률은
2분의 1밖에 되지 않을 것이다.

그러나 이런 게임을 n회 반복하여 갑순이가 모두 성공적으로 응답을 했
다면, 갑순이가 암호를 모르면서 성공할 확률은 n번 모두 우연히 을돌이의
선택과 똑같은 선택을 하는 경우이며, 확률은 $1/2^n$ 밖에 되지 않는다. 그러
므로 n번 모두 갑순이가 성공했다면 을돌이는 갑순이가 암호를 알고 있다

는 것을 높은 확률로 확신하게 된다.

이러한 영지식 증명 프로토콜은 통신 프로토콜에서 사용자가 자신의 비밀정보를 알려주지 않으면서 그것을 알고 있다는 것을 보여주는 목적으로 사용된다. 비밀정보를 알려주지 않으면서 증명을 할 수 있으면 같은 비밀정보를 반복해서 사용할 수 있다. 사용자가 공개키 암호 시스템을 사용하는 경우, 개인키는 자신이 안전하게 보관하면서 공개키는 인증기관으로부터 인증을 받아 오랫동안 사용하게 되는데, 자신의 비밀키는 어떤 경우라도 남에게 보여주지 않아야 한다. 비밀키가 노출된다면 발급된 인증서를 취소하고 새로운 키 쌍을 만들어 인증서를 받아 사용해야 하는데, 이것은 관리적 측면에서도 매우 부담이 큰 과정이다.

원격 서버에 로그인할 때, 사용자는 패스워드를 직접 전송하는 것이 아니라, 공개키 암호 시스템을 이용하여 다음과 같은 질의·응답(challenge-response) 방식으로 자신의 신분을 인증할 수 있다.

1. 사용자는 서버에 인증을 요청한다.
2. 서버는 사용자에게 사용자의 개인키를 이용하여 특정 계산을 해서 응답할 것을 요구한다.
3. 사용자는 자신의 개인키를 이용하여 요청된 계산을 수행하여 그 결과를 전송한다.
4. 서버는 사용자의 계산이 맞는지 사용자의 공개키를 이용하여 검증한다. 검증이 맞으면 로그인을 허용한다.

사용자는 자신의 개인키를 노출하는 것이 아니므로 반복하여 인증에 사용할 수 있다. 서버는 인증기관에 의해 인증된 공개키를 이용하여 검증을 하므로 사용자의 신분을 확신할 수 있다.

영지식 증명 기법은 두 사용자 간의 상호작용을 통하여 비밀정보를 노출하지 않고도 그 정보를 가지고 있다는 것을 상대방에게 증명하는 방법이다. 복잡한 과정을 거쳐야 하는 프로토콜 수행에서 매 단계가 원래의 약속대로 잘 진행된다는 것을 확신하게 하는 데 이용할 수 있으며, 프로토콜의 건전성·검증성·신뢰성을 보장하기 위한 용도에 사용된다.

암호 프로토콜의 응용

이와 같은 암호 프로토콜에 관한 연구는 실생활에서 사용되는 복잡한 프로토콜을 비대면 통신에서 구현하기 위한 목적으로 사용될 수 있다 현실 세계의 화폐를 전자적인 방식으로 구현하는 전자화폐, 투표 및 개표행위를 전자적으로 구현하는 전자투표, 경매를 통신망을 통해 전자적인 방법으로 구현하는 전자경매 등은 좋은 사례이다. 다수의 신뢰기관, 중개기관, 사용자들 간의 엄밀한 절차를 따르는 복잡한 통신행위를 통해 원하는 목표를 이루게 된다.

이러한 프로토콜들은 작업목표에 따라 만족시켜야 하는 다양한 보안 요구사항들이 있다. 예를 들면 안전한 전자화폐 시스템이라고 하면, 사용자들이 한 번 발급받은 화폐를 여러 번 사용하거나 하는 불법적인 행위를 방지할 수 있어야 한다. 안전한 전자투표 시스템이라고 하면, 투표자가 어떤 투표를 했는지 노출되지 않아서 비밀성을 보장하고 투표값들이 정확히 개표되어야 한다. 안전한 비밀경매 시스템이라고 하면, 경매자의 입찰가격이 남들에게 드러나지 않으면서도 최고가를 제출한 낙찰자를 정확히 판정하고 최종 결과를 모두 인정할 수 있어야 한다. 이런 목표 요구사항을 어떻게 만족시킬 수 있을까? 이를 위해서는 암호기술, 암호 프로토콜 기술을 이용해야 하며, 이것을 사용하지 않고 이런 보안 요구사항을 만족시키는 방법은 없다고 할 수 있다.

이미 우리는 이러한 복잡한 암호 응용 시스템들을 사용하고 있다. 버스카드·지하철카드 등은 일종의 전자화폐인데, 이것을 사용하는 절차를 살펴보면 암호기술이 사용되는 복잡한 프로토콜이라는 것을 알 수 있다. 인터넷 쇼핑몰을 통해 물건을 구입하고 결제하는 과정을 살펴보면 이것도 암호기술이 사용되는 복잡한 프로토콜이라는 것을 알 수 있다.

전자투표에 대해서도 많은 연구개발이 이루어지고 있는데, 중앙선거관리위원회에서는 오래 전부터 전자투표를 도입하려는 장기적인 계획을 가지고 추진해 왔다. 전자투표가 도입되면 편리성, 효율성, 빠른 개표, 투표 참여 확대 등 많은 장점이 있지만 선거 결과의 위조 가능성, 매수행위 가능성, 결과의 검증성 등의 문제가 제기된다. 그러나 전자투표의 도입이 늦어지고 있는 이유는 이런 전자투표의 문제점들보다도 선거라고 하는 행위가 정당, 정치인들의 이해가 첨예하게 엇갈리는 문제라서 쉽게 합의되거나 추진되지 못하고 있는 것으로 보인다. 국가적인 규모로 운영되는 대통령선거, 국회의원 선거, 지방자치선거 등에서는 전자투표가 아직 도입되지 않았지만, 정당 내부의 경선에서는 전자투표가 활발하게 이용되는 것이 그 좋은 사례라고 볼 수 있다.

앞에서 본 것처럼 암호 프로토콜은 다자간의 비대면 통신 프로토콜에서 정보보호 기능을 제공하기 위하여 암호기술을 적용하는 프로토콜을 말한다. 이러한 연구들은 현실 세계에서 요구되는 다양한 비대면 활동들에 대해 신뢰성, 공정성을 제공하기 위해 사용될 수 있다. 앞으로 사람들의 활동이 비대면 사이버 세상에서도 더욱 활발하게 이루어지는 세상이 다가올 것이며, 암호 프로토콜 기술은 이것을 구현하기 위한 핵심기술이다.

제3부_ 안전한 인터넷 환경을 만들어 가는 정보보호

01_ 인터넷 환경을 위협하는 해킹

♪ 해킹 기술 동향

해킹이란 시스템의 관리자가 구축해 놓은 보안망을 어떤 목적에서건 무력화시키는 모든 행동을 말한다. 보통 시스템 관리자의 권한을 불법적으로 획득하거나, 이를 악용해 다른 사용자에게 피해를 준다.

해킹 기술은 패스워드 자동 추측이나 수작업 추측 등을 통한 1세대로부터 스니핑, 스푸핑, 버퍼 오버플로, 백도어 등의 기술을 거쳐 현재는 분산 서비스 거부 공격, 메신저 공격 등 5세대에서 6세대 이상으로 발전하고 있

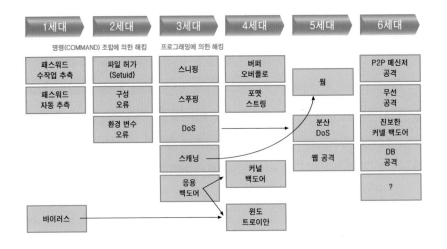

해킹 기술의 발전

다. 해킹 기법들은 날로 다양화되고 있으며, 서비스 가용성에 대한 위협 증대 및 유해 트래픽 폭증을 주요 특징으로 하는 진화가 진행 중이다.

과거에는 시스템과 네트워크에 대한 지식이 풍부한 사람만이 가능했던 해킹이 이제는 자동화 툴(Back Orifice, Daemon Tool 등)의 등장으로 일반인으로까지 확산되고 있다. 과거의 해킹 기법과 함께 이를 한 단계 발전시킨 새로운 형태의 기법 등 시스템 및 네트워크 해킹 기법은 수천 종에 이른다.

해킹 공격을 위한 사전 준비 : 스캐닝

스캐닝이란 시스템에 직접적으로 침입하기 전에 목표 호스트에 대한 정보를 수집하는 활동이다. 네트워크 단위로 호스트들을 검색하고 운영체제를 탐지하며, 현재 서비스되고 있는 서비스들과 포트 등의 정보를 수집하고 보안 취약점들을 찾아낸다. 스캐닝을 위해서는 전용 스캐닝 도구들을 사용하게 되는데, 이러한 도구들은 관리자뿐만 아니라 해커들도 사용할 수 있다.

스캔 범위에 따라 스캐닝 도구를 분류하면 크게 시스템 진단도구, 네트

제3부_ 안전한 인터넷 환경을 만들어 가는 정보보호

스캐닝 메커니즘

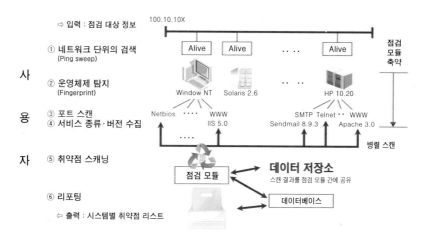

구분	종류	제품	비고
국내	시스템 진단	인젠 : Secunix 나일소프트 : SecuGuard SSL	시스템 진단 툴 위주
	네트워크 진단	시큐아이닷컴 : SecuiSCAN 이글루시큐리티 : NetFeeler	
국외	시스템 진단	ISS : SSS, Axnet : ESM	
	네트워크 진단	ISS : ISS, Axent : NetRecon NAI : CyberCop	

워크 스캐닝 도구, 전문 스캐닝 도구로 나눠진다. 시스템 진단도구는 진단 대상 시스템에 설치되어 시스템의 내부 보안 취약점 진단과 단순한 패스워드, 패치 현황, 중요 파일 변조 여부를 조사한다. 네트워크 스캐닝 도구는 네트워크상의 시스템 원격 진단, 주요 네트워크 서비스들에 대한 정보수집, 해킹 가능 여부 및 취약성 점검, 백도어 설치 여부를 체크한다. 전문 스캐닝 도구는 데이터베이스 스캐닝 도구, 방화벽 룰세트Firewall Ruleset 테스트 도구로 구별된다.

국내 업체들은 시스템 진단 툴, 국외 업체들은 네트워크 스캐닝 툴 위주로 사업을 진행하고 있으며, ISS와 넷레콘NetRecon이 세계시장의 50~60%를 차지하고 있다. 또한 최근 스캐닝 툴에 대한 관심이 높아지면서 외국에서는 많은 상용제품이 출시되고 있다.

서버를 공격하라 : 시스템 해킹

버퍼 오버플로

버퍼 오버플로Buffer Overflow는 공격 기법의 이름에서도 어느 정도 유추할 수 있듯이 지정된 범위의 버퍼 이상의 데이터를 기록할 때 발생된다. 현재 발생하고 있는 취약점 중에 많은 것들이 이 버퍼 오버플로에 의해 일어나고 있다. 이것은 개발 시 지정된 범위 이상의 값을 받아들이지 않도록 코딩하거나, 안전한 함수 등을 사용하여 막을 수 있음에도 불구하고 여전히 그 피해가 끊이지 않는 대표적인 취약점 중 하나이다. 구글과 같은 검색엔진에서 'buffer overflow'를 검색해 보면 상당히 많은 자료를 찾아볼 수 있다.

버퍼 오버플로는 지정된 버퍼의 크기보다 더 많은 데이터를 버퍼에 저장하게 함으로써 프로그램이 비정상적으로 동작하게 하는 공격을 말한다. 버퍼 오버플로되는 순간에 공격자가 원하는 임의의 명령어를 수행한다.

솔라리스Solaris시스템에서 lp, lpset, lpstat 명령어는 프린터와 관련된 장치와 디렉터리에 접근하는 명령어이고, 루트root 권한으로 setuid가 설정되어 있다. 이 3개의 명령어는 실행 과정에서 버퍼 오버플로의 취약점을 나타낸다.

백도어

백도어backdoor는 접근 인증 등 정상적인 절차를 거치지 않고 프로그램 또는 시스템에 접근할 수 있게 하는 도구이다. 시스템 관리자의 보안관리를 우회하고, 로그를 남기지 않고 침입(wtmp, utmp, lastlog 등)이 가능하며, 시스템 침입 시간이 짧다.

백도어에는 여러 종류가 있는데, 그 중 몇 가지를 살펴보면 다음과 같다.

- 로그인login 백도어 : 특정 백도어 패스워드 입력 시 인증 과정 없이 로그인 허용이 가능하며, utmp나 wtmp 등 로그파일에 기록되지 않는다.
- telnetd 백도어 : 로그인 프로그램 구동 전에 수행되며, 특정 터미널 이름에 대해 인증 과정 없이 셸 부여가 가능하다.
- 서비스services 백도어 : 대부분 네트워크 서비스에 대한 백도어 버전으로 존재하며 finger, rsh. rlogin 등이 있다. 그 외 특정 시간에 백도어 셸 프로그램을

수행하는 크론잡cronjob 백도어도 있으며, 라이브러리library 백도어, 커널kernel 백도어, 파일 시스템 백도어 등이 있다.

백도어 공격을 방지하기 위해서는 먼저 시스템 및 네트워크 보안 취약점을 진단하고 각 OS 벤더의 패치 버전을 설치해야 한다. 또한 무결성 진단을 위해 주요 백도어 대상파일(ps, ls, netstat 등)에 대한 백업 및 검사합checksum을 유지해야 한다.

◢ 서비스 거부 공격 : 네트워크 해킹

서비스 거부 공격(DoS : Denial of Service)이란 용어는 1999년에 등장하기 시작했다. 그리고 2000년 이후 유명 인터넷 사이트들이 차례로 DoS 공격을 받게 되면서 DoS는 인터넷상의 가장 위험한 공격의 하나로 일반인들에게도 널리 알려졌다.

최근에는 다양한 DoS 공격 툴들이 인터넷에 노출되어 있어, 악의의 사용자가 DoS 툴을 이용해 상용서버나 네트워크 장비를 손쉽게 공격할 수 있다. 따라서 공격 횟수나 위험 수위는 점점 높아지고 있지만, 공격 툴들이 발신 IP를 변조spoofing하여 보내거나, 여러 취약한 서버들에 공격 데몬들을 옮겨놓고 다수 발신지에서 일제히 공격하는 DDoS 공격 형태를 취하고 있어 이를 탐지하고 방어하기란 쉽지 않다.

DoS 공격의 종류

DoS 공격은 크게 소프트웨어의 취약성을 이용한 공격과 플러딩Flooding 공격으로 구분할 수 있다.

대표적인 DoS 공격은 다음 그림과 같이 소프트웨어의 취약성을 이용한 공격과 IP 헤더header를 변조한 공격을 포함하는 로직 공격Logic Attacks, 정상적인 패킷과 구분이 어려운 공격성 패킷을 무작위로 발생시켜 타깃 시스템을 마비시키는 플러딩 공격Flooding Attacks으로 구분한다.

소프트웨어의 취약성을 이용한 대표적인 공격은 죽음의 핑(Ping of Death)과 같이 매우 긴 핑Ping 패킷을 보내서 타깃 시스템의 버퍼 오버플로를 조장하는 것이다. 최근 많은 시스템들이 운영체제를 업그레이드하여 그러한 취약성을 보완했지만, 관리가 소홀한 시스템에서 종종 발생할 가능성이 남아 있다.

DoS 공격 유형

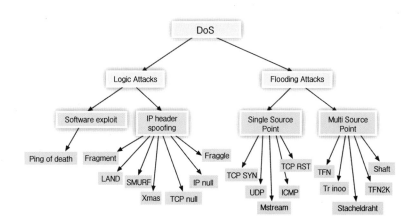

죽음의 핑(Ping of Death) **이란?**
인터넷 프로토콜의 허용 범위 65,536바이트 이상의 큰 패킷을 고의로 전송하여 발생한 서비스 거부 DoS 공격이다. 공격자의 식별 위장이 용이하고, 인터넷 주소 하나만으로도 공격이 가능하다.

DoS 공격의 특성

로직 공격은 네트워크 장비의 지능화를 통해 헤더가 변조된 패킷을 파기시킴으로써 방어가 가능하다. 그러나 플러딩 공격은 탐지가 매우 어렵고, 네트워크를 흐르는 정상 트래픽의 특성을 알아야 정상치의 임계값Threshold

을 초과하는 트래픽에 대하여 공격성 트래픽이라 정의할 수 있다.

또는 TCP를 사용하는 공격은 TCP 플래그Flag 필드에 대한 분석을 통해 SYN, SYN/ACK 쌍을 비교하여 밸런스가 어느 정도 맞는지, 그렇지 않은지를 판단하여 공격을 탐지하기도 한다.

무어Moore가 분석한 DoS 공격의 특징을 살펴보면, 초당 500개의 SYN 패킷만으로도 서버를 마비시키기에 충분하고, 약 50%의 공격이 초당 500개 내지 그 이상의 공격 패킷을 전송하고 있다고 한다. 또한 공격 지속 시간(attack duration)을 분석한 결과를 살펴보면, 50% 이상의 공격이 10분 미만, 80% 이상이 30분 미만, 90% 이상이 1시간 미만에 종료되는 특성을 가지고 있다고 한다.

앞서 제시했듯이 DoS는 공격 유형과 방법이 다양하고, 수많은 변종들이 존재한다. 일부 진화된 공격은 공격에 사용되는 컨트롤control 통신 포트 번호를 수시로 변경하고, 공격명령을 암호화해서 보냄으로써 로raw 패킷을 분석하더라도 공격 징후를 알아낼 수 없다.

최근 들어 DoS 공격은 계속 증가하고, 공격 메커니즘도 점점 다변화·

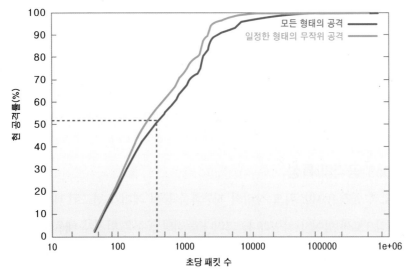

초당 공격 패킷 수 분석

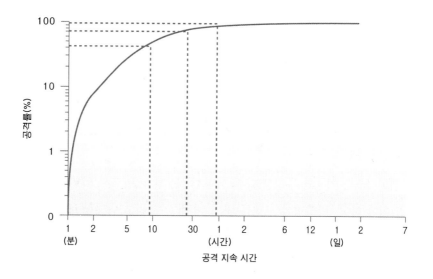

공격 지속 시간 분석

공격 지속 시간

지능화되고 있어, 네트워크상에서 공격 트래픽을 탐지하고 차단하는 것이 쉽지 않다. 통신 사업자의 네트워크를 보호하기 위해서는 인터넷 최대의 적인 DoS와 DDoS에 대한 지속적인 관심과 특성 분석을 통한 탐지 방안, 네트워크 차원의 대응 방안이 필요하다.

해킹에 취약한 웹서비스

최근 많은 기업들이 대 고객 업무를 웹 기반으로 운영하고, 국가도 행정 서비스를 웹 기반으로 전환함에 따라 안전한 웹서버 운영이 아주 중요한 이슈로 부각되고 있다. 이제 웹서버는 회사 홍보나 정보를 제공하는 단순한 기능에서 벗어나 다양한 사회적 기능의 기반 시스템으로 자리잡게 되었다. 사람들은 각자 자신의 집이나 회사에서 웹을 통해 증권·금융 업무를 볼 수도 있고, 항공·호텔 예약이나 쇼핑, 정부 행정 서비스 등의 업무도 처리할 수 있다. 사회 활동이 일어나는 장소가 물리적 공간에서 웹으로 이동하고 있다.

이렇게 웹에 대한 관심이 증대되고 있는 가운데 각종 웹 해킹 사고가 자주 발생하고 있어 웹서버 보안의 중요성이 강조되고 있다. 최근 웹서버 해킹 사고가 언론에 자주 보도되고 있는데, 그 원인은 웹서버가 사회적으로 중요한 기능을 담당하게 됨에 따라 웹서버에 대한 해커들의 관심도 부쩍 늘었기 때문이라고 볼 수 있다. 또한 웹서버는 다른 시스템에 비해 해킹이 비교적 쉽고 효과가 높으며, 초보 해커들도 손쉽게 할 수 있다는 것도 중요한 원인으로 작용하고 있다.

웹서비스는 기능의 특성상 다른 서비스와는 달리 반드시 외부에 노출되어 있어야 하고, 방화벽의 보호를 받기 어렵다. 그리고 다양한 애플리케이션들이 웹서비스와 연동되어 있어 많은 보안 취약점들이 존재한다. 특히 새로운 웹 기술이 계속 개발되면서 전에는 없었던 새로운 형태의 보안 취약점들이 꾸준히 생겨나고 있다. 또한 제품의 질보다는 단순히 결과 중심의 웹 애플리케이션 개발이 대부분이다 보니 보안적인 문제는 시간이 갈수록 점점 더 커지고 있다.

웹사이트는 방송 매체와 같이 대중에 대한 정보 전달력이 있어서 다른 해킹 방법에 비해 해킹 효과가 크다. 또한 대부분 해당 웹사이트를 이용하는 고객정보를 웹사이트 자체에서 직접 관리 및 운영하고 있기 때문에 해킹을 당하면 그 피해는 측정이 불가능할 정도로 커진다.

다음 그림은 최근 웹 해킹 사고 발생 건수를 그래프로 표현한 것이다. 그래프를 살펴보면 2005년 상반기에 웹 해킹 사고 건수가 많았던 것에 비해 시간이 지나면서 상당히 줄어든 것을 알 수 있는데, 이는 지속적인 보안 솔루션 도입 및 기업의 보안 의식 고취 등을 원인으로 들 수 있다. 하지만 2006년에 들어서면서 해킹 사고 발생 건수가 갑자기 늘어난다. 이런 현상은 중국발 한국 웹 해킹이 본격화되었고, 각종 자동화 해킹 툴들이 중국 포털 사이트 등을 통해 배포된 것에서 그 원인을 찾을 수 있다.

이 통계자료를 분석해 보면 크게 4~5가지 정도의 공격 기법으로 압축할 수 있다. 기본 웹서버 설정 및 운영의 문제, SQL 인젝션Injection 공격, XSS

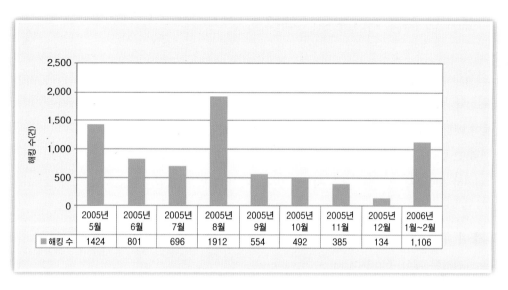

	2005년 5월	2005년 6월	2005년 7월	2005년 8월	2005년 9월	2005년 10월	2005년 11월	2005년 12월	2006년 1월~2월
■ 해킹 수	1424	801	696	1912	554	492	385	134	1,106

웹 해킹 사고 발생 건수 변화 추이

(크로스 사이트 스크립팅) 공격, 각종 악성코드나 웜, 자동화되어 있는 툴들에 의한 공격이다.

아래 그림은 외국에 공개되어 운영되고 있는 해킹 침해 사고를 당한 사이트 목록을 모아둔 사이트이다. 여기에서 'kr'로 한국 사이트를 검색해 보면 상당히 많은 수의 사이트 목록이 표시된다. 내용을 보면 알 수 있듯이 하루에도 몇 건씩 한국 사이트가 외국의 해커들로부터 해킹을 당하는 셈이다.

외국 사이트에 공개된
한국 웹사이트
해킹 목록

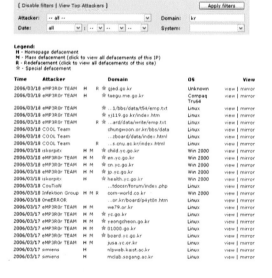

146·147

최신 웹 해킹 기법과 보안 대책

해킹은 유명·무명 사이트를 가리지 않고 진행되며, 운영체제 역시 가리지 않는다. 문제는 그뿐이 아니다. 이미 해킹을 당한 회사들 중 대부분은 자신들이 해킹을 당했고, 지금도 계속 해킹을 당하고 있다는 사실조차 인지하지 못하고 있다.

멀쩡한 외양간을 고치는 것은 시간과 비용의 낭비처럼 느껴질지 모르지만, 소를 잃는 것보다는 나은 일이다. 해커들이 제 집 드나들 듯이 사이트를 드나들며 유린하는 데 사용하는 해킹 기법들을 조사하고 그에 대한 보안 대책을 마련하는 것이 중요하다.

윈도 운영체제는 외부에 많이 노출되어 있고 공격자들의 대상이 되기도 쉽다. 악성코드를 효과적으로 빠르게 확산시키는 방법은 무엇일까? 많이 사용되고 있는 운영체제 또는 응용 프로그램을 이용하는 것이 보다 효과적일 것이다. 이러한 이유로 유닉스 시스템의 악성코드보다는 윈도 환경의 악성코드가 많이 발견된다.

파일 업로드

파일 업로드File Upload 공격은 공격자가 공격 프로그램을 해당 시스템에 업로드하여 공격하는 방법을 말한다. 파일 업로드는 공격이 쉬우면서도 영향력이나 파급 효과는 큰 공격 방법이다. 공격 방식은 공격자가 시스템 내부 명령을 실행할 수 있는 웹 프로그램(ASP, JSP, PHP)을 제작하여 자료실과 같이 파일을 업로드할 수 있는 곳에 공격용 프로그램을 업로드하는 것이다. 그리고 웹브라우저를 이용해 공격용 프로그램에 접근하면 시스템 내부 명령을 실행시킬 수 있게 되는데, 이를 이용해 공격자는 리버스 텔넷Reverse Telnet과 같은 기법으로 자신의 컴퓨터로 피해 대상 시스템의 명령창을 띄워 편하게 작업할 수도 있다. 쉽게 말해 원격지에서 공격한 컴퓨터의 전권을 가지게 되는 것이다.

그렇다면 이러한 파일 업로드 공격에 어떻게 대응해야 할까? 가장 간단하고 효과적인 방법은 업로드할 때 파일 확장자 이름을 확인하는 것이다. 이때 asp나 jsp같이 업로드되는 확장자를 소문자만 체크하지 않도록 주의해야 한다. 시스템은 aSp나 jSp 같은 대소문자 혼합도 인식하기 때문에 모든 가능한 조합을 필터링해야 한다. 반대로 특정 확장자 이름을 가진 파일만 업로드되도록 하는 것도 좋은 방법이다. 이때 또 한 가지 주의할 점은 필터링을 위해 자바 스크립트 같은 클라이언트 스크립트 언어를 사용하지 말아야 한다는 것이다. 어느 정도 숙달된 해커라면 클라이언트 스크립트 언어쯤은 얼마든지 수정할 수 있기 때문에 asp나 jsp 같은 서버 쪽 스크립트 언어에서 필터링해야 한다.

필터링 이외에 파일이 업로드되는 디렉터리의 실행 권한을 없애는 방법이 있다. 이 경우에는 파일이 업로드되더라도 실행되지 않기 때문에 브라우저에 그대로 나타나거나 파일을 다운로드하게 된다.

디렉터리 탐색

디렉터리 탐색(Directory Traversal)은 웹브라우저에서 확인 가능한 경로의 상위로 올라가서 특정 시스템 파일을 다운로드하는 공격 방법이다. 자료실에 올라간 파일을 다운로드할 때 전용 다운로드 프로그램이 파일을 가져오는데, 이때 파일 이름을 필터링하지 않아서 생기는 취약점이다. 특정 파일을 다운로드할 때 다음과 같은 URL을 이용하여 다운로드한다고 하자.

http://www.stsc.co.kr/board/down.jsp?filename=saintsecurity.doc

공격자는 파일명filename 변수에 해당하는 값을 다음과 같이 간단한 조작을 통해 상위 디렉터리로 거슬러 올라가 /etc/passwd 파일을 다운로드할 수 있다.

전용 파일 다운로드 프로그램을 이용할 때는 위의 예와 같이 '..', '/'
문자열에 대한 필터링이 없을 경우, 공격자는 상위로 올라가 특정 파일을
열어볼 수 있기 때문에 '..'와 '/' 문자를 필터링해야 한다. 파일 업로드와
마찬가지로 자바 스크립트와 같은 클라이언트 스크립트 언어로 필터링하면
공격자가 우회할 수 있기 때문에 반드시 jsp나 asp 등 서버 쪽 스크립트 언
어에 필터링을 추가해야 한다.

디렉터리 리스팅

디렉터리 리스팅Directory Listing은 웹브라우저에서 웹서버의 특정 디렉터
리를 열면 그 디렉터리에 있는 모든 파일과 디렉터리 목록이 나열되는 것을
말한다. 이것이 디렉터리 리스팅의 취약점이다. 물론 관리자가 어떤 목적을
위해서 웹서버의 특정 디렉터리를 리스팅할 수 있도록 설정하기도 하지만,
어쨌든 공격자는 디렉터리 리스팅 취약점을 이용하여 웹서버에 어떤 파일이
있는지 확인할 수 있고, 추가적인 공격 취약점을 찾을 수 있다.

대부분의 웹서버는 해당 디렉터리 리스팅에 대한 여부를 가능 혹은 불가
능하게 하는 옵션이 따로 준비되어 있다. 해당 설정 내용을 적절하게 변경
하면 디렉터리 리스팅을 이용한 공격은 통하지 않는다.

인증 우회

인증 우회란 관리자 페이지나 인증이 필요한 페이지의 인증을 처리하지
않고 인증을 우회하여 접속할 수 있는 취약점을 말한다. 이 취약점에 노출

되면 일반 사용자나 로그인하지 않은 사용자가 관리자 페이지에 접근하여 관리자 권한을 획득한 뒤에 모든 기능을 자신이 원하는 대로 악용할 수 있게 된다. 이런 취약점은 간단하지만 의외로 웹 개발자가 자주 범하는 실수이다. 인증 우회는 아주 간단한 방법으로 공격이 이루어진다. 일반적으로 관리자로 로그인한 뒤 관리자가 이용하는 웹페이지에 접속해야 하는데, 로그인하지 않고 직접 관리자만이 이용할 수 있는 웹페이지에서 특정 작업을 수행할 수 있도록 만들기 때문이다.

예를 들면 www.stsc.co.kr/admin/login.asp를 통해 관리자로 로그인한 뒤 www.stsc.co.kr/admin/data.asp에 접근할 수 있어야 하는데, 관리자로 로그인하지 않고도 www. stsc.co.kr/admin/data.asp에 바로 접근하여 관리할 수 있는 경우를 말한다.

관리자 페이지나 인증이 필요한 페이지에 대해서는 관리자 로그인 세션에 대한 검사를 수행하는 과정을 넣어야만 이러한 공격의 피해를 막을 수 있다. 따지고 보면 웹 공격의 다수는 관리자의 부주의나 관리 패턴을 악용하는 단순한 방법이다. 이런 약점을 노출시키지 않으려면 관리자는 자신이 좀 불편하더라도 안전한 방법을 이용해 사이트나 파일을 관리해야 한다.

SQL 인젝션 공격

SQL 인젝션 공격은 세상에 공개된 지 약 4년이 넘었지만 아직도 수많은 사이트가 이 공격에 취약한 묘한 해킹 방법이다. 이런 일이 가능한 것은 많은 개발자들이 이 부분을 간과한 채 웹 애플리케이션을 개발하고 있기 때문이다.

웹 애플리케이션에서 사용자에게서 SQL문을 입력받는 부분, 즉 데이터베이스와 연동되는 부분은 크게 로그인, 검색, 게시판으로 나눌 수 있다. 어느 사이트에서든 로그인을 하려면 아이디와 비밀번호를 넣어야 한다. 그리고 웹 애플리케이션 개발자는 정상적인 아이디와 비밀번호를 넣을 것을 기대하고 프로그래밍한다. 그러나 모든 공격은 언제나 예상치 않은 곳에서 일어난다. 공격자는 아이디와 비밀번호를 정상적인 문자가 아닌 특정 SQL문을 넣어 공격한다. 이렇게 아이디나 비밀번호 부분에 엉뚱한 SQL문이 삽입되면 그것이 그대로 데이터베이스에 전송되어 공격자가 원하는 일이 일어난다.

SQL 인젝션 공격 대응 방법은?
- 사용자 입력이 SQL 인젝션을 발생시키지 않도록 사용자 입력을 필터링한다.
- SQL 서버의 에러 메시지를 사용자에게 보여주지 않도록 설정한다.
- 웹 애플리케이션이 사용하는 데이터베이스 사용자의 권한을 제한한다.
- 데이터베이스 서버에 대한 보안 설정을 수행한다.

크로스 사이트 스크립팅(XSS) 공격

공격자는 XSS 취약점이 존재하는 웹사이트에 자신이 만든 악의적인 스크립트를 업로드하고, 이것을 일반 사용자의 컴퓨터에 전달하여 실행시킬 수 있다. 이러한 공격으로 사용자 쿠키를 훔쳐서 해당 사용자 권한으로 로그인하거나 브라우저를 제어한다. XSS 취약점은 다음과 같이 동적으로 웹 페이지를 생성하는 사이트에 주로 존재한다.

- 입력한 검색어를 다시 보여주는 검색엔진
- 입력한 스트링을 함께 보여주는 에러 페이지
- 입력한 값을 사용자에게 다시 돌려주는 폼
- 사용자에게 메시지 포스팅이 허용된 웹보드

XSS 취약점에 대응하려면?
- 사용자를 식별하기 위해서 쿠키에 비밀번호와 같은 민감한 정보는 담지 않아야 한다.
- 스크립트 코드에 사용되는 특수문자를 이해하고 정확한 필터링을 해야 한다. 가장 효과적인 방법은 사용자가 입력 가능한 문자(예를 들면 알파벳, 숫자, 몇몇의 특수문자)만을 정해 놓고 그 문자열이 아니면 모두 필터링한다. 이 방법은 추가적인 XSS 취약점에 사용되는 특수문자를 사전에 예방하는 장점이 있다.

XSS 취약점은 대부분 웹 애플리케이션 개발자가 사용자 입력을 받아들이는 부분에서 사용자 입력에 대해 어떠한 검증도 하지 않았기 때문에 일어난다.

개인정보를 수집한다 : 스파이웨어

기술이 발전하면서 많은 분야에서 생활은 편리해졌다. 하지만 그 기술이 오히려 사람을 감시하고 통제할 수 있는 상황이 되면서 많은 사람들이 사생활 보호에 관심을 가지게 되었다. 개인용 컴퓨터 역시 인터넷과 연결되면서 개인의 정보 혹은 사생활이 외부로 유출될 수 있는 문제가 부각되었다.

웜, 바이러스, 트로이목마와 같은 악성코드를 통해서 개인정보가 유출되지만, 사용자들의 잘못된 습관이나 프로그램 문제로 개인정보가 유출될 수도 있다. 최근 스파이웨어로 불리는 프로그램에 의해 개인의 성향이 수집되고 개인정보가 유출되는 등의 문제가 발생하고 있다.

스파이웨어란?

많은 사람들이 스파이웨어Spyware라고 하면 스파이라는 용어 때문에 개인정보 유출을 가장 먼저 떠올린다. 하지만 스파이웨어는 정확하게 개인정보 유출보다는 개인정보 수집의 목적이 있다. 정보 유출은 프로그램 제작자가 고의로 개인의 정보를 빼가기 위해서 악성코드를 제작하는 것이다. 하지만 개인정보 수집은 주로 광고에 활용하기 위해서 사용된다.

즉 이들 프로그램 제작자들은 개인의 비밀번호, 신용카드 정보가 필요한 것이 아니라, 개인이 어떤 웹사이트를 방문하며 어떤 것에 관심이 있는가를 수집하는 역할을 한다. 백신업체에서 보면 이는 일종의 영업 활동이므로 악의적인 행동이라고 볼 수 없어 진단하지 않는 정책을 취한다.

하지만 온라인 마케팅 업자들은 개인의 컴퓨터에 몰래 혹은 사람들이 잘 읽어보지 않는 동의서에 한 줄 정도의 관련 사항을 포함시켜 사용자 동의를 얻은 후 특정한 프로그램을 설치해 개인정보를 수집하였다. 이에 반기를 든 사람들이 스파이웨어 진단 프로그램을 만들어 배포하기 시작했는데, 문제는 스파이웨어에 대한 용어의 통일성과 기준이 명확하지 않다는 데 있다.

스파이웨어는 국내에서는 악성코드(백신업체에서 부르는 악성코드와는 다른 의미임), 트랙웨어Trackware, 페스트Pest, 비 바이러스Non-virus 등으로도 불리고 있으며, 업체별로 스파이웨어에 대한 정의와 범위가 제각각이다. 기본적으로 개인 사생활을 침해할 수 있는 유형을 스파이웨어라고 부르지만, 백신 업계 등 기존 보안업체에서 처리하고 있던 백도어Backdoor 류의 트로이목마도 일부 업체에서는 스파이웨어에 분류하고 있다.

특히 몇몇 업체는 제품 홍보를 위해서 일부 트로이목마를 진단하면서 모든 악성코드를 진단하는 것처럼 광고하고 있다. 많은 사용자들이 스파이웨어를 오해하도록 한다. 안철수연구소는 악성코드 외에 사용자 컴퓨터를 위협할 수 있는 형태를 유해 가능 프로그램으로 분류하고 있으며, 스파이웨어가 많이 알려져 있어 편의상 스파이웨어로 정리했다.

최근 스파이웨어 동향의 가장 큰 특징은 웜이 설치하는 스파이웨어가 증가했다는 점이다. 자체 전파력이 없는 스파이웨어를 자체 전파력을 지닌 웜이 설치하면서 웜과 동일한 확산력을 가지게 된 셈이다. 또한 사용자 동의 없이 설치된 스파이웨어는 일반적인 제거 방법을 제공하지 않을 뿐 아니라, 루트킷을 사용하거나 잘 알려지지 않은 시작 프로그램 등록 방법을 사용함으로써 사용자가 스파이웨어를 쉽게 제거할 수 없도록 한다.

스파이웨어의 주요 배포 루트

스파이웨어 배포에는 여전히 액티브XActiveX가 가장 많이 사용되지만, 다운로더Downloader를 통한 배포도 꾸준히 늘고 있다. 스파이웨어 배포에 흔히 이용되는 제휴사 마케팅(Affiliate Program)은 소프트웨어를 배포하고 설치할 때마다 제어 서버에 제휴사 또는 파트너의 아이디를 전송한다. 이어 이를 계산하고 설치된 프로그램의 수만큼 배당금을 지급하는 방식이다.

이 점을 이용해 봇넷Bot Net을 운영하는 봇마스터Bot Master는 IRCBot에 감염된 좀비Zombie 시스템을 이용해 스파이웨어를 배포하고 불법 수익을 올리기도 한다. 봇마스터는 좀비 시스템에 다운로더를 설치하고 실행하여 다른 수많은 스파이웨어들을 좀비 시스템에 설치한다. 다운로더를 이용한 스파이웨어는 전통적인 스파이웨어 설치 방법인 액티브X나 번들 설치보다 효율적이고 파괴적이다.

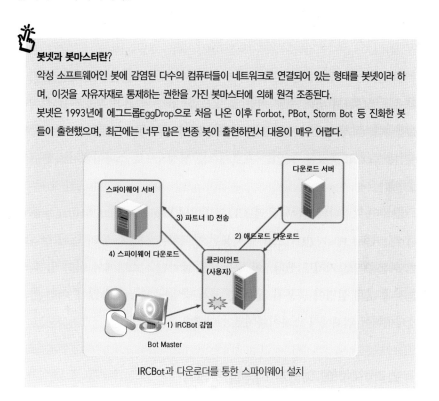

봇넷과 봇마스터란?

악성 소프트웨어인 봇에 감염된 다수의 컴퓨터들이 네트워크로 연결되어 있는 형태를 봇넷이라 하며, 이것을 자유자재로 통제하는 권한을 가진 봇마스터에 의해 원격 조종된다.

봇넷은 1993년에 에그드롭EggDrop으로 처음 나온 이후 Forbot, PBot, Storm Bot 등 진화한 봇들이 출현했으며, 최근에는 너무 많은 변종 봇이 출현하면서 대응이 매우 어렵다.

IRCBot과 다운로더를 통한 스파이웨어 설치

진화하는 스파이웨어

윈도 XP의 시작 프로그램 관리자에 등록된 스파이웨어를 삭제할 수 없도록 하는 다양한 기법도 현재 이용되고 있다. 예를 들어 2006년 상반기에 큰 피해를 입힌 룩투미Look2Me와 크립터Crypter 등의 스파이웨어는 다운로더에 의해 설치되고, 윈로그온 노티피케이션Winlogon notification DLL을 사용해 시작 프로그램으로 등록된다.

룩투미와 크립터는 보안 프로그램의 탐지를 피하기 위해 무작위로 만든 노티파이 키와 DLL 이름을 사용했고, 크립터는 삭제된 노티파이 키를 복구하기 위해 BHOBrowser Hepler Object에 등록하는 방법을 이용했다. 윈로그온 노티피케이션 DLL은 Winlogon.exe와 함께 실행되기 때문에 DLL이 로드된 상태에서는 수동으로 제거하기가 어렵다. 따라서 윈도 2000, 윈도 XP 이용자는 레지스트리 윈로그온 노티파이 키의 접근 권한을 제한하는 방법을 권장한다.

최근에는 악성코드뿐만 아니라 스파이웨어도 프로그램의 존재를 숨기고 삭제를 방해하기 위해 윈도 커널 모드 드라이버를 이용한 루트킷을 설치해 실행한다. 목적이 무엇이든 사용자 동의 없이 설치되는 루트킷은 실행 중인 사실을 숨기고 종료할 수 없는 프로세스를 생성하므로 스파이웨어로 분류할 수 있다.

2005년 소니의 일부 음악 CD의 DRM(Digital Rights Management, 디지털 저작권 매니지먼트) 모듈에 사용된 루트킷은 사용자 동의 없이 설치되어 파문을 일으키기도 했다. 이 루트킷은 설치된 시스템에서 어떤 일을 하는지에 대해 설명이 충분치 않았고, 제거 방법도 제공하지 않아 여러 안티스파이웨어 업체에서 스파이웨어로 진단했다.

스파이웨어에 어떻게 대응할 것인가?

스파이웨어는 사용자 동의를 거치므로 합법이라는 논리를 내세워 사용자 불편을 생각하지 않고 사용자 컴퓨터를 마케팅 목적으로 사용하는 제작업체와, 약관 등을 꼼꼼히 읽지 않는 사용자의 부주의, 규제 등을 제대로 마련하지 못한 법률적 미비 등이 만들어낸 합작품이다. 또한 백신업체가 악성코드가 아니라는 이유로 진단·치료하지 않는 사이 지나치게 과장된 내용으로 사용자들을 겁주는 스파이웨어 진단업체도 등장하고 있다.

스파이웨어에 대한 올바른 인식과 퇴치를 위해서는 사용자, 마케팅 업체, 스파이웨어 진단업체, 정부 모두 앞장서야 할 것이다. 사용자는 자신이 사용하는 프로그램에 광고 기능이나 자신의 컴퓨터 사용 경향을 수집하는 프로그램이 설치되었을 가능성이 있음을 알고 프로그램 설치 시 동의서를 잘 읽어야 하며, 웹사이트를 돌아다니면서 프로그램 설치를 요구받는 경우 나타나는 액티브X 컨트롤 경고를 무작정 설치하지 않아야 한다. 또한 자신이 사용하는 스파이웨어 진단 프로그램의 정확한 정책을 알아야 한다.

트랙웨어와 애드웨어 제작업체는 자신들이 하려는 목적을 프로그램 설치 중 분명히 알려주고, 사용자의 동의를 받은 후 설치 과정을 사용자에게 알려주며 제거도 쉽게 해야 한다. 스파이웨어는 인터넷 정보 수집이나 광고 출력 자체에 문제가 있는 것이 아니라, 컴퓨터 사용자가 자신이 언제 설치했는지조차 모르고 어떤 프로그램에서 그런 일을 하는지 모르기 때문에 문제가 발생한다.

스파이웨어 진단 프로그램도 사용자에게 검색 전 스파이웨어에 대한 바른 이해와 정확한 진단 이유, 발생 가능한 문제를 알려주어야 한다. 또 사용자들을 지나치게 겁주는 행위는 자제해야 한다. 용어와 진단 범위에 대한 업체의 통일화도 필요하다.

정부도 스파이웨어류에 대한 법적인 규제를 해야 할 것으로 생각된다. 다음과 같은 내용만 구체적으로 명시하게 해도 많은 도움이 될 것이다.

- 프로그램 설치 시 사용자 동의
- 언 인스톨 프로그램 제공
- 광고 출력 시 프로그램 이름 표시
- 웹사이트에서 프로그램 다운로드 시 사용자 동의 구함

🔗 인터넷에서 낚시를? : 피싱 공격

피싱이란?

피싱Phishing은 개인의 중요한 정보를 부정하게 얻으려는 공격 시도이다. 개인정보를 낚으려는fishing 의도가 반영되어 있는 단어에서도 알 수 있듯이, 일반적으로 피싱 공격자는 전자메일이나 메신저와 같은 전달 수단을 통해 신뢰할 수 있는 사람 또는 기업이 보낸 것처럼 가장된 메시지를 공격대상자에게 보낸다. 그리고 이를 통해 미리 공격자가 만들어 놓은 위장된 사이트로 들어온 공격대상자의 주민등록번호, 비밀번호, 그리고 금융정보와 같은 기밀이 요구되는 개인정보를 얻으려고 한다.

메일 및 메신저와 같은 웹 기술을 이용하는 피싱은 기존의 전통적인 방식의 사기와는 달라 이에 대한 기술적 대응이 필요하다. 최근에는 DNS 하

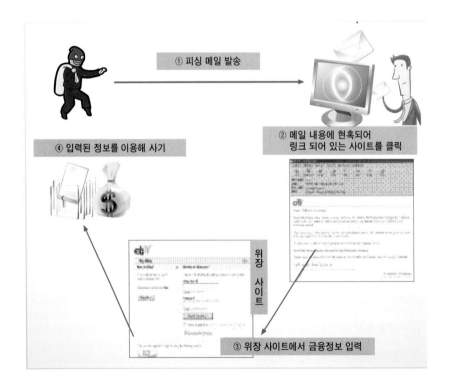

피싱 발생 흐름도

① 피싱 메일 발송

② 메일 내용에 현혹되어 링크 되어 있는 사이트를 클릭

④ 입력된 정보를 이용해 사기

위장 사이트

③ 위장 사이트에서 금융정보 입력

파밍(Pharming)**이란?**

피싱(Phishing)에 이어 등장한 새로운 인터넷 사기 수법이다. 넓은 의미에서는 피싱의 한 유형으로서 피싱보다 한 단계 진화한 형태라고 할 수 있다. 그 차이점은 피싱은 금융기관 등의 웹사이트에서 보낸 이메일로 위장하여 사용자가 접속하도록 유도한 뒤 개인정보를 빼내는 방식인데 비하여, 파밍은 해당 사이트가 공식적으로 운영하고 있는 도메인 자체를 중간에서 탈취하는 수법이다. 피싱은 사용자가 주의 깊게 살펴보면 알아차릴 수 있지만, 파밍은 사용자가 아무리 도메인이나 URL 주소를 주의 깊게 살펴본다 하더라도 쉽게 속을 수밖에 없다. 따라서 사용자들은 늘 이용하는 사이트로만 알고 아무런 의심 없이 접속하여 개인 아이디(ID)와 암호(password), 금융정보 등을 쉽게 노출시킴으로써 피싱 방식보다 피해를 당할 우려가 더 크다.

파밍에 의한 피해를 방지하기 위해서는 브라우저의 보안성을 강화하고, 웹사이트를 속일 수 있는 위장 기법을 차단하는 장치를 마련해야 하며, 전자서명 등을 이용하여 사이트의 진위 여부를 확실하게 가릴 수 있도록 하여야 한다. 또 사용하고 있는 DNS 운영 방식과 도메인 등록 등을 수시로 점검해야 한다.

— 출처 : 두산백과사전

이재킹 등을 이용해 사용자를 위장 웹사이트로 유인하여 개인정보를 절도하는 피싱의 진화된 형태인 파밍Pharming도 출현하고 있다.

피싱 기술에는 어떠한 것들이 있나?

사회공학적인 방법

피싱은 공격 대상을 속이기 위해 전산기술과 더불어 사회공학적인 방법을 사용한다. 다음 그림은 피싱 메일의 예이다.

피싱 메일을 보내는 공격자는 보다 합법적인 메시지로 보이도록 실제 웹사이트의 로고를 사용하여 전자메일 메시지를 만들어 보낸다. 그리고 공격대상자에게 금전적인 보상을 약속하거나 즉각적인 반응을 하지 않으면 계정을 삭제한다는 위협을 하여 신중한 판단을 할 수 없도록 유도한다. 현혹된 공격대상자가 여기에 반응하면 공격자가 만들어 놓은 함정에 빠져 개인정보 침해나 금전적인 피해와 같은 공격을 당하게 된다.

보낸 사람: 믿음은행
받는 사람: 홍길동
보낸 날짜: 2008-05-30(금) 오후 1:02
제   목: [공지] 고객 만족 설문 조사
안녕하세요. 믿음은행 고객님,

항상 믿음은행을 이용해 주신 소중한 고객님을 위해 **고객 만족 설문 조사**를 마련했습니다.
이는 5분이면 쉽게 대답할 수 있는 질문들로 준비되어 있으니, 참여하시고 설문에 응한 모든 고객님께 선착순으로 드리는 **3만 원짜리 상품권도 받으십시오** – 바로 참여하십시오! 고객님의 의견을 반영하여 더 나은 서비스로 보답해드리겠습니다.
바쁘신 와중에도 시간을 내주셔서 감사 드립니다.

행사기간: 2008년 6월 3일 까지
사은품: 문화상품권(3만원)
행사 확인하기

믿음은행을 이용해 주셔서 진심으로 감사 드립니다!
믿음은행 고객 만족 홍보팀.

링크 조작(Link Manipulation) 방법

피싱 공격자가 흔히 사용하는 기술적인 방법으로는 링크 조작이 있다. 이 방법은 유명 사이트 주소를 비슷하게 보이는 다른 주소로 변경하거나, 관련 없는 도메인 주소의 하위 도메인을 이용하여 조작된 링크를 연결한다. 예를 들면 공격대상자가 접근하려는 올바른 URL 주소인 http://www.trustbank.com/ 대신에 http://www.trushbank.com/나 http://www.trustbank.validation.com/을 연결해 놓는 것이다. 하이퍼텍스트의 링크 문자열 주소와 실체 링크의 주소가 다르게 조작할 수도 있다. 다음 그림과 같이 html 문서 안에 하이퍼링크로 표시된 http://www.bank.com/trustbank/라는 문자열이 실제로 가리키고 있는 주소는 http://www.bank.com/untrustbank/인 것이다. 이 밖에도 '·' 문자를 포함한 URL 주소를 이용하거나, 국제화된 도메인 이름(IDN : Inter national-ized Domain Name)을 이용하여 비슷하게 보이지만 실제로는 다른 링크를 사용하여 공격할 수 있다.

실제 링크의 목적지가 링크 문자열과 다른 예제

웹사이트 위조(Forgery) 방법

피싱 공격자들은 웹브라우저가 사용자에게 제공하는 정보를 속이기 위해 브라우저의 주소창과 속성창의 내용을 교묘하게 가린다. 팝업창을 사용하거나, 미리 정교하게 조작된 주소창을 이용하여 브라우저의 주소창 부분을 덮는 방법들이 사용된다.

아래 그림은 주소창에 나타나는 정보를 공격대상자에게 알려주지 않기 위해서 공격자가 미리 만들어 놓은 가짜 웹사이트의 예제이다. 화살표로 나타내는 것과 같이 공격자는 움직이는 글상자를 만들어 원래의 브라우저 주소창을 정교하게 덮는다. 이처럼 사용자에게 전달되는 사이트 정보를 차단하여 해당 사이트의 위조를 눈치채지 못하게 만든다.

위치를 정확히
계산하여 브라우저의
주소창을 덮는 예제

중간자(Man-in-the-middle) 공격 방법

중간자 공격 방법은 다음 그림과 같이 공격대상자와 웹서버의 연결을 공격자가 가로채서 웹서버에게는 공격대상자의 패킷을 릴레이하고, 공격대상자에게는 웹서버의 패킷을 릴레이하면서 이루어진다. 공격이 성공하면 공격대상자와 웹서버 사이의 모든 메시지를 공격자가 가로채어 중요한 정보를 조작할 수도 있다. 이러한 공격은 공격대상자의 네트워크를 스니핑하거나

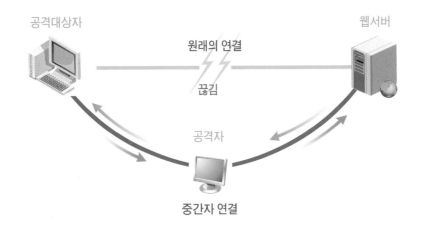

ARP 스푸핑 기술과 같은 방법들을 이용해서 이루어진다.

어떻게 대응할 것인가?

피싱에 대한 대응 방안으로는 기술적 대응, 사회·문화적 대응, 법·제도적 대응 등이 있다.

브라우저 경고

피싱에 대한 관심이 커지면서 주요 웹브라우저들은 현재 접속하려는 사이트의 피싱 여부를 알려주기 시작하였다. 이는 특정 단체 혹은 웹 사용자들에 의해 수집된 피싱 사이트 정보를 기반으로 피싱 여부를 판단하여 알려준다. 인터넷 익스플로러 7Explorer 7에서는 피싱 필터를 제공하여 이에 대한 설정을 자동으로 해놓으면 다음 그림과 같이 알려진 피싱 웹사이트에접근하면 주소창이 붉게 변하면서 피싱 사이트임을 알려준다. 파이어폭스 2Firefox 2에서도 피싱 의심 사이트에 접근하면 주소창에 정지 표시를 나타내며 풍선 알림을 통해 경고를 한다.

브라우저의
피싱 사이트 알림 경고

EV 인증서

EV(Extended Validation) SSL 인증서는 이전의 인증서보다 시각적으로 표현하고 발급 조건을 더욱 엄격히 심사하여 피싱과 같은 인터넷 사기를 방지하기 위해 만들어진 인증서이다.

아래 그림과 같이 최신 버전의 주요 웹브라우저를 사용해서 EV SSL 인증서를 사용하는 웹사이트에 접근할 경우, 주소 표시줄이 녹색으로 바뀌고 웹사이트에 대한 추가 정보를 시각적인 인터페이스로 보여준다. 이를 통해 사용자는 접속 사이트의 신뢰된 정보를 제공받을 수 있고, 이를 사용하는

브라우저의 EV 인증서
지원 인터페이스

사이트는 고객에게 이전보다 향상된 신뢰를 줄 수 있다. 하지만 발급절차가 엄격해지고 비용이 비싸진 만큼 널리 보급되는 데는 시간이 걸릴 것이다.

브라우저 확장 툴바

브라우저에서 자체적으로 피싱 차단 기능을 제공하지 않는 경우에도 넷크래프트Netcraft 툴바와 같이 안티피싱 툴바를 설치하면 피싱 사이트의 접근을 막을 수 있다. 게다가 접근하고 있는 웹사이트의 지리적 위치나 처음 사이트가 공개된 날짜 등을 포함한 사이트 관련 정보도 확인할 수 있다. 그리고 악의적인 공격자가 띄운 주소창이나 팝업창에 의해 브라우저 본래의 주소창이나 툴바가 가려지는 피싱도 방지하는 추가 기능들도 제공한다.

국내에서 개발된 안티피싱존 브라우저 툴바를 사용해도 이와 같은 서비스를 받을 수 있다.

강화된 비밀번호 로그인

야후의 보안실이나 아이디테일IDtail의 피싱 방지 기능과 같은 강화된 비밀번호 로그인 기능은 쿠키를 이용한다. 쿠키를 이용한 강화된 로그인 기능은 사용자 컴퓨터에 저장되는 쿠키 안에 사용자만의 고유한 메시지나 이미지를 설정해 놓는데, 이 쿠키 정보는 해당 사이트에 접속했을 때만 접근할 수 있다. 따라서 사용자가 접근하려는 대상 사이트의 로고 및 내용을 그대로 모방하여 공격자가 피싱 사이트를 만들었을지라도 기존에 사용자가 설정해 놓은 메시지나 이미지는 모방할 수 없기 때문에, 이를 통해 사용자는 접근한 사이트가 피싱 사이트인지 여부를 파악할 수 있다.

오른쪽 그림과 같이 눈결정 모양

강화 비밀번호 로그인을 사용하는 사례

의 이미지를 설정해 놓은 사용자 컴퓨터에는 웹브라우저를 통해 야후 사이트에 접속할 때에만 컴퓨터에 저장되어 있는 쿠키를 읽을 수 있어, 현재 접속 중인 사이트가 이를 제대로 나타내는지를 통해 피싱 사이트 여부를 판별할 수 있다.

개인정보 관리 프로그램

개인정보 관리 프로그램을 이용하여 피싱 사이트가 개인의 정보를 무단으로 획득하고 이를 악용하는 것을 방지할 수 있다. 이러한 프로그램은 개인정보를 전송하기 이전에 현재 접속 중인 사이트의 피싱 여부를 체크하여 사용자에게 알려준다. 그리고 사용자의 컴퓨터에 악의적으로 설치된 키로거에 의해서 정보가 수집되는 것을 막기 위해 키보드를 이용해 직접 입력하지 않고 미리 관리된 데이터를 사용하여 개인정보를 입력한다.

ETRI에서 개발 중인 전자ID지갑은 사용자가 접근하는 사이트에 대해 유해 여부를 알려주고, 사이트에 로그인 시 개인정보를 카드 형태로 안전하게 제출할 수 있도록 해준다. 또한 강화된 프라이버시 보호 기능을 제공하여 개인정보가 어떤 웹사이트에 제공되었는지 공유 이력을 관리할 수 있고, 제공한 정보를 한꺼번에 수정하는 것도 가능하다.

사회·문화적 대응

피싱에 대한 사회·문화적 대응은 피싱의 인식 제고 활동, 피싱 대응 실천문화 확산, 피싱 정보의 공유 및 신속한 대응을 통해 이루어진다.

먼저 피싱 위협을 감소시키기 위해 전자상거래 업체나 정보보호 관련 기관들의 다양한 인식 제고 활동이 필요하다. 이들 기관들은 기업 메일이나 웹사이트에서 발생한 피싱의 일반적인 정보를 고객에게 제공하고, 특정 회사를 직접 겨냥한 피싱에 대해 고객에게 주의 경고를 하는 등의 인식 제고 활동을 하며, 고객이 자신의 계정에 관한 기업 정책을 인지하도록 지원하고,

사용자 및 기업을 대상으로 정보보호 커뮤니티 자료를 보급하고 설명한다.

피싱 대응 실천문화 확산은 피싱 위협 및 피해를 감소시키기 위한 기업의 최상의 실천 정책 수립 및 전파를 통해 수행될 수 있다. 기업은 이메일에 대한 일관성 있는 기업 정책을 수립하여 이용자에게 전파하고, 이용자에게 이메일의 적법성을 확인할 수 있도록 이용자에게 보내는 모든 이메일에 인증정보를 포함하도록 하는 정책을 수립한다. 또한 서비스를 제공하는 웹사이트의 보안성이 강화된 인증 방법을 이용하며, 피싱 발생 가능성이 높은 사이트는 주기적인 모니터링을 실시한다.

피싱에 대응하는 또다른 방법은 사고 발생 시에 피싱 관련 기관 간의 활발한 정보 공유와 신속한 대처를 통해 가능하다. 이를 위해 피싱 대응을 위한 산업계의 자율적인 협의체 구성과 정보 공유가 이루어져야 한다. 금융기관들은 고객들의 피싱 공격 위험에 대한 인식을 높이고 피해 발생 시 신속하게 신고할 수 있도록 고객에게 거짓 이메일의 사례, 신고 및 지원 사이트 연결, 새로운 공격 발생 시 경고, 피싱 방지 방법 등을 제공한다.

법·제도적 대응

미국은 2005년 2월 피싱방지법안(the Anti-Phishing Act of 2005)을 하원에 제안했다. 그리고 캘리포니아주 하원은 피싱방지법안을 통과시켜 법으로 채택했다. 이 법안은 피싱 이메일 제공 및 피싱 웹사이트 구축을 범죄로 규정하여 관련자를 처벌하도록 규정하고 있다.

일본경제산업성은 2005년 4월 금융기관, 보안업체 등이 참여하는 피싱 대책협의회를 설립했다. 이 협의회는 피싱에 관한 정보 수집 및 제공, 피싱 동향 분석, 기술 및 제도적 대응, 해외기관과의 제휴 등을 수행하고 있다.

영국 정부는 피싱 관련 절도에 대해 10년 이하의 징역을 판결할 수 있도록 기존 절도법 개정안을 제안했다. 절도법안 개정안에는 피싱과 같이 허위 표현, 금전적 이익을 위한 정보 유출, 지위의 남용행위를 범죄로 규정하고 있다.

02_ 내 컴퓨터를 안전하게 지켜라 : 시스템 보안

시스템 보안을 위한 기본적인 노력

시스템의 보안을 위해 일반적으로 사람들은 어떠한 노력을 기울이고 있을까? 가장 기본적인 방법은 시스템 설정을 잘 관리하는 것이다.

예를 들어 원격에서 슈퍼 유저로 접속하지 못하게 하는 것이라든지, 뉴스 그룹의 기사들과 통신보안 전문가 그룹인 CERT(Computer Emergency Response Team)의 권고문 등을 주시하면서 주기적으로 패치Patch하는 것 등을 들 수 있다. 좀더 보안에 관심 있는 관리자라면 Tripwire, COPS, Crack 등의 파일 변조 유무 확인 프로그램, 보안 진단도구, 패스워드 점검 도구 등을 사용할 것이다.

흔히 사람들이 운영체제라고 부르는 것들(리눅스, 솔라리스, 윈도 등)을 면밀히 들여다보면, 시스템의 중요 자원(파일 시스템, 메모리, CPU 등)을 관리하는 커널kernel과 그 외에 사용자가 시스템의 자원을 편리하게 사용할 수 있도록 서비스를 제공하는 부분으로 구성되어 있음을 알 수 있다.

시스템 보안에 사용할 수 있는 일반적인 보안도구들은 다음 표와 같다. 이들 중에는 보호하려는 시스템 내에서 작동하는 것도 있고, 시스템 외부의 다른 시스템에서 작동하는 것도 있다.

보안 도구	기능 및 개요
TCPWrappers	• 접속에 대한 필터링 기능으로 사전에 등록해 놓은 설정 파일(/etc/hosts.allow,/etc/hosts.deny)을 보고 접속에 대한 권한이 있는지를 검사
Trinux	• 리눅스 부트 디스크 보안 패키지로 네트워크 보안도구를 갖고 있어 TCP/IP 네트워크를 관리하고 모니터링 • 궁극적으로 침입차단, 침입탐지 등 모든 네트워크 보안 기능을 포함하도록 개발될 예정
Tripwire	• 해커가 시스템에 침입했을 경우 파일의 손상 여부 및 트로이목마 프로그램 등 시스템을 스캔해 파일의 무결성을 점검
COPS	• Computer Oracle and Password System으로, 알려진 취약점에 대한 시스템의 보안상 문제점을 검사하는 도구 관리자에게 취약성을 알려주고, 일부는 스스로 수정
SATAN	• Security Administrators Tool for Analyzing Networks의 약자로 네트워크 스캐너 프로그램 • 웹 인터페이스를 갖고 있으며, 원격지 컴퓨터의 가능한 모든 포트에 연결을 시도해 어떤 서비스가 그곳에서 수행되고 있는지 찾고, 취약성을 리포트
Secure Shell	• rlogin, rsh, rcp, rdist 등에 대한 패킷 스니퍼링의 대책으로 사용 • 강력한 암호 및 인증 기능 제공
PAM	• 인증 기능 제공, 서비스 거부 공격 방지에 사용 • 사용자들이 사용할 수 있는 자원을 제한
Kerberos	• MIT의 Kerberos의 GNU 버전 • 비밀키 방식의 인증 기능 제공, 스푸핑(Spoofing) 방지
lsof	• 리눅스 시스템의 모든 오픈 파일의 리스트를 보여줌 • 서비스 거부 공격 및 로그 파일 수정에 대한 감지 가능
Rhosts.doggy	.rhosts 파일에서 주의해야 할 점을 검사하는 도구

접근제어를 이용하라

접근제어Access Control는 통신 시스템 설비의 사용을 허가하거나 거부하기 위해 사용되는 서비스 기법이다. 데이터 저장장치에 접근하는 권한을 정의하거나 제한하고, 권한 있는 자 및 프로그램, 기타 시스템만이 시스템 자원정보에 접근할 수 있도록 제한하며, 사용자 요청에 따라 시스템 자원을 지정하는 자원제어기의 기능을 수행한다. 접근제어 방식에는 다음과 같은 방식들이 있다.

강제적 접근제어 방식(MAC : Mandatory Access Control)

강제적 접근제어 방식은 어떤 주체가 특정 객체에 접근할 때, 양자의 보안 레벨에 기초하여 낮은 수준의 주체가 높은 수준의 객체정보에 접근하는 것을 강제적으로 제한하는 방법이다. 컴퓨터의 모든 자원(중앙처리장치, 메모리, 프린터, 모니터, 저장장치 등)을 객체로 하고, 그 객체를 사용하고자 하는 것을 주체(사용자 및 모든 프로세스)로 설정하여, 각 객체 파일의 비밀 등급과 각 주체의 허가 등급을 부여한다. 이후 주체가 객체를 읽거나 기록하거나 실행시키고자 할 때마다 그 주체가 그 객체에 대한 권한을 가지고 있는지를 확인하는 방식이다.

임의적 접근제어 방식(DAC : Discretionary Access Control)

임의적 접근제어 방식은 자원의 소유자 혹은 관리자가 보안관리자의 개입없이 자율적 판단에 따라 접근권한을 다른 사용자에게 부여하는 기법을 말한다. 따라서 자원의 보호보다는 자원의 공동 활용이 더 중요시되는 환경에 적합하며, 기업 환경에는 자원의 유출 가능성을 내포하고 있다.

DAC은 특별한 사용자나 그들이 소속되어 있는 그룹들의 식별자(ID)에 근거하여 객체에 대한 접근을 제공한다. 접근제어는 객체의 소유자에 의하여 임의적으로 이루어진다. 그러므로 특정 객체에 대한 접근허가를 가지고 있는 한 주체는 임의의 다른 주체에게 자신의 허가를 넘겨줄 수 있다. 즉 추가적인 접근제어는 그 사용자에게 일임하는 방식이다. 따라서 임의적 접근제어 방식은 하나의 주체 대 객체 단위로 접근제한을 설정할 수 있고, 이러한 접근제한은 모든 주체 및 객체들 간에 동일하지 않다.

즉 한 주체가 특정한 비밀 등급의 한 객체에 대한 접근을 허가하지 않는 임의적 접근제어 정책을 수립해도 그 주체가 그러한 비밀 등급을 갖는 다른 객체들에게 접근하는 것은 방지할 수 없다.

역할 기반 접근제어 방식(RBAC : Role Based Access Control)

역할 기반 접근제어 방식은 접근제어 관리 작업을 단순화하고 기능 기반 접근제어를 직접 제공하기 위해 DAC과 MAC 메커니즘의 대안으로 제안됐다. 역할 기반 접근제어 방식의 핵심 개념은 권한을 역할과 연관시키고, 사용자들이 적절한 역할을 할당받도록 하는 것이다.

RBAC은 최소한의 보안 특권을 부여하는 보안 원리에 따라 유지되며, 그것은 어떤 사용자도 그 사람의 일을 수행하는 데 필요한 권한 이상을 가지지 않는다. 또한 한 조직이 슈퍼 유저의 능력들을 분리할 수 있게 해주고, 특정 개인들을 그들의 일의 필요에 따라 할당하기 위한 특별 사용자 계정 혹은 역할로 포장할 수 있게 해준다.

따라서 다양한 보안 정책이 가능하다. 계정들은 보안, 네트워킹, 방화벽, 백업, 그리고 시스템 운영과 같은 영역에서 특정 목적의 관리자를 위해 설정될 수 있다. 한 명의 강력한 관리자를 선호하고 사용자들이 그들 자신의 시스템 일부를 고칠 수 있기를 원하는 사이트는 상급 사용자Advanced User 역할을 설정할 수 있다.

보안 측면에서 RBAC은 기술만이 아니라 산업에 적용되는 방식이기도 하다. RBAC은 시스템 제어를 재할당하는 수단을 제공하지만, 구현을 결정하는 것은 그 조직이다. RBAC 모델은 2004년에 ANSI 표준으로 등재되었으며, 모델의 설명 · 기능 · 스펙까지 표준문서에 정리되어 있어 개발자에게 좋은 가이드가 될 것이다. 표준에서는 RBAC을 세 가지 모델로 구분하고 있다.

- 핵심Core RBAC 모델
- 계층적Hierarchical RBAC 모델

- 한정된Constrained RBAC 모델

다중등급 보안(MLS : Multi-level Security)

사용자, 프로세스, 파일 등의 모든 시스템 구성 요소에 대해 보안 수준과 업무 영역에 따라 보안 등급 및 보호 범주를 부여하는 방식으로서, 직책과 직무에 따른 보안권한이 엄격한 조직에서 필수적으로 요구되는 보안 기능이다.

허가 등급과 보호 범주에 따라 구분했기 때문에 동일 등급이라고 하더라도 보호 범주가 다르거나, 반대로 보호 범주가 동일하나 등급이 다른 경우 자원의 접근제한을 받게 된다.

접근제어 기법들 비교

강제적 접근제어 방식은 사용자와 객체에게 부과된 보안 등급Security Level을 기반으로 접근통제를 수행하며, 임의적 접근제어 방식은 객체에 부여된 허가, 거부 정책에 기반하여 객체에 대한 접근을 통제한다. 상용 환경에서는 정보의 변경 가능성이 불법 사용자에 의한 정보의 접근 가능성인 비밀성보다 더 중요한 관심사가 될 수 있다. 예를 들어 은행 업무에서 예금계좌의 정보 변경이 예금계좌와 관련된 정보의 접근보다 더 위협적일 수 있다.

강제적 접근제어 방식은 등급화된 정보 기밀성을 위한 보안에 초점이 맞춰져 있고, 임의적 접근제어 방식은 접근권한이 객체의 소유자owner에 의해 임의로 변경될 수 있기 때문에 기업이나 정부 조직과 같이 무결성을 요구하는 상업적 응용의 정보 보안에는 부적절하다. 이러한 이유로 무결성 제어가 필요한 상용 환경에서는 역할 기반 접근제어 방식이 대안으로 주목받고 있다.

역할 기반 접근제어 방식은 필요할 때 강제적 접근제어 방식, 임의적 접근제어 방식과 함께 사용될 수 있는 접근통제의 독자적인 요소이다. 이것은 세 가지 접근제어 방식에 의해 모두 허가되었을 경우에 허락된다.

내 파일은 나만 본다 : 파일 암호화

암호화 파일 시스템

암호화 파일 시스템은 가족끼리 컴퓨터를 공유하거나 사무실에서 공용 컴퓨터를 사용할 때 나만의 공간을 만드는 데 이용할 수 있다.

윈도 암호화 파일 시스템(EFS : Encrypted File System)은 윈도 2000에서 도입된 개념으로 NTFS 5.0의 새로운 기능이다. 파일에 기록되는 데이터를 자동으로 암호화해 파일 시스템의 보안을 높이기 위해 사용된다.

윈도 2000 운영체제에 포함되어 있는 EFS는 공개키 암호화를 기반으로 하며, 윈도의 핵심적 보안 · 인증 체계인 크립토API 구조의 장점을 가진다. 각각의 파일은 사용자의 공개키 · 개인키 쌍과는 독립적으로 임의로 생성된 파일 암호화 키로서 암호화되기 때문에 암호 분석 공격을 피할 수 있다.

파일 암호화는 어떠한 대칭 암호 알고리즘도 사용할 수 있다. 미래에 발표될 EFS는 대체 암호를 허락하는 구조가 될 것이다. EFS는 로컬 디스크 드라이브에 저장되어 있는 파일뿐만 아니라, 외부의 파일 서버 내의 파일까지도 암호화와 복호화가 가능하다.

사용자 상호작용

기본적인 EFS의 설정은 관리자의 노력 없이도 사용자에게 파일을 암호화할 수 있게 해준다. EFS는 자동으로 사용자가 파일을 처음 암호화할 때 공개키 쌍을 생성하고, 파일 암호를 위해 파일 암호인증서를 생성한다.

파일 암호화와 복호화는 파일당 또는 하나의 폴더당 적용된다. 폴더 암호화는 강제적이다. 하나의 폴더 안에 있는 마크된 모든 파일들은 자동적으로 암호화가 된다. 각 파일들은 새로운 이름 부여를 안전하게 하는 독특한 파일 암호화 키를 가진다.

사용자가 암호화된 폴더에서부터 암호화되지 않은 폴더 안에 있는 파일에 이르기까지 똑같은 용량으로 새 이름을 부여하면 그 파일은 암호화되어 있을 것이다. 그러나 암호화되지 않은 파일을 암호화된 폴더 안에서 복사하면 그 파일은 암호화되지 않은 상태로 저장된다.

사용자는 파일을 사용하거나 열기 위해서 복호화할 필요가 없다. EFS는 자동으로 암호화된 파일을 찾아내고, 시스템의 키 보관창고로부터 사용자의 파일 암호키의 위치를 알아낸다. 키 보관 방식은 크립토API에 근거한 것이기 때문에 미래에는 사용자들이 스마트카드와 같은 보안장치에 키를 저장할 수 있게 될 것이다.

데이터 복구

EFS는 잘 짜여진 데이터 복구를 지원한다. 윈도 2000 보안 기본조직은 데이터 복구키를 설정하게 한다. 사용자는 시스템이 하나나 그 이상의 복구키로 설정되었을 때만 파일 암호화를 사용할 수 있다. EFS는 사용자가 해당 회사를 떠난 경우 복구 에이전트agent가 암호화된 데이터를 복구하는데 사용되는 공개키를 설정할 수 있도록 해준다.

파일 암호화키는 사용자의 개인키가 아닌 복구키를 사용할 때만 유효하다. 이것은 다른 개인적인 정보가 복구 에이전트에 의해 드러나지 못하도록 해준다. 데이터 복구는 파일 암호키를 분실한 경우나, 직원이 퇴사한 후 다른 직원에 의해 암호화된 데이터를 복구할 수 있도록 할 수 있는 비즈니스 환경을 제공해 준다.

✐ 키보드 해킹을 막아라

키보드 해킹이란 파일이나 데이터를 해킹하는 것과는 다른 방법의 특수 프로그램으로 사용자가 키보드를 통해 입력하는 모든 정보를 해킹하는 것을

주민등록번호 : 7001024-1026336 이름 : 홍길동
카드번호 : 9410-4633-0304-7955 비밀번호 : 0326

해커 컴퓨터

내 컴퓨터

개인정보당
케케케케~

어라
이건뭐야?

내 컴퓨터
SAFE

"@#$%*$&#

해커 컴퓨터
"@#$%}

키보드 입력정보 암호화

말한다. 아이디, 비밀번호, 채팅 중 대화 내용, 메일 내용, 주민번호, 계좌번호, 카드번호 등의 해킹은 대부분 키보드 해킹으로 인해 발생하는 2차 피해이다.

해커들은 키로거라고 불리는 키보드 해킹 프로그램을 해킹 대상 컴퓨터에 깔아놓거나, 몇몇 사이트에 의도적으로 심어놓고 이 사이트를 방문한 사람들의 컴퓨터에 설치되도록 하여 암호나 계좌번호 등의 정보를 빼낸 후 본인들의 이메일로 전송하는 방식을 많이 사용한다. 따라서 잘 모르는 사이트에 들어가거나 무조건 프로그램을 다운로드받는 일은 삼가고, 특히 회원 가입 또는 다운로드받으면 무언가를 주는 이벤트에 조심하여야 한다. 키보드 해킹은 그 방법이 특수해서 백신, 방화벽, 악성코드 치료 프로그램 등으로는 막을 수 없으며, 키보드 보안 프로그램으로만 막을 수 있다.

키보드 보안 프로그램은 키보드 입력값을 실시간으로 암호화해 PC로 전달하는 프로그램으로서 사용자가 입력한 각종 비밀번호나 중요한 개인정보가 키보드 해킹 툴에 의해 유출되는 것을 방지하는 서비스이다.

키보드 해킹을 방지하기 위한 또 다른 방법으로서 비밀번호, 계좌번호,

주민등록번호 등 중요한 개인정보를 입력할 때에는 키보드를 사용하지 않고 그래픽한 가상키보드를 사용하는 방법이 있다. 가상키보드는 모니터 화면에 키보드 이미지를 띄워서 마우스로 자판 이미지를 클릭하여 문자를 입력하는 방식인데 키보드를 사용하지 않기 때문에 키로거에 의한 해킹피해를 당하지 않는다. 가상키보드 기술은 주요 포털사이트, 은행 등에 널리 사용되고 있다.

키보드 해킹 방지를 위한 가상 키보드

메모리를 보호하라

500cc 잔에 1리터의 물을 부으면? : 버퍼 오버플로

정상적인 프로그램이라면 데이터 영역에서 자신을 실행하지 않는다. 버퍼 오버플로 공격은 코드 영역을 넘어 데이터 영역까지 과도하게 침범하여 코드를 실행하게 만드는 행위를 말한다.

버퍼buffer란 프로그램 처리 과정에 필요한 데이터가 일시적으로 저장되는 공간으로 메모리의 스택stack 영역과 힙heap 영역이 여기에 속하며, 오버플로overflow는 말 그대로 넘치는 것을 의미한다.

따라서 버퍼 오버플로란 메모리에 할당된 버퍼의 양을 초과하는 데이터를 입력하여 프로그램의 복귀 주소return address를 조작해 궁극적으로 해커가 원하는 코드를 실행하는 것이다. 버퍼 오버플로가 스택과 힙 두 가지 영역 중 어떤 것을 이용하느냐에 따라서 두 가지로 분류할 수 있다.

스택Stack과 힙Heap이란?
프로그램을 실행할 때 함수로 보내는 데이터 등을 일시적으로 보관해 두는 소량의 메모리와 필요 시 언제나 사용할 수 있는 대량의 메모리가 있다. 이때 소량의 메모리를 '스택'이라 하고, 대량의 메모리를 '힙'이라 한다. 이 '힙'이 없어지면 메모리 부족으로 '이상 종료'하게 된다.

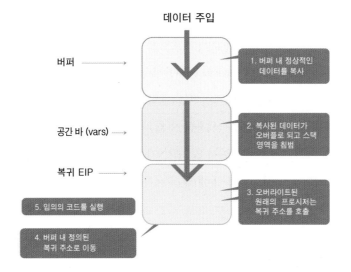

데이터 주입

버퍼 →

1. 버퍼 내 정상적인 데이터를 복사

공간 바 (vars) →

2. 복사된 데이터가 오버플로 되고 스택 영역을 침범

복귀 EIP →

3. 오버라이트된 원래의 프로시저는 복귀 주소를 호출

5. 임의의 코드를 실행

4. 버퍼 내 정의된 복귀 주소로 이동

일반적으로 버퍼 오버플로라고 일컬어지는 공격은 스택 오버플로가 주를 이룬다. 힙 오버플로는 응용 프로그램이 직접 메모리 영역을 할당하므로 메모리 주소가 매번 다르기 때문에 효과적으로 사용하기에는 어려운 공격 방법이다.

버퍼 오버플로 공격은 원격에서 대상 시스템을 공격하여 악성코드와 같은 임의의 프로그램을 수행하는 등 모든 제어권을 탈취할 수도 있다는 점에서 위험한 공격 방법으로 알려져 있다.

악성코드를 차단하라 : 윈도 XP SP2

윈도 XP 서비스팩2(SP2)에서 가장 많이 변화된 기능은 바로 메모리 보호기술이다. 쉽게 말해 메모리의 코드와 데이터 영역 중 데이터 영역에서 실행되는 코드는 악의적인 불법 프로그램으로 간주하고 사전에 차단하는 것이다. 정상적인 프로그램이라면 코드 영역에서만 자신을 실행하며 불필요하게 데이터 영역까지 침범하여 자신을 실행시키지 않는다.

윈도 XP SP2의 메모리 보호기술은 데이터 실행 방지(DEP : Data Execution Prevention)라고 불리는데, DEP 하드웨어 및 소프트웨어 적용

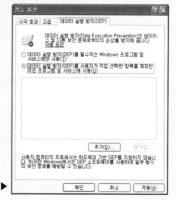

윈도 XP SP2에서 DEP 기능은 어떻게 설정하나?

1) 시작 → 제어판을 차례로 클릭한 다음 '시스템'
   을 두 번 클릭한다.
2) 고급 탭의 성능에서 '설정'을 클릭한다.
3) 데이터 실행 방지 탭을 클릭한다.

윈도 XP SP2의 DEP 메뉴 ▶

기술을 구현하여 실행 방지 코드용으로 예약된 컴퓨터 메모리 영역에 악성
코드를 삽입할 수 없도록 컴퓨터를 보호한다.

하드웨어 적용 DEP는 데이터 저장소로 표시된 메모리 영역에서 코드
실행을 방지하는 특정 프로세서 기능이며, 이 기능을 비실행 또는 실행 방
지라고도 한다. 윈도 XP SP2에는 윈도의 예외 처리 메커니즘 악용을 줄이
기 위한 소프트웨어 적용 DEP 기능도 포함되어 있다.

바이러스 백신 프로그램과는 달리 하드웨어와 소프트웨어 적용 DEP 기
술은 유해한 프로그램을 컴퓨터에 설치하지 못하도록 개발된 기술이 아니
라, 설치된 프로그램을 모니터링하여 프로그램이 시스템 메모리를 안전하게
사용하는지 확인한다.

프로그램을 모니터링하기 위해 하드웨어 적용 DEP는 '비실행'으로 선
언된 메모리 위치를 추적한다. 윈도는 악성코드 방지를 위해 프로그램이
'비실행'으로 선언된 메모리에서 코드를 실행하려고 시도할 경우 해당 프로
그램을 닫는다. 이 때 코드가 악성인지 여부는 관계가 없다.

윈도 XP SP2는 기본적으로 윈도의 중요 프로세스 및 서비스들에 대해
서 DEP로 보호하고 있다. 사용자는 옵션에서 윈도의 중요 프로세스와 서
비스들을 포함한 모든 프로세스, 서비스들도 DEP로 보호할 수 있다. 대부

분의 악성코드가 이용하는 버퍼 오버플로 취약점 공격은 윈도 중요 프로세스 및 서비스들에서 이루어지므로, 사용자가 별도로 설정하지 않아도 기본적으로 보호를 받고 있다.

그러나 DEP 기능이 안티 바이러스 프로그램처럼 모든 악성코드 유형(바이러스, 웜, 트로이목마)을 막아줄 것이라고 믿는 사용자들이 많지만 다소 과장된 면이 있다. DEP 기능은 버퍼 오버플로를 일으키는 공격에 대해서만 효과적인 차단을 한다. 즉 데이터 영역에서 실행되려는 코드를 감시할 뿐이다. 감염된 파일을 모르고 실행하여 바이러스에 감염되거나, 메일을 통한 이메일 웜의 감염, 메신저나 P2P 등으로 다운로드한 파일이 백도어이면 DEP는 아무런 대응이 되지 못한다. 물론 로컬에서 실행되는 임의의 프로그램이 버퍼 오버플로를 발생한다면 그것이 악성이든 정상이든 차단은 된다.

요즘 보안 위협을 두고 복합적인 위협이라고 표현한다. 더 이상 하나의 보안 프로그램만으로는 효과적인 대응을 하지 못한다는 것이다. 과거 안티 바이러스 하나에만 의존했던 것과 달리 이제는 개인 방화벽 프로그램과 안티 스파이웨어 제품들도 가지고 있어야만 안전하다고 얘기한다.

최근 CPU 제조사, 운영체제 제작사, 네트워크 장비 제작사, 메인보드 칩셋 제조사들도 보안에 대한 인식을 달리하여 자사의 제품에 보안 기능을 추가하려고 하거나 추가한 제품들을 선보이고 있다. 그래픽 카드로 유명한 nVIDIA 경우 nForce3라는 메인보드의 칩셋에 하드웨어형 방화벽(NV Secure Networking Processor)을 탑재했고, 인텔은 차기 CPU에서 '라그란데'라고 알려진 보안기술을 탑재할 예정이라고 한다.

🖱 보안 운영체제를 사용하라

전통적인 컴퓨터 시스템의 구조는 하드웨어, 운영체제, 응용 프로그램으로 구성된다. 다음 그림에서 각각의 계층은 하위 계층에 있는 기능을 사용한다.

운영체제와 하드웨어는 보안경계(Security Perimeter)의 내부에 위치한다. 응용 프로그램은 잘 정의된 시스템 호출을 사용해 보안경계를 통해 운영체제에 접근한다.

전통적인 컴퓨터
시스템 구조

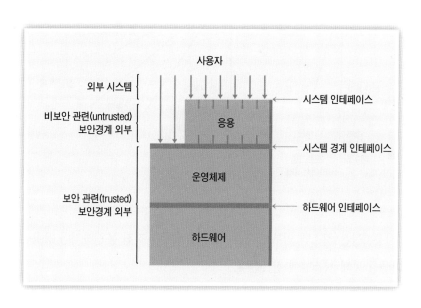

보안운영체제를 채용한
컴퓨터 시스템의
구조

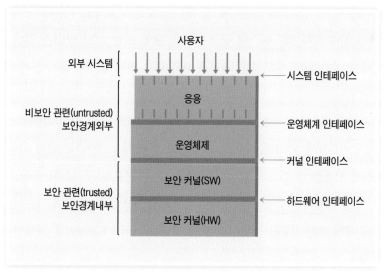

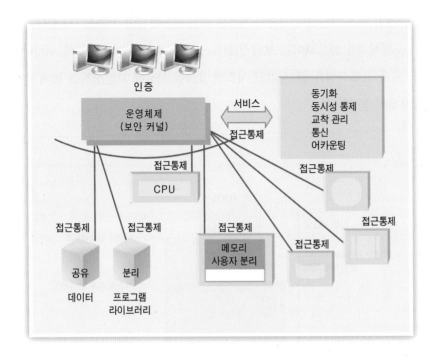

사용자들은 시스템 외부에 있으며, 운영체제와 직접 통신하거나 응용 프로그램을 통해 시스템에 접근한다.

시스템에 대한 보안은 기본적으로 구조를 변경하지 않고 여러 가지 방법으로 개선될 수 있다. 하지만 아주 민감한 정보를 보호하고자 한다면, 강력한 개발 전략과 특별한 시스템 구조가 요구된다. 보안 커널 방법은 일반 운영체제에 내재돼 있는 보안 문제점을 해결하기 위해 운영체제를 설계하는 방법이다.

리눅스, 솔라리스, 윈도 등의 운영체제는 시스템의 중요 자원(파일 시스템, 메모리, CPU 등)을 관리하는 커널kernel과 그 외에 사용자가 시스템의 자원을 편리하게 사용할 수 있도록 서비스를 제공하는 부분으로 구성되어 있다.

보안 운영체제란 각종 해킹으로부터 시스템을 보호하기 위해 기존의 운영체제 내에 보안 기능을 통합시킨 보안 커널(Security Kernel)을 포함한 운영체제다.

보안 커널이란?

참조 모니터(Reference Monitor) 개념을 정의한 TCB(Trusted Computing Base)의 하드웨어, 펌웨어, 소프트웨어 요소 또는 시스템 자원에 대한 접근을 통제하기 위해 기본적인 보안 절차를 구현한 컴퓨터의 중심부이다.

보안 커널이 이식된 운영체제는 컴퓨터 사용자의 식별 및 인증, 강제적 접근통제(MAC : Mandatory Access Control), 임의적 접근통제(DAC : Discretionary Access Control), 재사용 방지(Object Reuse Prevention), 침입탐지(Intrusion Detection) 등의 보안 기능 요소를 가지고 있다.

03_ 인터넷 통신을 안전하게 :
네트워크 보안

◢ 인터넷은 우범지대?

인터넷이 없던 시절 컴퓨터에 해를 끼치는 요소는 물리적인 해킹이나 바이러스 정도였다. 다른 컴퓨터와 접촉만 없다면 바이러스로부터 안전할 수 있고, 외부로부터 들어오는 파일들만 검사하면 쉽게 예방할 수도 있었다. 하지만 인터넷의 발달과 함께 기승을 부리고 있는 해킹과 악성코드에 대한 보안은 점점 어려워지고 있다.

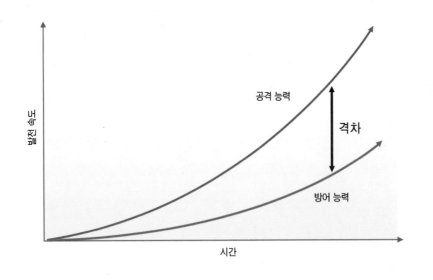

공격기술과
방어기술의
격차

앞의 그림에서 알 수 있듯이 공격기술과 방어기술 사이의 격차는 날이 갈수록 점점 더 벌어지고 있다. 이런 격차를 만들어내는 주요한 것이 바로 최근의 공격 기술들이다.

제로데이(Zero-Day) 취약성에 의한 공격

마이크로소프트(MS)의 정책에 따라 많은 해커들은 자신이 발견한 MS 제품의 취약점을 회사 측에 알리고, 그에 대한 패치가 나올 때까지는 공격 코드(Exploit Script)를 공개하지 않도록 하고 있다. 하지만 인터넷 웹이 발전하면서 해커들은 이를 무시하고 있다.

시스템의 취약점을 찾게 되면 곧장 해당 취약점의 공격 스크립트를 만들어서 웹 공격을 하기 때문에 아무리 열심히 패치를 해도 피해를 완벽하게 막을 수 없다. 상황이 이렇다 보니 공격을 막는다는 것이 불가능하고, 고작해야 피해를 최소화하는 방법을 강구하는 것이 보다 중요한 상황이 되었다.

제로데이 공격은 최초에 어떤 우수한 해커가 시스템의 취약점을 발견하고 공격코드를 작성하여 곧장 웹 공격을 개시한다. 공격에 성공한 해커는 자신이 발견한 취약점과 공격법을 유포하고, 이런 정보를 습득한 다수의 저급 해커들이 해킹을 시도하는 순서로 제로데이 공격이 이루어진다. 이렇게 한 차례 제로데이의 습격을 받고 난 뒤에야 시스템 제조사들이 패치를 발표하고, 그러고도 한참의 시간이 흐른 뒤에야 비로소 일반 사용자들을 위한 패치가 마련되는 것이 일반적인 순서이다. 때문에 이를 미리 예상하고 막는다는 것은 현실적으로 불가능하다.

제로데이 공격의 가장 좋은 예로 코드레드CodeRed와 위티Witty 등을 들 수 있다. 이 중 코드레드는 윈도의 IIS 취약점이 밝혀진 지 1개월 뒤에 나타났으며, 슬래머Slammer는 SQL 서버의 취약점 파악 후 6개월 만에 공격코드를 만들었다. 위티는 유명한 IDS 업체의 소프트웨어 취약점을 확인하고 2, 3일 후에 공격을 개시한 사례이다.

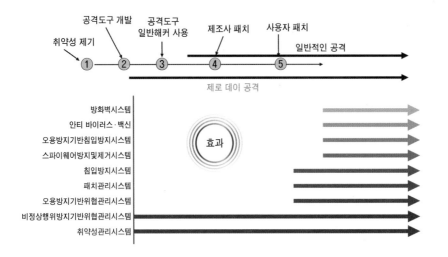

악성코드와 사회공학적 공격

사실 사회공학이나 공학적 사기 등은 아주 오래 전부터 사용되던 해커들의 기법이었다. 사회공학적 공격이란 앞에서도 잠깐 살펴보았듯이 사회적 심리를 이용한 해킹 방법을 말한다. 예전에는 인터넷 웜·바이러스 등에서 첨부된 파일을 클릭하도록 유도하기 위해 사기성 메시지를 사용했고, 최근에는 피싱Phishing 등 금융사기를 위한 유도성 메시지가 다수를 이루고 있는데, 이런 것들이 모두 사회공학을 이용한 공격이라고 할 수 있다.

사회공학은 속임수를 이용해 중요 정보를 획득하거나, 타인에 대한 신뢰를 이용한 인간본성 자체의 취약성을 이용함으로써 특정 조직의 기술적·물리적 보안장벽을 손쉽게 무력화할 수 있는 공격 형태이다. 쉽게 말해 사회공학적 공격이란 우리가 흔히 말하는 사기 행각과 거의 차이가 없다.

얼마 전 일어난 인터넷 뱅킹을 해킹한 사건은 재테크라는 결핍을 이용한 사회공학적 공격이었다. 또한 해커가 실행하는 스파이웨어라는 감청 프로그램은 예전에 트로이목마라 부르던 프로그램이 진화한 형태이다. 인터넷 뱅킹에 사용된 악성 프로그램과 유사한 프로그램인 윈스파이Win-Spy는 트로이목마처럼 원격 PC를 제어하는 스파이웨어이다. 이러한 스파이웨어는 인터넷 뱅킹 시 컴퓨터에서 키보드 입력을 가로채거나 계좌번호, 계좌 비밀번호 및 보안카드 번호를 훔치는 기능을 수행한다.

네트워크 보안이란?

정보통신 기술 발전에 힘입어 현대 사회는 정보 사회로 급속하게 진전되고 있으며, 그 발전 속도도 엄청난 가속력을 가지고 빠르게 진행되고 있다. 그 결과 과거에는 상상조차 할 수 없었던 정보 서비스의 편리함과 효율성, 그리고 신속성을 컴퓨터 네트워크를 통하여 전달할 수 있게 됨으로써 모든 사람이 정보 문명의 혜택을 공유할 수 있게 되었다. 이렇듯 컴퓨터 네트워크는 컴퓨터 시스템 간의 상호 접속 및 정보 교환의 편리한 창구 역할을 하지만, 반면에 시스템에 대한 불특정 다수의 접근을 가능하게 하여 시스템 침입자에 의한 보안 사고의 위험을 내포하고 있다.

네트워크 보안 요구사항

네트워크 시스템은 일반적인 컴퓨터 시스템보다 복잡한 시스템이라고 할 수 있다. 따라서 운영체제에 적용되는 대다수의 보안 개념과 통제는 네트워크 시스템에도 그대로 적용될 수 있다. 네트워크 시스템에서 제공되어야 하는 기본적인 정보 보안 서비스로는 비밀성 유지 및 보장, 무결성 유지 및 보장, 데이터 발신처 확인, 가용성 확인 등을 들 수 있다.

비밀성 유지 및 보장

네트워크를 통해 전송되는 데이터가 확인되지 않고 인가되지 않은 상대방에게 노출되지 않도록 하는 것으로, 네트워크 보안 기술이 추구하는 가장 기본적인 목표이다. 네트워크를 이용해 통신하는 사용자 간에 교환되는 정보는 비밀이 보장되어야 하고, 인가된 사용자 이외에는 해당 정보의 접근이 원칙적으로 차단되어야 한다.

무결성 유지 및 보장

네트워크를 통해 송·수신되는 정보의 내용이 불법적으로 생성 또는 변경되거나 삭제되지 않도록 보호해야 한다. 정보가 변조된 경우에는 이를 탐지해 내고, 정당한 사용자에게 경고해 주는 것도 정보의 무결성을 유지하기 위한 중요한 수단이다.

데이터 발신처 확인

원격지로부터 전송받은 데이터가 원하는 곳에서 올바르게 전송되었는지 확인하는 것으로서, 네트워크를 통하여 송·수신되는 정보는 반드시 확인된 발신처로부터 정확하게 전송되어야 한다.

가용성 보장

네트워크에 접속된 전체 시스템의 성능을 안정적으로 유지하는 한편, 전체 시스템의 이용 효율은 이상이 없도록 해야 한다. 안정성과 효율성은 상호 절충 관계가 있으나, 네트워크에 대한 사용 요구 정도와 실제 활용도 등 여러 가지 요소를 고려해 균형을 유지함으로써 네트워크 이용 효율이 극대화되도록 한다.

이외에도 통신 사실의 부인방지, 사용자 신분확인 및 인증, 인가된 접근의 허용 등이 있다.

네트워크 보안을 위한 메커니즘

이와 같은 네트워크 보안 요구사항들을 만족시키기 위해서는 다음과 같은 보안 메커니즘들을 사용할 수 있다.

링크 암호화

암호화는 프라이버시, 인증, 무결성 및 데이터에 대한 제한적 접근을 제공하는 강력한 수단이다. 네트워크 환경에서 암호화는 두 개의 호스트 간에, 혹은 두 개의 응용 시스템 간에 적용될 수 있다.

링크 암호화(link encryption)는 물리적인 통신 회선으로 전달되기 바로 직전에 데이터를 암호화한다. 즉 링크 암호화는 OSI 참조 모델의 제1계층(물리계층) 혹은 제2계층(데이터 링크 계층)에서 이루어진다. 복호화는 통신 데이터가 수신 컴퓨터에 들어가는 시점에서 이루어진다. 따라서 데이터는 두 개의 컴퓨터 간에 전송되는 동안에는 암호화에 의해 보호되지만, 호스트에서는 평문으로 존재한다. 링크 암호화는 사용자에게 투명하며, 특히 통신 회선이 취약할 때 적합하다.

단대단 암호화

단대단 암호화(end-to-end encryption)는 OSI 참조 모델의 가장 높은 계층, 즉 제7계층(응용계층)이나 제6계층(표현계층)에서 사용자에 의해 수행된다. 사용자와 호스트 간에서 하드웨어에 의해 이루어질 수도 있으며, 호스트 컴퓨터에서 수행되는 소프트웨어에 의해서도 이루어질 수 있다.

단대단 암호화는 모든 라우팅과 전송 처리에 앞서 암호화가 이루어지기 때문에 메시지는 암호 형태로서 네트워크를 통해 전달한다. 만약 네트워크에서 보안 유지에 실패하여 데이터가 노출된다 해도 데이터의 비밀성은 위협받지 않는다.

전자서명

전자서명은 데이터에 대한 서명과 서명된 데이터의 검증절차로서 정의된다. 서명은 서명자의 비밀정보인 공개키 암호 알고리즘의 비밀키를 사용함으로써 데이터의 검사값을 생성하는 과정이며, 검증은 서명자의 공개 정보를 사용하여 정보를 보낸 사람이 누구인지를 알아내는 과정이다.

전자서명 메커니즘의 본질적인 특성은 비밀키의 소유자가 아니면 어느 누구도 서명된 데이터를 생성할 수 없어야 한다. 또한 서명자는 그 데이터에 서명하고 송신했음을 부인할 수 없어야 하고, 데이터를 받은 사람은 서명된 데이터를 변조 및 위조할 수 없어야 한다.

접근제어

접근제어는 사용자의 접근권한을 결정하거나 사용자에게 접근권한을 부여하기 위해 사용자의 고유성, 사용자의 정보 또는 자격 등을 이용한다. 만약 사용자가 비인가된 자원에 대하여 접근을 시도하거나, 인가된 자원일지라도 불법적인 방법으로 접근하고자 한다면 접근통제 기능은 그러한 접근 시도를 거부해야 한다.

접근통제 메커니즘은 통신의 종단이나 중간 지점에서 적용될 수 있다. 통신의 발신이나 중간 지점에서 적용된 접근통제는 송신자가 수신자와 통신 또는 요구된 통신 자원 사용을 위하여 인증되어야 하는지를 결정한다.

데이터 무결성

데이터 무결성은 네트워크상에서 데이터의 정확성을 점검하는 메커니즘으로 송신자와 수신자가 각각 무결성을 결정한다. 송신자는 데이터 자체의 특정값을 계산하여 무결성 기능을 제공하는데, 이에는 주로 DES를 이용한 메시지 인증코드와 조작 점검코드(MDC : Manipulation Detection Code) 등이 사용된다. 수신자는 수신한 데이터와 관계가 있는 무결성 정보를 발생시켜 수신한 무결성 정보와 비교하여 데이터의 변경 여부를 결정한다.

그러나 이러한 방식으로는 데이터의 재사용을 방지할 수 없다. 접속형 데이터 전송은 데이터의 순서 무결성을 제공하기 위하여 데이터 단위의 순서번호와 타임스탬프 등과 같은 부가적 기능을 사용할 수 있으며, 비접속형 데이터 전송은 각 데이터의 재사용을 막기 위하여 타임스탬프를 사용할 수 있다.

TCP/IP 통신을 안전하게

인터넷 보안 프로토콜

IPSec(Internet Protocol Security, 인터넷 보안 프로토콜)은 네트워크나 네트워크 통신의 패킷 처리 계층의 보안을 위한 표준이다. IPSec의 장점은 개별 사용자 컴퓨터의 변경 없이도 보안에 관한 준비가 처리될 수 있다는 것이다.

IPSec은 데이터 송신자의 인증을 허용하는 인증 헤더(AH)와 송신자의 인증 및 데이터 암호화를 함께 지원하는 ESP(Encapsulating Security Payload) 등 두 종류의 보안 서비스를 제공한다. 이러한 각 서비스에 관련된 정보는 IP 패킷 헤더 뒤에 별도의 헤더로 삽입된다. ISAKMP(Internet Security Association Key Management Protocol)/Oakley 프로토콜과 같은 별개의 키합의 프로토콜들이 선택될 수 있다.

가상사설망

VPN(Virtual Private Network, 가상사설망)은 저렴한 공공의 인터넷망을 이용해 공중망을 마치 자신의 사설 전용망처럼 사용하는 서비스를 말한다.

대부분의 국내 기업들은 회선을 임대하여 지사나 공장 또는 해외지사와 연결한 사설 네트워크를 구축해 필요한 데이터를 주고받고 있다. 그러나 사설 네트워크는 회선 비용이 비싸 비용을 절감할 수 있는 솔루션이 필요하게 되었고, 바로 이 필요성을 충족하기 위해 등장한 솔루션이 VPN이다.

VPN은 세계 곳곳에 뻗은 인터넷이란 엄청난 공중망을 이용하며, 보안에 취약한 인터넷의 단점을 극복한 터널링과 암호라는 VPN의 기술을 채용함으로써 세계시장에서 새로운 WAN 구축 솔루션으로 각광받고 있다.

전송계층 보안 프로토콜

SSL(Secure Socket Layer)은 넷스케이프사에서 전자상거래 등의 보안을 위해 개발한 것으로 이후 TLS(Transport Layer Security)라는 이름으로 표준화되었다. SSL은 특히 네트워크 레이어의 암호화 방식이기 때문에 HTTP뿐만 아니라 NNTP, FTP 등에도 사용할 수 있는 장점이 있다. 기본적으로 인증, 암호화, 무결성을 보장한다.

온라인 보안관에 의한 출입통제 : 방화벽

방화벽Firewall은 외부로부터 내부망에 대한 침입을 감지하고 차단함으로써 정보 및 자원들을 보호한다. 즉 외부망에서 내부망으로 액세스하기 위해서는 반드시 방화벽 시스템을 통과하도록 하여 내부망에 존재하는 정보 및 자원들에 대한 공격을 사전에 방어한다.

방화벽의 기본적인 동작을 살펴보면, 외부망과 연동하는 유일한 창구로서 외부로부터 내부망을 보호하기 위해 각 서비스(ftp, telnet, web 등)별로 서비스를 요구한 시스템의 IP 주소 및 포트 번호를 이용하여 외부의 접속을 차단하거나, 사용자 인증에 기반하여 외부 접속을 허용 또는 차단한다. 또한 상호 접속된 내·외부 네트워크에 대한 트래픽을 감시하고 기록한다.

이를 통해 방화벽은 네트워크의 출입로를 단일화함으로써 보안관리 범위를 좁히고 접근제어를 효율적으로 할 수 있어, 외부에서 불법으로 네트워크에 침입하는 것을 방지하면서 내부의 사용자가 네트워크를 자유롭게 사용하도록 할 수 있다. 또한 기록된 정보를 통해 네트워크 접근의 흔적을 찾아 역추적이 가능하다.

방화벽이 정보보호의 기본이며 가장 효과적인 대책인 이유는 접근통제를 통해 내부망의 다양한 시스템에 일정 수준의 보안을 제공한다는 점이다. 운영체제, 애플리케이션 등 서로 다른 보안상의 문제점을 가질 수 있는 시스템들의 방화벽 보안 강화만으로도 모든 호스트에 동일한 보안 수준 및 향상이 가능하며, 보안 통제가 한 곳에서 이루어지므로 보안 정책을 효율적으로 시행할 수 있다.

그러나 방화벽은 가장 효과적인 정보보호 제품임에도 불구하고 몇 가지 문제점을 갖고 있다. 그 중 가장 큰 문제는 방화벽의 특성상 접근을 허용한

방화벽 구축

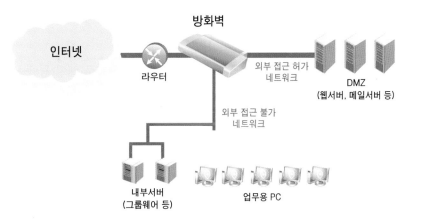

포트 또는 패킷에 대한 보안이 어렵다는 것이다. 예들 들어 이메일을 통한 웜, 바이러스 등은 방화벽 자체에서 메일 서비스를 차단하지 않는 이상 필터링이나 차단이 쉽지 않다.

이외에 악의적인 해커에 의한 서비스 거부 공격DoS은 현재까지는 적절한 방어가 쉽지 않다는 점, 시스템의 운영체제 또는 애플리케이션의 버그 문제에 대한 대응이 어렵다는 것 등이 있다.

방화벽 구축의 장점

취약한 서비스로부터 보호

방화벽은 크게 네트워크 보안을 증가시키고 원천적으로 불안전한 서비스를 필터링함으로써 내부 시스템의 위험을 감소시킨다. 선택된 프로토콜만이 방화벽을 통과할 수 있기 때문에 내부의 네트워크 환경은 위험에 덜 노출된다.

내부 시스템 접근제어

외부 네트워크에서 내부의 시스템으로 접속할 경우, 원하지 않는 접근을 효과적으로 차단해 준다. 기업 내에 존재하는 웹서버, 메일서버 등 외부의 접근이 필요한 경우를 제외한 모든 접근을 차단한다.

기업 네트워크 환경에 대한 정보 차단

일반적으로 해가 없다고 생각되는 IP, DNS 등이 실제로 해킹 등에 노출되는 결정적인 요인이 될 수 있다. 방화벽은 내부 시스템의 정보를 차단함으로써 외부로부터의 접근 가능성을 막는다. 이를 통해 내부 시스템에 관한 각종 정보가 유출되지 않게 함으로써 침입자에게 유용하게 사용될 수 있는 정보를 숨길 수 있다.

네트워크 사용에 대한 통계자료 제공

인터넷 내부와 외부로의 모든 액세스가 방화벽을 통과한다면, 방화벽은 액세스 정보를 기록할 수 있고 네트워크 사용에 관한 유용한 통계자료를 제공한다. 의심스러운 활동이 있을 때 적당한 알람 기능을 가진 방화벽은 방화벽과 네트워크가 침입 시도를 받고 있는지, 또는 침입되었는지에 대한 정보를 제공해 준다.

방화벽 구축 시 고려할 사항

조직이 어떻게 시스템을 운영할 것인가?

매우 중요한 네트워크의 작업을 제외하고는 모든 접속을 거부하는 식의 시스템을 운영할 것인가, 아니면 덜 위협적인 방법으로 접속해 오는 모든 트래픽에 대해 조사하고 점검하는 방식으로 시스템을 운영할 것인가를 선택할 수 있다. 이러한 선택은 결정권을 가진 운영자의 태도에 달려 있으며, 특히 엔지니어링 측면의 결정보다 정책적인 결정에 따르게 된다.

어느 정도 수준의 모니터링과 백업 및 제어를 원하는가?

정부나 기업이 받아들일 수 있는 보안 위험 수준이 세워졌다면, 이제 어떤 것을 모니터하고, 허용하고, 거부할 것인가라는 체크리스트를 작성해야 한다. 즉 전체적인 목적을 결정하고 위험평가에 근거한 필요성 분석을 하며, 구현하고자 계획하여 사양을 마련했던 목록과 구별될 수 있는 문제점들을 가려낸다.

웹 애플리케이션 방화벽

웹서비스라는 공개 서비스의 특성상 서비스 용도로 80번과 443번 포트는 늘 열려 있게 마련이다. 기존의 네트워크 레벨의 방화벽이나 웹 보안 기능이 미비한 IDS들은 이 포트를 통해 불특정 다수의 접속을 허용하기 때문에 웹 해킹 대응에 한계를 보여 왔다. 이런 탓에 최근 웹 애플리케이션의 취약점을 노리는 웹 해킹이 크게 늘고 있다.

웹 애플리케이션 방화벽은 기존의 방화벽이나 IDS, IPS 등의 네트워크 보안 솔루션으로는 탐지할 수 없는 웹 트래픽을 감시하고, 이를 통한 해킹을 차단하는 솔루션이다. XSS 취약점, SQL 인젝션 취약점 등 OWASP (Open Web Application Security Project) 톱 10 취약점을 차단하는 기능을 통해 위협으로부터 웹 애플리케이션을 보호하는 기능을 지원한다.

온라인 감시 카메라 : 침입탐지 시스템

침입탐지 시스템(IDS : Instrusion Detect System)은 컴퓨터 시스템의 무결성, 비밀성, 가용성을 저해하는 행위를 가능한 실시간으로 탐지하고 대응하기 위한 시스템이다. 시스템에 인가되지 않은 행위와 비정상적인 행동을 탐지하고, 탐지된 불법행위를 구분하여 실시간으로 침입을 차단하는 기능을 가진다. 또한 내부 네트워크의 행동들을 탐지하고 기록하여 이상 상황 발생 시 즉시 이를 파악하고, 불법행위를 일으킨 패킷을 차단하여 내부 시스템의 보안을 실현한다.

IDS는 방화벽이 탐지할 수 없는 모든 종류의 악의적인 네트워크 트래픽과 컴퓨터 사용을 탐지하기 위해 필요하다. 취약한 서비스에 대한 네트워크 공격과 애플리케이션의 데이터 처리 공격(data driven attack), 권한 상승(privilege escalation), 침입자 로그인, 침입자에 의한 주요 파일 접근, 멀웨(컴퓨터 바이러스, 트로이목마, 웜)과 같은 호스트 기반 공격을 포함한다.

IDS는 여러 개의 컴포넌트들로 구성된다. 센서는 보안 이벤트를 발생시키며, 콘솔은 이벤트를 모니터하고 센서를 제어하거나 경계하며(alert), 중앙 엔진은 센서에 의해 기록된 이벤트를 데이터베이스에 기록하거나 시스템

기능	내용
데이터 수집	- 대상 시스템에서 제공하는 사용 내역 및 네트워크상의 패킷 등 탐지 대상에서 생산되는 데이터 수집
가공 및 축약	- 수집된 감시 데이터를 침입 판정에 사용할 수 있도록 의미 있는 정보로 전환 - 새로운 침입 패턴의 기록 관리 및 분석 결과에 대한 로그 기록, DB 생성
분석 및 탐지	- 가공된 데이터로 이용 침입 여부를 판정 - 비정상행위와 오용 탐지 기술로 분류 - IDS의 핵심 단계
보고 및 대응	- 침입 판정 시 자동으로 적절한 대응을 하거나 관리자에게 보고하여 조치를 취하도록 함.

규칙을 사용하여 수신된 보안 이벤트로부터 경고를 생성한다. IDS를 분류하는 방법은 센서의 종류와 위치, 그리고 엔진이 경고를 만드는 데 사용하는 방법론에 따라 여러 가지가 있다. 간단한 IDS들은 위의 세 개의 컴포넌트들을 하나의 장치 또는 설비로 구현하고 있다.

네트워크 보안을 위한 통합 관리

보안 인식 제고

여러 방어도구를 사용하더라도 한 사람의 보안관리자나 보안 솔루션만으로 해킹을 완벽하게 방어하기란 어렵다. 이런 약점을 가장 효과적으로 보완할 수 있는 것이 바로 보안에 대한 인식 제고이다.

한 조직 내에서 네트워크로 연결되어 있는 컴퓨터 중 한 대의 컴퓨터라

도 공격을 받으면 그 다음 단계의 공격은 무척 쉬운 일이다. 그렇기 때문에 조직 구성원 모두 보안에 대한 인식을 새롭게 하고 보안지침을 철저히 지킬 필요가 있다.

보안관리 및 프로세스 적용

네트워크 보안에서 중요한 것이 보안관리와 보안 프로세스를 적용하는 일이다. 100여 명이 넘는 보안담당자를 채용하고 있는 국내 유수의 기업들도 보안에 실패하는 경우가 있는데, 보안담당자는 많지만 보안관리 운영에 정상적인 프로세스를 갖추지 못했기 때문이다.

해킹이 그렇듯 보안에서도 우수한 솔루션을 도입하는 것 이상으로 중요

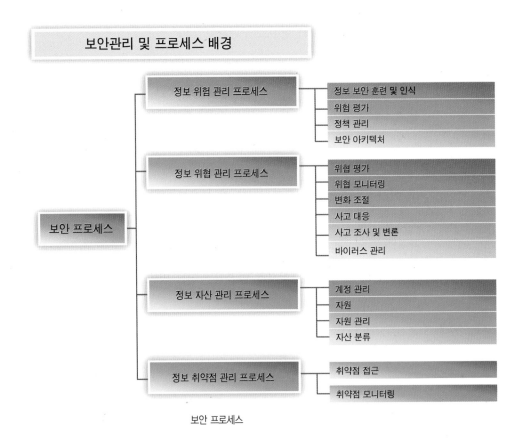

보안 프로세스

한 것이 바로 사람이다. 솔루션을 잘 운영하고 감시, 분석, 대응하는 프로세스가 보안에서 가장 중요한 프로세스이고, 이 프로세스에 적당한 인력을 투입해야 한다. 보안 프로세스는 인력이 많고 적음의 문제가 아니라 아래의 그림과 같이 보안 업무가 정의되고, 상호 업무 흐름flow이 정의되어야 한다.

패치관리 시스템

2003년 1월 25일 인터넷 침해사고의 원인은 MS SQL 서버의 취약점을 공격하는 슬래머 웜이었고, 이후에 계속해서 발생하고 있는 웜과 바이러스들도 윈도 운영체제와 애플리케이션의 취약점을 이용하고 있는 추세이다. 이 과정에서 많은 기업들이 사용자 PC의 윈도 보안 패치 미비로 인해 피해가 증가하면서 보안 패치의 중요성을 인식하고, 효율적인 보안 정책을 수립할 수 있도록 해주는 패치관리 시스템(PMS : Patch Management System)

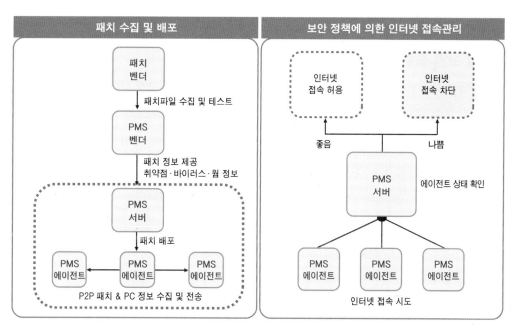

PMS 동작 프로세스

에 관심을 가지기 시작했다.

PMS는 기업 네트워크에 접속하는 사용자 PC의 운영체제와 각종 애플리케이션에 대한 패치를 기업 보안 정책에 따라 자동으로 설치, 업그레이드함으로써 웜이나 바이러스 공격 등으로부터 기업의 IT 환경을 효과적으로 보호해 주는 솔루션이다.

PMS는 일반적으로 PMS 서버, PMS 에이전트, 관리용 콘솔로 구성된다. 서버는 패치를 배포하고, 기업 보안 정책에 따라 이를 위반한 사용자 PC를 인식하고, 이들에게 강제적으로 정책에 맞는 수준의 보안을 수행하는 역할을 맡고, 에이전트는 사용자 PC의 상태를 점검해서 보안 정책 위반 여부 정보를 서버에 제공하는 역할을 한다. 앞의 그림은 PMS의 이런 동작 프로세스를 간략하게 정리한 것이다.

PMS를 도입하면 운영체제의 취약점을 이용한 웜과 바이러스를 사전에 예방하여 웜·바이러스로 인해 불필요하게 발생되는 트래픽이 감소되기 때문에 네트워크의 안정화를 얻을 수 있다.

통합 보안 솔루션

기업들이 네트워크 보안 위협에 대비하여 초기에 도입한 개별 보안 시스템(방화벽, IDS, IPS, VPN 등)들은 보안 기능이 분산되어 관리가 어려운 한계가 있었다. 이에 대한 대안으로 기능을 통합적으로 관리하는 데 초점을 맞춘 새로운 솔루션들이 늘어나고 있다.

ESM(Enterprise Security Management, 기업 보안관리), TMS(Threat Management System, 위험관리 시스템), UTM(Unified Threat Management, 통합 위험관리)이나 조기 경보 시스템 등이 대표적인 통합관리 솔루션이다.

그러나 통합 보안 솔루션 시장은 운영의 어려움으로 보안 로그 통합 시스템으로만 사용되며, 기능적 효과를 극대화하지 못하고 있는 것이 현실이다. ESM 뒤에 발표된 솔루션들도 아직 개별 기업의 프로세스를 적절히 반영하지 못해 그 실효성에 대해 명확한 판단을 내리지 못하고 있다.

　개별 보안 시스템에 비해 통합 장비는 초기 도입 비용은 높지만 유지 비용이 적어 경제적이며 관리의 편의성을 제공한다. 하지만 성능에 대한 신뢰도가 부족하기 때문에 아직은 도입 선택이 쉽지 않다. IT 분야에서 진행되고 있는 컨버전스Convergence는 보안시장에서도 큰 흐름이지만, 관리자는 섣부른 솔루션 선택보다 철저한 벤치마킹 테스트와 성능평가를 거쳐 보안 요구사항과 가장 잘 부합되는 최적의 보안 솔루션을 도입해야만 경제성과 효율성을 만족하며 기업의 보안성 향상을 이룰 수 있다.

　보안은 솔루션 등의 기술적 측면뿐만 아니라 관리자와 보안 정책, 절차 등의 관리적 측면이 함께 고려되어야 효과가 커진다. 관리자는 기업의 보안 정책에 따라 운영 중인 시스템의 취약점을 주기적으로 점검하고, 새로운 보안 솔루션 정보와 기술·서비스, 인프라에 대한 보안 위협과 이슈에 대한 정보를 얻기 위해 노력해야 한다.

　공격을 시도하는 해커와 달리 보안을 담당하는 관리자는 불리한 입장에 놓여 있는 것이 사실이다. 불리한 입장에서도 네트워크 보안을 위해 항상 정보를 수집하고, 언제 발생할지 모를 위협에 대비하며, 어떻게 막을 것인지를 늘 고민해야 하는 것이 관리자의 숙명이다.

04_ 안전하고 편리한 e세상 : 서비스 보안

정보화 사회의 발전과 e비즈니스

디지털 혁명이라는 정보화 사회의 발전은 인터넷의 기하급수적인 성장을 가져왔고, 이는 인터넷과 관련된 새로운 산업인 전자상거래를 포함하는 e비즈니스를 탄생시켰다.

e비즈니스란 용어가 처음 등장한 것은 1997년에 IBM이 마케팅을 위해 새로운 용어를 쓰기 시작하면서이다. 그 당시까지만 하더라도 인터넷을 통해 수행할 수 있는 경영활동은 판매행위가 유일했지만, IBM은 판매 외의 다른 경영활동에 대한 적용 가능성을 제시했다.

IBM이 제시한 e비즈니스 개념은 "인터넷 기술을 기반으로 핵심적인 경영 업무 수행과 시스템을 결합함으로써 다양한 비즈니스 가치를 광범위하고 편리하게 추구할 수 있는 안전하고 유연하며 통합된 비즈니스 방식"이다. 기존의 정보 시스템과 인터넷의 광역성을 통합함으로써 고객, 직원, 공급업체 등의 핵심적인 비즈니스 활동에 직접 연결시키는 것을 의미한다고 할 수 있다.

세계무역기구(WTO)는 e비즈니스를 "통신 네트워크를 통해 제품을 생산, 광고, 판매하고 유통시키는 것"이라고 정의하고 있다. 제품의 생산, 판매 등 무역 관점에서 e비즈니스를 조망한 점이 특징이라고 할 수 있다.

프라이스 워터 하우스 쿠퍼스Price Water House Coopers는 "공공표준 기반

네트워크상에서 제품, 서비스 및 정보의 판매를 용이하게 하는 정보기술의 응용"이라고 e비즈니스를 정의하고 있다. 세계무역기구와는 달리 제품 외에도 서비스 및 정보 영역을 포함하고 있다.

e비즈니스는 완성된 개념으로서가 아니라 발전하고 있는 새로운 경영 패러다임과 경영철학으로 이해해야 한다. 계속 발전하기 때문에 정의도 변하는 것이 당연하고, 조직 및 기관에 따라 중요하게 생각하는 대상의 차이가 있기 때문에 개념도 차이가 날 수 있다.

그러나 개념을 정의하기 위해서 대상 경영활동, 적용되는 기술, 기술 적용 방식, 기대 목표 등과 같은 요소들을 고려해서 이해한다면 보다 체계성 있는 정의를 내리게 된다. 이러한 요소들을 고려해서 e비즈니스를 정의한다면 "기업의 모든 경영활동에 인터넷 기반기술과 디지털 정보기술을 전자적으로 통합 적용함으로써 경영의 효율성과 효과성을 극대화하고자 하는 새로운 경영 방식"이라고 할 수 있다.

e비즈니스는 기존의 시스템과 인터넷이 갖는 공공 네트워크를 상호 연결하는 것이기 때문에 인터넷 기술만으로는 부족하다. 여기에는 하드웨어, 소프트웨어, 네트워크 관련 모든 기술이 포함되어야 한다. 따라서 과거부터 발전해 온 디지털 정보기술과 인터넷 기술, 그리고 향후에 등장할 새로운 기술을 모두 포괄하는 것이다.

기술 적용 방식 관점에서 보면, e비즈니스는 전자적electronically으로 통합해서 적용하는 것이다. e비즈니스에 적용되는 기술인 인터넷 기반기술과 디지털 정보기술 각각이 전자적으로 통합될 때 다른 하드웨어 및 소프트웨어와의 이식성 및 상호운영성 면에서 효과를 기대할 수 있기 때문이다.

편리한 전자화폐 시스템

화폐란 상품의 교환 및 유통을 원활하게 하기 위한 일반적 교환수단 또는 유통수단을 의미한다. 화폐는 가치 저장 및 보장, 가치의 척도, 지급수단, 교환수단의 기능을 지니며, 국가 또는 중앙은행에서 발행한 법화를 의미한다.

전자화폐란 현금, 수표, 신용카드 등 기존의 화폐와 동일한 가치를 갖는 디지털 형태의 정보로서 디스크와 IC칩과 같은 컴퓨터 기록 매체에 저장이 가능하고, 네트워크를 통해 전송 가능한 전자적 유가증권을 의미한다. 관리가 불편한 현금을 대신할 새로운 개념의 간편한 화폐가 요구되는 정보화 사회에서 전자화폐의 출현은 필연적이라고 할 수 있다.

국내에서는 전자금융 거래 시 안전성과 신뢰성 확보를 위하여 2006년 전자금융거래법이 제정되었다. 전자금융거래법에서는 이전 가능한 금전적 가치가 전자적 방법으로 저장되어 발행된 증표 또는 그 증표에 관한 정보로서, 발행인 외의 제3자로부터 재화 및 용역을 구입하고 그 대가를 지급하는 데 사용될 것, 대통령령에서 정하는 기준 이상의 지역 및 가맹점에서 이용될 것, 구입할 수 있는 재화 및 용역의 범위가 5개 이상으로서 대통령령으로 정하는 업종 수 이상일 것, 현금 또는 예금과 동일한 가치로 교환되어 발행될 것, 발행자에 의해 현금 또는 예금으로 교환이 보장될 것의 요건을 갖추어야 하는 것으로 규정되어 있다.

일반적으로 전자화폐는 기존의 현금과 신용카드를 대체하기 위해 다음과 같은 특징들을 갖추어야 한다. 첫째, 휴대가 간편하고 사용이 편리해야 한다. 둘째, 사용의 비밀성이 보장되어야 한다. 즉 누가 어디서 무엇을 위해 전자화폐를 사용했는지 제3자가 알 수 없어야 한다. 셋째, 위조가 어려워야 한다.

전자화폐는 다음과 같은 장점이 있다. 첫째, 휴대가 편리하다. 둘째, 현금 화폐를 제작하는 막대한 비용을 줄일 수 있다. 셋째, 현금 수송과 보관 비용이 필요 없다. 넷째, 현금 분실이나 도난의 위험이 적다. 다섯째, 청구

서나 송금의뢰서 등 종이 작업 없이 신속한 처리를 할 수 있다.

전자화폐는 IC카드형과 네트워크형으로 나눌 수 있다. 이것은 화폐적 가치가 어떻게 저장되어 있는지에 따라서 구분된다.

IC카드형 전자화폐는 전자지갑형 전자화폐라고 한다. IC카드에 전자적 방법으로 현금에 대응하는 금액을 탑재한 것으로서, 국내에서는 티머니와 같은 교통카드로 이해할 수 있다. 사실 티머니는 현재 전자금융거래법상 전자화폐의 요건을 거의 만족하고 있는 교통카드이다. 교통카드(티머니, 마이비 등)나 통행료 지불카드(하이패스 플러스 카드) 등은 일정한도의 금액을 카드에 저장해 비밀번호를 입력하지 않아도 결제가 가능한 기능을 가진다. 다만 고액 거래 시에는 비밀번호 입력 등의 절차가 추가된다.

네트워크형 전자화폐는 가상은행이나 인터넷과 연결된 고객의 컴퓨터에 저장된다. 종류에는 사이버코인(Cyber-coin)과 이캐시(E-cash)가 있다. 국내에서는 데이콤의 사이버패스와 삼성카드의 올앳 등이 있다. 특히 이캐시는 1994년 10월 네덜란드 디지캐시에서 발행하기 시작한 것으로, 인터넷을 통해 지불하는 최초의 전자화폐이다. 또한 각종 포인트나 마일리지도 사용상의 제한이 있고 현금과 동가 교환 부분의 차이는 있지만, 넓은 범주의 네트워크 전자화폐로 포함되기도 한다.

전자화폐를 사용하기 위해서는 몇 가지 기술적인 부분이 요구된다. 첫째는 데이터 정보보호이다. 인터넷은 공개된 환경이기 때문에 암호화와 사용자 인증과 같은 보안기술로 거래정보를 안전하게 보호해야 한다. 둘째는 전자서명이다. 거래정보의 위조, 복제, 부인 등을 방지해야 한다. 셋째는 익명성 보장이다. 사용자의 정보가 보호되어야 하기 때문에 익명성 보장을 위해 블라인드 전자서명을 필요로 한다. 넷째는 이중 사용의 방지이다. 전자화폐는 디지털 데이터이기 때문에 사용의 동기화 및 데이터베이스 유지가 필요하다. 여기에 IC카드형 전자화폐는 추가적으로 IC카드 내 정보 판독을 위한 단말기 및 관련 시스템 설치가 필수적이다. 교통카드용 지하철역 게이트 및 버스 단말기, 각 지하철 역사에 설치된 거래 내역 수집 시스템 등이 그것이다. 네트워크형 전자화폐에 비하여 초기 구축 비용이 필요하나, 사용상 손망실 위험이 적어 안전하고, PC가 없는 환경에서도 다양하게 활용할 수 있다는 편리성에서 국내 교통카드 활성화 포인트를 찾을 수 있다.

🔌 안전한 신용카드 결제 : 안심클릭 대 안전결제(ISP)

IT 발전에 따라 인터넷상의 결제 비율이 높아지고, 신용카드 사용도 해마다 큰 폭으로 증가하고 있다. 이전부터 세계 양대 신용카드 브랜드인 마스터카드와 비자카드는 인터넷상 신용카드 사용의 안전 보장을 위한 다양한 프로토콜을 개발, 보급하였다. 그러던 중 1997년 양사가 공동으로 발표한 SET(Secure Electronic Transaction)이 대표적인 인터넷 신용카드 프로토콜로 인정받게 되었다. 이로써 전자상거래에서 지불정보를 안전하고 효과적으로 처리할 수 있는 근거가 마련되었다고 할 수 있다.

SET은 매우 안전한 프로토콜로서 대부분의 인터넷상 결제에 응용되었으나, 기본적으로 공개키를 사용하도록 되어 있어, 당시 공개키 기반 마련이 되지 않은 상황에서 보급에 한계가 있었고, 처리절차나 프로그램 설치 등이 복잡하여 사용자들의 이용도 저조하였다. 이에 양사는 이를 개선하여 새로운 인터넷상 신용카드 결제 방식인 시큐어코드Secure Code와 3D시큐어3D-Secure를 각각 개발·보급하였고, 현재 국내에서도 대부분의 인터넷 거래 시 활용되고 있다. 바로 안심클릭(3D-Secure의 서비스명)과 안전결제(Secure Code 적용 서비스명)이다.

먼저 도입된 것은 마스터카드의 인터넷 안심결제(Internet Secure Payment)이다. 이는 공인인증서와 유사한 형태로 마스터카드 가맹 신용카드사로부터 전자인증서를 받아 PC 등에 저장하고 인터넷 결제 시 이를 활용하

안심결제 개념도

암호화 방식 : RSA 2048비트 암호 알고리즘 : SEED 128bit

— 출처 : www.vpay.co.kr

는 방식이다. 따라서 쇼핑몰에 사용자의 금융정보를 제공하지 않으며, 사전에 등록한 사용자의 비밀번호 입력을 통해 인증서에서 전자서명을 수행하는 방식으로 인증을 받으므로 결제 내역에 대한 부인 봉쇄도 가능하다는 장점이 있다. 2003년부터 의무적으로 마스터카드 계열 사용 시 적용되고 있다. 국내에서는 KB카드와 BC카드에서 사용하고 있다.

안심클릭은 비자카드에서 제시한 방법으로 사용자의 PC에 인증정보를 저장하지 않고 비자카드 가맹 신용카드사에 사용자 인증정보를 저장하고, 사용자가 결제 시 쇼핑몰의 결제창 대신에 해당 신용카드사가 안심클릭 결제창을 띄워주고 사용자의 안심클릭 비밀번호와 카드 유효기간, CVC 입력 시, 이를 해당 신용카드사에서 사전에 저장된 정보와 비교하여, 사용자 본인 여부 확인을 수행하고 결제를 진행하는 방식이다. 이 역시 쇼핑몰 등에는 사용자의 금융정보가 전달되지 않으며, 결제 내역에 대한 부인 봉쇄도 가능하다. 2004년부터 적용되고 있으며, 비자카드 계열로서 국내 대부분의 신용카드에 적용되고 있다.

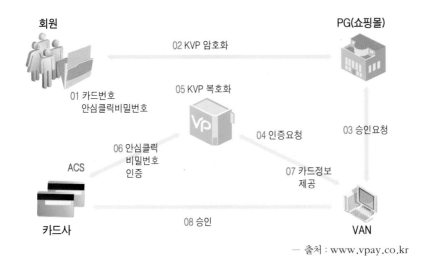

안심클릭 개념도

회원

PG(쇼핑몰)

02 KVP 암호화

05 KVP 복호화

01 카드번호
안심클릭비밀번호

04 인증요청

03 승인요청

ACS

06 안심클릭
비밀번호
인증

07 카드정보
제공

카드사

08 승인

VAN

— 출처 : www.vpay.co.kr

불법복제 없는 세상 : 콘텐츠 보안

초고속 인터넷 인프라가 보편화되면서 다양한 형태의 멀티미디어 콘텐츠 유통이 점차 활성화되고 있다. TV, 방송, 영화, 음악, 도서 등 많은 수요층을 확보하고 있는 주요 오락 콘텐츠뿐만 아니라 조직의 정보자산, 도서관, 지리정보, 게임 등 생활 구석구석에서 부딪히는 수많은 콘텐츠들이 디지털 형태로 서비스되는 이른바 디지털 콘텐츠 시대가 도래하고 있다.

디지털 콘텐츠는 무한히 반복하여 사용해도 품질 저하가 발생하지 않고, 수정과 복사가 용이하며, 통신망을 통해 대용량의 콘텐츠를 순식간에 전송할 수 있는 기술적 특성을 지니고 있다. 이러한 특성은 디지털 콘텐츠의 배포 용이 및 손쉬운 접근 환경을 제공함으로써 누구든지 쉽게 콘텐츠를 이용할 수 있도록 순기능을 제공하기도 하지만, 콘텐츠의 불법복제로 인하여 지적재산권자들의 권익이 심각하게 위협받는 등 사회적 역기능의 주요 원인이 되기도 한다.

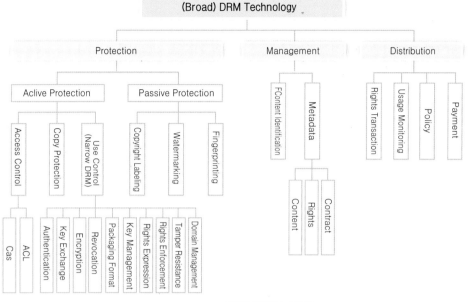

콘텐츠 보안기술 구성도

이러한 멀티미디어 콘텐츠 자산에 대한 권리를 안전하게 보호하고 체계적으로 관리하기 위한 콘텐츠 보호기술이 필요하게 되어 DRM(Digital Rights Management, 디지털 저작권 관리), CAS(Conditional Access System, 제한 수신 시스템), CP(Copy Protection, 복제 방지), 워터마킹Watermarking 등과 같은 디지털 콘텐츠 보안기술이 제안되었다. 이런 기술들은 다양한 응용 분야에 적용되어 콘텐츠 거래·유통 인프라를 안전하게 제공하며, 디지털 콘텐츠 시장의 성장에 기여하고 있다.

디지털 저작권 관리(DRM)

DRM은 전자책, 음악, 비디오, 게임, 소프트웨어, 증권정보, 이미지 등의 각종 디지털 콘텐츠를 불법복제로부터 보호하고, 요금을 부과하여 저작권 관련 당사자에게 발생하는 이익을 관리하는 상품과 서비스를 말한다. DRM은 단순 보안기술보다는 좀더 포괄적인 개념으로 저작권 승인과 집행을 위한 소프트웨어와 보안 기술, 지불·결제 기능 등이 모두 포함된다.

　　DRM은 콘텐츠 식별자인 DOI(Digital Object Identifier), 전자상거래에 필요한 데이터를 기록하는 인덱스INDECS 등의 기술을 뒷받침하고 있다. DOI는 디지털 콘텐츠에 부여하는 식별번호로 인터넷 주소가 변경되더라도 사용자가 그 문서의 새로운 주소로 다시 찾아갈 수 있도록 웹파일이나 인터넷 문서에 영구적으로 부여된 식별자이다. 중앙에서 관리되는 디렉터리에 DOI를 제출하고 난 후에 정식 인터넷 주소 대신 그 디렉터리의 주소에 DOI를 더하여 사용하게 된다.

제한 수신 시스템(CAS)

　　CAS는 디지털 위성방송의 유료 서비스를 위한 핵심 시스템으로 디지털 방송 콘텐츠에 대한 저작권 보호를 통해 불법 시청을 방지하여 방송 사업자의 수입을 보호하며, 가입자에게는 원하는 서비스를 정확하고 편리하게 제공받을 수 있도록 한다. 또한 가입자의 시청 성향 등 다양한 마케팅 자료를 제공하여, 이를 바탕으로 시청자 위주의 방송을 가능케 하는 시스템이다.

　　CAS는 ECM(Entitlement Control Message) 생성기, EMM(Entitlement Management Message) 생성기, 보안·인증 서버, 수신기 CA 소프트웨어, 스마트 카드 등으로 구성되어 있다.

복제 방지(CP)

　　CP는 저작권이 있는 소프트웨어, 영상물, 음악 등을 불법복제하거나 다른 매체에 넣어 허가 없이 재생산 및 사용하는 것을 막는 기술이다. 복제방지 장치는 이를 구현하기 위해 마련된 하드웨어적 또는 소프트웨어적인 보호장치이다. 복제 방지 방식은 디지털 콘텐츠를 저장매체나 디바이스에 종속된 암호화 키를 사용하여 암호화함으로써 비록 다른 매체나 디바이스로 콘텐츠가 복제되어도 복제된 콘텐츠를 사용할 수 없도록 한다.

기술적 관점에서 보면 매체 기록장치가 비어 있는 매체에 기록할 경우, 구입한 매체의 복사본을 사용자가 절대 만들지 못하도록 하는 것은 이론적으로 불가능해 보인다. 모든 종류의 미디어는 기본적으로 플레이어(CD/DVD 플레이어, 비디오테이프 플레이어, 컴퓨터, 게임기)를 요구하는데, 플레이어는 인간에게 보여 줄 수 있도록 매체를 읽어들일 수 있어야 한다. 논리적으로 다시 말해 플레이어는 먼저 매체를 읽어들인 다음, 읽어들인 복사본을 정확하게 똑같은 형태의 매체로 기록해서 하드디스크 파일과 같은 어떠한 형식으로 옮긴다. 다른 디스크로 옮기는 것이 허용되는 시스템은 복사 방지가 된 디스크의 복사물을 만드는 결과를 낳는다.

또한 기본적인 방법들을 이용해서 복사물을 만드는 것도 가능하다. 예를 들어 영화는 인간의 눈으로 볼 수 있기 때문에 비디오카메라나 녹화장치를 통해 녹취할 수 있다. 인쇄나 표시가 가능한 콘텐츠라면 광학문자 인식을 수행하거나 스캔을 할 수 있다. 기본 소프트웨어를 사용하여 약간의 인내심만 가진다면, 컴퓨터를 어느 정도 할 줄 아는 사용자는 이러한 기술을 사용할 수 있다. 이러한 기본적·기술적 사실이 존재하므로 시간과 자원만 주어진다면 개인이 매체를 복사하는 것이 가능하다. 매체 공급업체는 이 사실을 알고 있으며, 복제 방지는 우연한 복사를 막기 위한 것이라고 볼 수 있다.

워터마킹

워터마킹Watermarking은 기밀정보를 디지털 데이터에 숨긴 후 저작권 분쟁이 발생했을 때 디지털 저작권자가 누구인가를 확인할 수 있는 기술이다. 콘텐츠마다 보안인증 시스템을 장착하여 일정한 사용료를 지불하지 않으면 그 콘텐츠를 이용하지 못하게 한다.

워터마킹 기술은 원 저작물에 영향을 주지 않으면서도 파일 형태를 다양하게 변환시키거나 압축, 샘플링하더라도 삽입된 저작권 정보가 파괴되지 않도록 하는 강력한 힘을 갖고 있으며, 온라인상에서 저작물의 유통경로를 따라 불법 복제자를 추적할 수 있어 저작권 단체로부터 큰 호응을 얻기도 했다. 워터마킹을 이용하면 그 동안 온라인상에서 제공하기 어려웠던 성적증명서나 거래증명서와 같은 각종 증명서를 인터넷에서 발급할 수 있다. 또 디지털 영상과 음악을 제작할 때 자동으로 저작자의 로고, 상표, 인감, 서명 등을 삽입할 수 있기 때문에 디지털 콘텐츠 사업자들을 중심으로 한 콘텐츠 유료화에 크게 기여할 수 있다.

워터마킹(watermarking)**의 유래는?**

워터마킹이란 원래 중세시대 교회에서 암호문을 보낼 때 사용한 투명한 그림이나 글씨를 말하는 기술로, 이후 위조를 막기 위해 물에 젖어 있는 상태에서 그림을 인쇄하는 데서 유래하였다. 지폐의 제작 과정에서 위조지폐 여부를 가리기 위해 젖어 있는 상태에서 특정 정보를 삽입하고, 말린 후 인쇄를 하여 불빛에 비춰 보았을 때 그림이 보이도록 하는 기술을 말한다. 또 중세기에는 군사적인 목적의 통신문이나 비밀편지에 특수잉크 또는 약품 등을 사용하여, 받는 쪽에서 특별한 처리를 해야만 볼 수 있도록 하였다. 미술작품이나 책의 저자 또는 저작권을 갖고 있는 사람이 자신의 것이라는 것을 표시하기 위해 특별한 방식으로만 볼 수 있도록 실제 작품에 표시해 두는 기술로도 사용하였다. 이때 삽입되는 저작권, 소유정보나 원본 여부를 확인할 수 있도록 숨겨놓은 데이터, 사용권한을 부여받은 사용자의 ID 등의 식별정보를 워터마크라 한다.

IT 분야에서 사용되는 워터마킹 기술은 디지털 워터마킹의 준말로 텍스트, 영상, 비디오, 오디오 등의 멀티미디어 저작물에 저작권을 표시할 수 있는 마크를 삽입해 저작권 소유자의 허락 없이 복사, 배포, 재판매하는 행위를 방지하기 위한 기술이다.

이제는 전자정부 시대

전자정부란 기존의 정부 업무를 정보통신 기술을 활용하여 사이버 공간을 통해 제공하는 형태의 정부이다. 즉 전자정부를 구축하는 것은 단순히 오프라인에서 제공되는 서비스를 온라인으로 제공하는 것으로 그치는 것이 아니라, 그에 맞는 정부조직과 업무 프로세스의 변화도 동반되는 것이다.

전자정부에 적용되는 정보 기능은 중립적이기 때문에 민간의 이른바 경영정보 시스템(MIS)과 동일하게 파악될 수 있다. 그러나 전자정부는 MIS와는 큰 차이가 있다. 전자정부는 많은 이해관계자들이 관여하고 있으며, 그 평가기준도 효율성·민주성·합법성·투명성 및 정보 격차 해소라는 다양한 기준을 고려해야 하기 때문에 매우 복잡 다양하고 역동적인 것이 그 특징이라고 할 수 있다.

전자정부의 목표

부가가치 지향적 전자정부(Smart e-Government)

부가가치 지향적 전자정부는 디지털 경제시대에 산업화 시대의 기계적인 시스템 성격의 조직이 갖는 한계를 극복하고자 하는 네트워크 기반의 조직 패러다임으로 정의된다. 정보가 공개되고, 조직 내외의 교류가 빈번해지는 디지털 시대의 정부 공공조직은 보다 수평적인 네트워크와 개방된 의사소통에 기초를 둔 유기체적인 조직으로 변모되길 요구받고 있다. 전문성에 기반을 둔 권한과 통제, 수평적인 의사소통, 개인적인 동기부여 등 새로운 조직과 리더십 스타일이 필요하고, 이를 지원할 수 있도록 다양한 형태의 변화를 필요로 한다.

고객 지향적 전자정부(Satisfying e-Government)

전자정부의 실질적이고 최종적인 수혜자는 일반국민과 민간조직이다. 고객 지향적 전자정부는 새로운 시대정신에 부합할 수 있도록 전자정부의 과제 개발과 정책 수립에 있어서 국민의 욕구 파악과 수용에 보다 노력을 기울이고, 공공부문 조직 내부의 업무 프로세스를 최종 사용자에게까지 연장하여 파악하고자 하는 활동으로 정의할 수 있다.

전자정부의 다양한 과제들의 개발과 실행에 있어서 국민의 욕구 파악과 만족도를 우위에 둔 서비스 개발과 제공 체계가 확립된다면, 정보화의 투자 대비 효과도 크게 개선되며, 아울러 행정의 질적인 고도화를 효과적으로 성취할 수 있을 것이다.

고객 지향적 전자정부는 이러한 사항들을 이루기 위하여 전자 민주주의, 정부 서비스 통합 단순화, 고부가가치 기업 지원 서비스, 정보 활용 고도화와 같은 세부 목표를 수립하고 있다.

실시간 지향적 전자정부(Synchronizing e-Government)

이제까지 구축된 정부 공공부문의 정보 시스템들의 활용성을 높이고, 조직변화와 대민 서비스 지원에 보다 효과적으로 활용되기 위해서는 일관된 원칙하에 IT 시스템이 통합되고, 부족한 부분이 보완되어야 한다.

기존의 정보화가 업무 효율의 향상에 주안점을 둔 업무 전산화였다면, 향후의 정보화 사업은 즉각적인 업무처리, 고품질의 정책 의사결정, 업무담당자의 전문화 등 보다 고도화된 요구사항들을 만족시킬 수 있도록 이미 구축된 시스템을 효과적으로 통합하는 방향으로 추진되어야 한다. 국민의 기대 수준의 향상과 행정 개혁 방향, 그리고 IT 발전의 추세를 감안할 때 이같은 통합 방향은 신속하고 정확한 업무 처리를 위한 정보 지원과 이를 위한 관련 애플리케이션의 통합이 핵심이며, 고객 니즈 기반의 아키텍처 설계와 IT를 통한 지식 프로세스의 지원을 통해 그 효과를 배가시킬 수 있다.

전자정부 구축사업 추진 현황

전자정부 구축사업은 크게 대국민 서비스 혁신, 행정 내부 정보화 추진, 전자정부 기본 인프라 구성의 세 가지 측면을 목표로 진행되었다.

대국민 서비스는 크게 단일 창구를 통한 민원 서비스 혁신(G4C), 국가 종합 전자 조달 시스템(G2B), 4대 사회보험 정보 연계, 종합 국세 서비스 체제 구축(HTS)의 네 가지 사업으로 구분할 수 있다. 각 사업별로 기존에 성과를 거두지 못했던 사업들과는 다르게 나름대로의 성과를 올리고 있다.

대국민 서비스는 국민뿐 아니라 국내 기업을 위한 국가 단위의 전자상거래 기반 시스템 도입 등 다각적인 구도에서 현재 가장 필요한 시스템을 우선적으로 도입하였으며, 민원이나 전자상거래 이외에도 국민 복지 후생 등을 위한 서비스도 제공하고 있다.

행정 내부 정보화 추진 서비스는 인사, 재정, 시군구 등 핵심적 업무를 전자적으로 투명하게 수행하며 생산성 높은 정부를 실현하는 것을 목표로 한다. 여기에는 전자 인사관리 시스템(PPSS), 국가재정 시스템(NAFIS), 시군구 행정종합 정보화 등의 세부 서비스가 구현된다.

단일 창구를 이용한 전자민원 서비스

차세대 전자정부

차세대 전자정부란 '유비쿼터스 정보기술 및 기반이 충족된 유비쿼터스 환경하에서 물리공간과 전자공간 간의 긴밀한 연계가 사람·장소·사물 간의 실시간 정보 유통 및 행동화를 중심으로 실현되어 언제 어디서나 네트워크나 디바이스에 제한받지 않고 보다 지능적으로 행정 업무를 수행하고 국민에게 서비스를 제공할 수 있는 통치구조'라고 정의할 수 있다.

이러한 차세대 전자정부를 실현할 수 있기 위해서는 기존의 협대역 (narrow-band)에서 광대역(broad-band) 네트워크로의 변화, 유선 네트워크에서 무선·모바일(wireless & mobile) 네트워크로의 변화, 새로운 센서·칩 (sensor & chip) 네트워크의 구축과 같은 기술적 기반이 필수적이라 하겠다.

유비쿼터스 환경으로 인해 기존 전자정부 개념에서 탈피하여 PC 이외의 접속 매체를 통해 전자정부에 대한 정보 접근성을 확대하고, 종래에는 제공하지 못했던 새로운 영역의 전자정부 서비스도 창출하게 될 것이다.

전자정부 역시 차세대 국가정보화에 부합할 수 있도록 유비쿼터스 컴퓨팅과 네트워크 기술을 기반으로 전자화되어야 할 것이고, 이러한 측면에서 유비쿼터스 전자정부의 개념이 차세대 전자정부의 방향으로 제시될 수 있을 것이다. 따라서 차세대 전자정부에서는 비약적으로 진행되고 있는 유·무선 통합 및 단말기·네트워크 통합, 즉 이른바 융합convergence에 힘입어 확장된 매체를 통한 보편적인 상시접속이 가능하여, 그야말로 고객이 움직이는 가운데에서도 서비스를 제공받을 수 있고 언제든지 접근할 수 있는 전자정부가 구현된다.

다시 말하자면 차세대 전자정부로서 유비쿼터스 환경의 전자정부 서비스는 언제 어디서나 접속되어 있고, 언제나 상황을 인식하며 지능화되어 있어서 언제나 요구된 서비스를 제공하거나 행동할 수 있게 한다. 이로써 대국민 서비스의 수준 제고, 공공관리의 비용 절감, 공공 자산관리의 효율성 증대, 그리고 인력관리의 생산성 배가 등을 실현하는 효과를 가져올 것이다.

📍 전자투표와 온라인 민주주의

전자정부와 더불어 최근 이슈가 되고 있는 것이 전자선거이다. 전자선거는 투표와 개표 관리 외에도 후보자 등록 및 선거운동 등 전 과정을 전자화하는 것을 말하는데, 이를 통해 선거 과정의 효율성·편의성·정확성·비용 절감 등을 추구할 수 있다. 특히 가장 이슈가 되고 있는 전자투표e-Voting는 종이가 아닌 컴퓨터 기반의 전산기기를 사용하는 투표 방식을 말한다.

나라마다 그 형태와 사용 방법이 다양하지만, 일반적으로 전자투표라 하면 인터넷 투표가 아닌, 선거인이 직접 정해진 투표소에서 투표기를 사용하여 실시하는 전자투표를 말한다. 또한 선거인이 가정이나 직장 등에서 인터넷 접속을 통하여 실시하는 인터넷 투표도 있다.

투표란 민주주의 사회에서 구성원들의 의견을 수렴하는 가장 기본적인 수단이다. 그런데 부적격자에 의한 투표, 이중 투표, 선거관리자의 부정행위, 투표값의 노출 등 여러 가지 부정행위가 발생할 소지가 있으므로, 선거 과정은 이런 부정행위가 발생하지 않도록 엄격히 관리되어야 한다. 더구나 전자적인 방식으로 투표를 수행하는 전자투표에서는 이러한 불법행위가 가능하지는 않은지 세심한 설계와 운영이 요구된다. 왜냐하면 모든 기술적 사항이 표준화되고 공개되어 있는 컴퓨터와 인터넷 통신망을 이용하면 정보의 노출, 위조, 해킹 등의 위험성이 상존하고 있기 때문이다.

투표 방식은 어떻게 발전해 왔나?

1880년대 호주에서 부정투표를 방지하기 위해서 일련번호와 후보자·정당 등이 인쇄된 종이 투표 용지에 특정 후보자 이름을 기재하여 투표함에 넣는 방식이 사용되었으나, 개표 시간이 많이 소요되고 선거인의 투표소 접근이 불편하다는 문제점이 제기됐다.

그 후 1960년대에 레버 투표기(Lever Machines), 펀치카드(Punchcards) 유형이 제안되어 복잡한 투개표 과정을 단순화하고 개표 및 집계 시간을 단축했으나 정확성 논란이 제기되어 최근에는 전자투표기로 바뀌고 있는 추세이다. 전자투표기란 컴퓨터 운영기술을 투표기에 접목한 완전한 의미의 전자투표 시스템(Direct recording electronic)으로서 1970년대 미국에서 도입되었으며, 최근에는 키보드나 별도의 버튼 없이도 투표할 수 있는 터치스크린 방식의 투표기가 사용되고 있다.

이런 전자투표기의 등장으로 선거 과정이 신속해지고 결과의 정확성을 보장해주며, 다양한 방식의 투표 지원과 선거인의 투표 편의성을 높여주고 있다. 우리나라에서도 최근 터치스크린을 이용한 전자투표가 시도되고 있어 조만간 대통령이나 국회의원 선거 시에 이용하게 될 날이 올 것이다.

전자투표는 3단계로 나누어 볼 수 있다. 제1단계는 지정투표소 방식으로 선거인이 지정된 투표소를 방문하여 투표를 실시하는 방법이고, 제2단계는 접근성의 불편함을 해소한 비 지정 투표소 방식이다. 선거인이 어느 투표소에서나 투표가 가능한 방식으로서 통신 인프라 시설이 잘 발달되어 있고, 개별 신분증 제도가 정착된 우리나라와 같은 곳에서 안정적인 도입이 가능하다. 제3단계는 인터넷 등의 원격 투표 방식으로 각 가정이나 직장에서 인터넷 등에 접속해 투표를 실시한다. 유권자 입장에서 가장 편리한 투표지만 대리투표 방지, 비밀투표 보장 등의 신뢰성 확보가 해결되어야 하기 때문에 아직까지는 도입되기 어려운 이상적인 투표 방식이다.

전자투표의 도입 배경은 각 나라마다 다르지만, 일반적으로 기존 투표 방식의 문제점을 해결하기 위해서 도입되었다. 전자투표의 도입으로 다음과 같은 효과를 기대할 수 있다.

첫째, 선거를 보다 효과적으로 관리할 수 있게 된다. 국토가 넓고 지방정부가 선거를 관리하는 미국, 인도, 브라질과 같은 나라에서 전자투표 및 집계 시스템의 구축으로 효율적으로 선거를 관리할 수 있다.

둘째, 다양한 투표 방식 제공을 통한 투표율 향상이 기대된다. 전자투표, 전화투표, 우편투표 등의 다양한 투표 방식 제공을 통한 투표율 향상을 기대해 볼 수 있다.

셋째, 낡은 투표 시스템의 교체를 통한 투표의 정확성을 높일 수 있다. 미국은 2000년 대선 당시 플로리다주 재검표 과정에서 펀치카드 투표방식의 종이 부스러기 때문에 약 18만 표가 공식적으로 집계되지 않은 사례가 있었는데, 이런 문제를 터치스크린과 같은 전자투표를 도입하여 해결할 수 있다.

넷째, 무효표를 방지할 수 있다. 대부분의 투표 방식은 매 선거마다 3% 내외의 구조적인 무효 투표가 발생하는데, 전자투표를 이용하면 무효표가 발생하지 않게 된다. 이외에도 선거에 들어가는 투표 용지 등을 줄여 환경적으로도 이점이 있다.

터치스크린을 이용한
전자투표 홍보 서비스

이와 같은 전자투표를 위해서는 다양한 기술이 필요하다. 초기 단계에서는 옵티컬 스캔이나 터치스크린 등을 통한 독립적인 투표기기에 직접 기록하고 그 기록을 집계하는 형태로 보안 측면에서 안전한 전자투표가 사용된다. 그러나 점차 온라인상에서도 안전한 하드웨어와 소프트웨어가 개발됨으로써 유선을 이용한 전자투표가 사용될 것이고, 더 나아가 무선 전자투표까지 대중화될 것이다.

실례로 최근 많은 곳에서 터치스크린 시스템, 컴퓨터, 이동 키오스크 등을 이용한 투표소 투표가 운영되고 있다. 또 전화, SMS, 인터넷 등을 이용한 원격 투표 방식의 여론조사 등이 국내외에서 활발히 실시되고 있다. 우리나라에서는 대표적인 예로 당내 경선과 학교에서 총장 및 학생회장 선거 등에 터치스크린을 이용한 전자투표가 이용되고 있으며, 2007년도 대선에서는 휴대폰을 이용한 여론조사가 이뤄졌다.

국민의 적극적인 참여를 통한 참여 민주주의 증진을 위해서는 전자투표가 필수적인 과제이다. 하지만 지식정보의 편중화, 소유와 이용 능력의 격차에 따른 세대 간 새로운 형태의 불평등이 초래될 우려가 있다. 유권자의 선택에서는 정책적 논쟁, 정치가의 비전 식견 토론이 무시되고, 정치가들의 외양과 스타일의 중요성이 부각되는 부작용이 우려된다. 또한 유권자의 정치적 무관심이 단순히 정보의 부족, 정치적 과정에 참여하는 비용의 문제가 아닌 경우, 전자투표 역시 참여 활성화 효과가 미미할 수도 있다.

터치스크린 투표 시스템이란?

키보드나 마우스 없이 모니터에 나타난 메뉴를 보고 손가락 등으로 선택할 수 있도록 만든 전자 방식의 스크린을 이용하여 선거인이 투표기에 투표권 카드를 삽입하면 자동으로 스크린에 후보자들의 정보가 나온다.

원하는 후보를 손으로 눌러 투표하는 방식으로 음성과 문자 안내 기술을 활용하여 누구나 간편하게 투표를 할 수 있고, 유권자 착오 선택 방지, 무효표 예방, 연기명 투표 등을 지원할 수 있다.

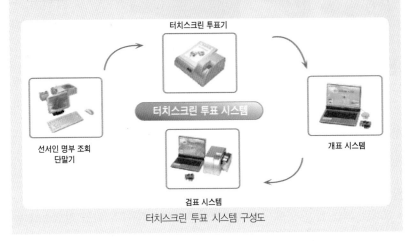

터치스크린 투표 시스템 구성도

전자주민등록증과 전자여권

IT기술의 빠른 발전은 각종 증명서의 위조와 변조 사례의 증가를 유발하기도 하였다. 이에 따라 국가 발행 신분증명서의 위변조를 방지하고자 IC(집적회로)카드화가 추진되었다. 전자주민증, 전자공무원증, 전자여권 등이 그 대표적인 예라 할 수 있다.

전자주민증(최근에는 '주민등록 발전모델' 로도 지칭)이란 IC카드 형태의 주민등록증을 말한다. 지난 1995년 정부는 세계 최초로 국가 발행 신분증명서의 IC카드화인 전자주민증 사업을 추진하였으나 시민단체의 '빅브라더' 논쟁에 휘말려 추진에 어려움을 겪다가, 결국 이 사업은 김대중 정부가 들어서면서 폐기되었다. 그러나 2005년부터 정부는 주민등록 발전 모델 도입을 다시 추진하여 2007년 시범 서비스를 실시하였다. 그러나 2008년 현재 행정안전부는 이에 대한 논의를 2011년 이후에 재개하기로 하고 작업을 중단한 상태이다.

전자주민증은 개인정보가 모두 카드 표면에 기록되어 개인정보가 노출되고 위·변조가 수월한 현 플라스틱 주민등록증을 대체할 수 있도록 주민등록번호와 지문정보, 주소 등 개인정보와 개인의 인증키 등 주요 정보는 안전한 IC칩에 저장된다. 이에 따라 전자화된 행정 시스템에서 개인 인증이 수월해지고, 인터넷상에서도 인증이 가능하여 행정 효율성이 높아지며, 위·변조가 거의 불가능하게 된다. 하지만 IC칩 내에 저장하는 정보와 활용에 대한 개인 프라이버시 침해 및 감시사회의 도래를 우려하여 이 서비스의 부정적인 시각은 여전하다.

전자여권은 UN 산하 국제민간항공기구(ICAO)의 권고에 따라 각국이 도입하고 있는 새로운 여권이다. 기존의 여권에 소지자의 지문 등 바이오 정보(Biometric Data)를 저장한 IC칩을 탑재하여, 신속한 출입국 처리 보장 및 위·변조 방지가 가능하다. 우리 정부도 이러한 세계적 추세에 부응하여 여권의 위·변조 방지를 통한 여권 보안성 강화 및 우리 국민의 해외여행 시 편익을 도모하고자 2008년 9월부터 전 국민을 대상으로 전자여권을 발급하고 있다. 한·미 간 비자면제 프로그램이 시작되면서 전자여권 소지자는 2008년 11월 17일부터 비자 없이도 90일 동안 미국여행을 할 수 있게 되었다.

전자여권은 내장된 칩이 비접촉식으로서 칩의 정보는 판독 장비의 안테나로부터 10cm 이내의 근거리에서 지정된 암호화 절차를 갖춘 판독 장비에 의해서만 판독이 가능하여, 전자여권 외부에 인쇄된 정보와 일치 여부 확인을 통하여 위변조가 사실상 불가능하다. 추가적인 개인정보 및 발행국가 정보의 저장이 가능하다. 각국 출입국 심사 당국이 이를 활용함으로써 여권의 진위를 확인할 수 있다.

이들 전자신분증명서의 활용은 행정상 안전성 향상과 이용의 편리성 증

제3부_ 안전한 인터넷 환경을 만들어 가는 정보보호

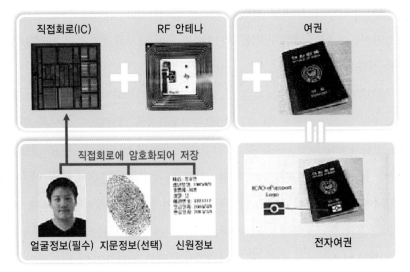

대를 기본적으로 보장하나, IC카드화에 따른 IC칩 비용, 이를 판독하기 위한 단말기 설치 비용, 발급, 관리, 암호화 및 인증 관련 시스템 구축 비용 등 사회적 비용이 추가될 수 있다. 물론 일부에서는 행정 편의를 위한 비용으로서 과다하다는 주장이 제기되기도 한다. 다만 국가적 차원의 투자에 의해 산업 발전과 기술의 진보에 따른 그 이상의 혜택도 예상할 수 있다. 1995년 우리나라에서 세계 최초로 IC카드화된 전자주민증을 적용하였더라면, 지금은 전세계 IC카드 시장 대부분을 우리 기술이 지배하는 상황으로 전개되었을 수 있다는 시각도 있다.

개인정보 보호 및 ID 관리

인터넷은 더 이상 단순 데이터 교환을 위한 매개체가 아니라, 각종 지식 또는 정보를 생산, 가공, 교환하여 사용자들에게 다양한 서비스를 제공하는 생활의 필수도구로 받아들여지고 있다. 사람들은 정치, 사회, 경제에 대한 최신 정보 습득을 위해 기존의 정보 전달 매체보다 인터넷에 더 의존하게 되었으며, 가족과 여가 시간을 보내거나 업무를 수행하기 위해 인터넷을 우선적으로 확인해 보게 되었다. 또한 웹 2.0으로 대변되는 인터넷 문화의 변화로 사용자는 수동적인 정보 소비자가 아니라 정보를 생산해내고 공급하는 정보 공급자의 역할을 수행하며, 자신의 지식과 의견 등의 다양한 개인 생산정보를 제공하는 데 익숙해져 가고 있다.

이러한 인터넷의 변화와 함께 실생활의 모든 사회 참여자들은 자신의 의지로 혹은 의지와 상관없이 사이버 공간상에 자신의 IDIdentity를 등록하게 되었으며, 등록되는 ID의 범위는 점차 확대되어 가고 있다. 즉 사이트 가입을 위해 개인 신상정보의 일부를 제공하는 수준에서 벗어나 금융정보, 의료정보, 교육정보 등에 이르기까지 자신과 관련된 모든 정보들이 인터넷으로 연결된 저장소에서 관리되고 있다. 전문적 기술 및 사회에 대한 식견, 개인 취미 등과 같은 일부 정보는 공개적으로 노출하여 타인들로부터 평가를 받거나 의견을 공유하기 위한 수단으로 삼기도 한다.

이러한 개인과 관련된 정보들은 필요한 장소에 분산되어 있고, 정보들 간 연관성을 파악하기 어려운 상황에서는 원래의 목적으로만 이용될 수 있다. 그러나 개인정보들이 악의적으로 수집되고 정보들 간 연관성이 분석되어 노출되면 많은 문제가 발생할 수 있다. IDC는 세계적으로 개인정보 암거래 시장이 2005년 7억 1,400만 달러에서 2010년 16억 달러에 이를 것으로 예측하고 있을 정도로 현재 인터넷상의 개인정보 노출에 따른 경제적 피해가 엄청나며, 향후 그 규모가 더 커질 것으로 예상된다. 그리고 이러한 경제적인 문제보다 더 큰 문제는 개인의 프라이버시 측면에서 복구할 수 없는 피해를 입을 수 있다는 것이다. 따라서 사용자의 신상정보를 관리하고 공유하는 기술 분야인 ID 관리기술은 앞서의 문제를 해결할 수 있는 근본적 대책을 제공할 수 있어야 한다.

개인정보 보호기술은 개인정보의 생성부터 변경·유통·폐기 등에 대한 생명주기(life cycle)에서 사용자의 개인정보를 보호·관리·이용하기 위한 기술이다. 공공기관의 개인정보 보호에 관한 법률에서 보면 "개인정보란 생존하는 개인에 관한 정보로서 당해 정보에 포함되어 있는 성명, 주민등록번호 등의 사항에 의하여 당해 개인을 식별할 수 있는 정보(당해 정보만으로는 특정 개인을 식별할 수 없더라도 다른 정보와 용이하게 결합하여 식별할 수 있는 것을 포함)"로 정의되어 있다. 개인정보 보호기술의 주요 내용은 다음과 같다.

개인정보 보호 정책관리 기술은 개인정보 획득에 따른 의무와 이용 범위 등에 대한 정책 생성·공개·검토를 위한 형식을 마련한다. 개인정보 보호 정책 공개는 P3P(The Platform for Privacy Preferences)와 같은 표준화된 기술을 사용하여 개인정보 제공자가 자기정보 제공 시에 취득자의 의무와 이용 범위 등을 폭넓게 인식하고 제공 여부를 결정할 수 있는 방법이 제공되어야 하며, 이를 위해 개인정보 제공자의 시스템에서 개인정보 제공자를 대신하여 공개 정책을 분석하고 평가하여 사용자에게 보고할 수 있는 에이전트의 기능과 사용자 상호작용 메커니즘 등을 정의하여야 한다.

상호작용 서비스(IS : Interaction Service)는 개인정보 획득자(서비스 제공자)가 개인정보의 이용과 제공에 대한 사용자 선호도를 사용자별로 수집·관리하거나, 사용자의 사전 선호도 조사로 결정될 수 없는 범위에서는 개인정보 이용과 제공 시마다 사용자와의 상호작용으로 사용자 동의를 획득하기 위한 서비스이다.

사용자단말 개인정보 관리기술은 다양한 ID 환경에서 ID 인증을 위한 입력정보를 비롯하여 ID 인증 자체를 보호하기 위한 다양한 정보보호기술, 개인이 작성하거나 전달받은 정보를 안전하게 저장하는 보호기술, 그리고 보유 정보 및 전달받은 정보를 안전하게 표시하는 기술 및 규격 등을 정의한다.

개인정보를 기반으로 사용자에게 허용되거나 커스터마이즈된 서비스를 제공하는 대부분의 공공기관 또는 기업들은 대용량 개인정보를 효과적으로 검색·저장·관리하기 위해 데이터베이스를 활용하고 있다. 따라서 개인정보를 최종적으로 저장·관리하고 있는 데이터베이스에 대한 사전 접근통제, 중요 개인정보에 대한 암호화 및 개인정보 사용 내역에 대한 사후감사 등 다양한 데이터베이스 보안기술이 필요하다.

국내에서는 인터넷상에서 주민번호 오남용으로 인한 피해를 막고자 아이핀(i-PIN : Internet Personal Identification Number) 서비스가 2005년 10월부터 시범적으로 도입된 이후로 2008년 6월말 현재 135개 웹사이트가 운영 중이다. 2008년 5월 정보통신망법 개정에 따라 아이핀을 도입해야 하는 웹사이트는 늘어날 것이다.

웹사이트 방문　　링크된　　아이핀을 통해 본인 확인　　웹사이트 회원 가입
　　　　　　　　본인 확인 기관
　　　　　　　　사이트 선택
　　　　　　　　　　　　　　　　　　　　　　　　— 출처 : www.kisa.or.kr

아이핀 이용 방법

또한 ETRI는 MS 및 KISA와 공동으로 2007년부터 2009년까지 수행하는 '자기통제 강화형 전자ID지갑 시스템 기술개발' 과제에서 인포메이션 카드Information Card 솔루션인 전자ID지갑을 개발하고 있다. 전자ID지갑은 사용자 본인이 개인정보와 인증정보(id/pw, 인증서 등)를 안전하게 관리하고 있다가, 언제 어디서나 자신을 인증하고 개인정보를 자신의 통제하에 선

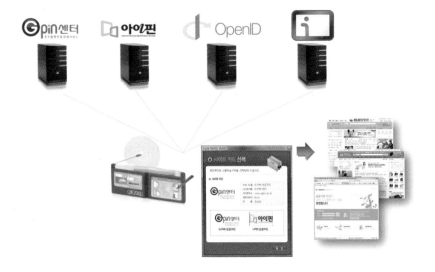

전자ID지갑의 예

택하여 이용할 수 있는 시스템으로, 아이핀 서비스의 사용자 편의성 강화
및 서비스 고도화를 위하여 적용될 예정이다.

훤히 보이는 정보보호

제4부_ 미래를 준비하는 정보보호

01_ 유비쿼터스 세상에서의 정보보호

⚲ RFID/USN과 보안

차세대 바코드로 불리는 RFID는 바코드와 유사한 개념이지만, 바코드에서 수용 가능했던 것보다 좀더 상세한 내용을 저장할 수 있다. RFID 시스템은 RFID 태그, 리더, 안테나와 무선 신호로 구성된다. 이 중 RFID 태그가 바코드에 해당하는 내용이라 할 수 있다. RFID 태그란 안테나와 무선 신호 수신기, 응답 신호를 리더로 보내기 위한 변조기, 제어회로, 메모리, 전원 시스템으로 구성된 작은 실리콘 칩이 포함된 개체이다. 리더는 바코드를 읽던 계산기에 연결된 장치에 해당하는 것으로 역할이 그와 같을 뿐, 외양은 다를 수 있다.

RFID는 바코드와 달리 인식 가능한 거리가 상대적으로 크다. 적외선으로 스캔하는 방식의 바코드와 달리 RFID는 무선 주파수 통신을 이용하기 때문이다. 이에 따라 태그를 포함한 개체에는 RFID 통신을 위한 안테나가 달려 있고, 이를 통해 무선 신호를 주고받게 된다.

RFID 사용은 우리 생활에 편리함을 가져다주었다. 자동차에 가까이 가지 않고도 본인 자동차의 문을 열고 잠글 수 있으며, 차에 타지 않고 시동도 걸 수 있게 되었다. 또한 회사 내의 출입 통제 및 출퇴근 관리도 RFID 칩이 포함된 사원증만으로도 가능하게 되었다.

RFID 시스템 구성

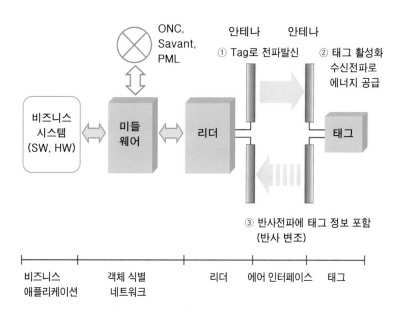

그러나 내가 자동차 시동장치 버튼을 눌렀을 때, 누군가 통신 내용을 가로채서 내 자동차의 고유번호를 추출하여 그 번호를 포함하는 자동차 무선시동장치를 만든다면, 그 사람은 내 자동차의 시동을 본인 마음대로 조정하게

RFID를 이용한
서비스 진화

— 출처 : 일본 MPHPT

될 것이다. 그리고 사내를 다닐 때, 출입문마다 사원증을 리더에 읽혀서 출입하게 된다면 나의 동선이 모두 기록되어 회사생활이 모니터링될 수 있다.

이렇듯 RFID를 이용한 생활은 편리함도 주지만, 악용하게 되면 생활 자체를 위협하게 될 수도 있다. 따라서 RFID 통신에서 일어날 수 있는 보안 공격 문제와 RFID 사용으로 발생한 사생활 침해 때문에 생긴 보안 위협 사항들을 해결하기 위한 예방과 대책들이 필요하다.

사생활 침해 문제를 해결할 수 있는 기술에는 프로토콜 수준과 물리적 수준의 기법이 있다. 이 중 블로커 태그와 소프트 블로킹은 프로토콜 수준의 기법에 속한다.

블로커 태그는 사용 가능한 RFID 태그 영역에서 프라이버시 보호를 목적으로 하는 방법으로, 태그에 프라이비트Private라고 표시되면 리더기가 이를 읽지 못하도록 하는 기술이다. 반면 퍼블릭Public으로 표시되면 리더가 태그 정보를 읽을 수 있다.

소프트 블로킹은 태그와 리더의 프로토콜 단계에서 이루어지는 것이 아니라, 소프트웨어 프로그램 또는 리더 단계에서 처리된다. 이는 개개인의 프라이버시 보호 정책을 나타내는 일련번호를 송출하는 일반 RFID 태그일 수 있다. 예를 들어 RFID 태그 판독기들은 언블로커unblocker 태그가 나타나는지 여부를 감지하는 도중 개인 영역을 스캔하기 위해서만 프로그램화된다. 즉 사용자 정보가 공개되기 전 서버의 프라이버시 정책과 프라이버시 보호 표준 기준 사이에 양립성을 확실히 하기 위한 웹브라우징 강화 장치, 프라이버시 보호 표준기술 플랫폼(P3P)과 유사하다.

프라이버시를 강화하기 위한 물리적 기법으로는 신호 대 잡음 측정(Antenna Energy Analysis)이 있다. 이는 RFID 태그에서 측정되는 리더 질의에 대한 신호 대 잡음 비율이 태그가 리더에 얼마나 더 밀접해 있는지 대략적으로 표시한다는 사실에 기반하여 태그를 가독할 수 있는 거리를 제한함으로써 프라이버시를 보호하는 방법을 말한다.

| 2005 | 2006 | 2007 | 2008~ |

| USN 정보보호 기술 개발 |

USN 주문형
프라이버시
보호기술 개발

USN 초경량 보안 칩·센서노드 기술 개발

USN 멀티홉 경량객체 보안 플랫폼 기술 개발

USN 미들웨어 기술 및 분산 침입탐지 관리기술 개발

RFID 네트워크용 ODS 위·변조 방지기술 개발

— 출처 : 안전한 u-Korea 구현을 위한 중장기 정보보호 로드맵

USN 정보보호 기술 개발 로드맵

또한 프라이버시를 보호하기 위한 익명성 제공 방법으로 익명 태그가 있다. 이는 태그에 여러 익명Pseudonym 을 주어 태그의 본 ID 대신 이를 사용할 수 있도록 하여 사용자의 익명성을 보호하는 방법이다. 물론 사용자의 익명성을 보호하는 것도 중요하지만 이에 대한 추적 기능도 제공해야 한다. 이는 태그의 소유자가 익명 세트를 데이터베이스에 보관하든가, EPC(Electronic Product Code)글로벌이 제시하는 객체 정보검색 서비스와 같은 데이터베이스 서비스 장치를 참조함으로써 처리될 수 있다.

위의 그림은 RFID 기술의 기반이 되는 USN(Ubiquitous Sensor Networks)에 관한 정보보호 기술 개발 로드맵이다. 새로운 무선 환경의 대두와 이를 통한 안전한 서비스 제공을 위한 USN 정보보호 기술 개발이 체계적으로 진행되고 있음을 보여준다. 또한 RFID/USN에서 적용될 정보보호 기술을 크게 구분하여 보여주고 있다.

RFID와 USN에서 중요시되는 문제 중의 하나가 경량화와 저전력화이다. 이를 통해 RFID의 가용성을 높이고, RFID/USN의 정보보호 미들웨어 및 보안관리 기술을 증진시켜 보다 안전한 서비스를 제공할 수 있도록 하고, RFID/USN 주문형 프라이버시 보호기술을 개발함으로써 좀더 사용

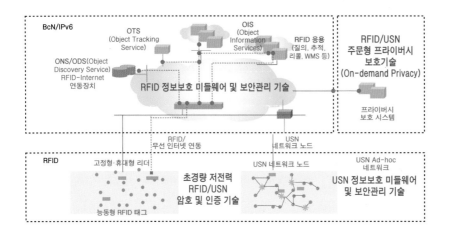

자가 희망하는 서비스를 제공하고, 사용자의 정보보호를 극대화하는 것이
RFID/USN의 정보보호 기술들이다.

RFID는 분명 우리의 삶에 가깝게 밀착되어 세상을 좀더 편리하고 효율
적으로 만들어갈 수 있도록 해줄 것이다. 그러나 이러한 이점은 RFID의 사
용으로 있을 수 있는 위험성, 프라이버시 침해와 같은 문제에 대한 대책이
선행되어야 더욱 빛을 발할 수 있을 것이다.

u헬스케어와 보안

언제 어디서나 서비스 이용이 가능한 유비쿼터스 기술의 등장으로 병원
이 아닌 환자의 집, 사무실 또는 이동 중에도 의료 서비스를 받을 수 있는 u
헬스케어 서비스 기술 연구가 활발히 진행되고 있다.

u헬스케어 서비스는 모바일 의료 서비스의 진화된 모델로서 공간적·시
간적 제약을 없애고 환자가 생활 공간 속에서 다양한 의료 센서 및 기기를
통해 수집된 바이오와 환경 정보를 기반으로 중앙의 원격 의료 서비스 시스
템을 통해 언제 어디서나 의료 피드백을 받을 수 있는 서비스를 총칭한다.

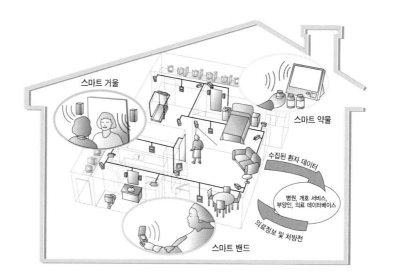

이러한 u헬스케어 서비스의 대표적인 예로는 로체스터 대학의 미래 스마트 메디컬 홈 프로젝트가 있다.

스마트 메디컬 홈 프로젝트는 스마트 의료 센서부, 수집된 각종 바이오 신호의 분석부, 지속적인 건강상태 모니터링 및 데이터 축적부, 응용 서비스를 위한 정보 교환 인터페이스 및 사설 방화벽 등으로 구성된다. 이와 같은 프레임워크를 기반으로 댁내에서 피부암 등의 피부상태를 상시 체크할 수 있는 스마트 거울smart mirror, 상처의 감염 유무를 상시 감시하고 보고하는 스마트 밴드smart bandage, 복용 약에 대한 정보와 복용 유무를 알려주는 스마트 약물smart drug 등의 서비스를 개발했다.

EU, 미국, 일본 등에서도 u헬스케어 비즈니스 프로젝트가 활발히 진행되고 있다. EU의 MobiHealth(Mobile Healthcare, 모바일 헬스케어) 프로젝트는 고위험도의 임산부, 만성질환자, 심장질환자 등을 대상으로 일상생활 속에서 지속적인 환자 모니터링을 통해 질병 판단 및 예측, 응급상황 대처 등의 서비스를 제공하는 플랫폼과 비즈니스 모델에 관한 연구를 진행하고 있다.

또한 암과 새로운 질병의 집중 치료를 받은 후, 집에서 원격 모니터링 및 진단 서비스를 받는 지속적인 의료 케어(MCC) 프로젝트와 RFID를 응용하여 환자의 이동, 현 위치, 이상 징후 등의 데이터를 실시간으로 의료기기에 전송하는 RFID 센서 응용 프로젝트 등도 활발히 진행 중이다.

우리나라도 정부적 차원에서 적극적으로 헬스케어 사업을 육성하고 있는 가운데 의료정보 업체나 대기업 간에 다양한 u헬스케어 서비스 모델 개발과 특허 출원 등이 이루어지고 있다.

u헬스케어는 다양한 기술들이 집약되고 융합된 서비스 기술로서 바이오·환경 정보를 센싱, 모니터링하기 위한 의료 센서나 기기, 센서 간 통신 및 데이터 송수신을 위한 유무선 네트워크, 바이오 데이터 분석과 건강 피드백을 담당하는 의료정보 서버, 그리고 생성된 의료정보를 소비하는 다양한 정보 소비자 집단, 즉 환자나 의료진 및 관련 응용 서비스 등으로 구성될 수 있다.

환자 이식형 또는 이동형 센서는 환자 식별 정보를 포함하여 혈당, 당뇨, 심박 수, 동작 탐지 등에 관한 바이오 정보를 측정하고 필요에 따라 주변 환경 정보 등을 감지하여 동기식 혹은 비동기식으로 유무선 네트워크를 통해 건강정보 서버에 전송한다.

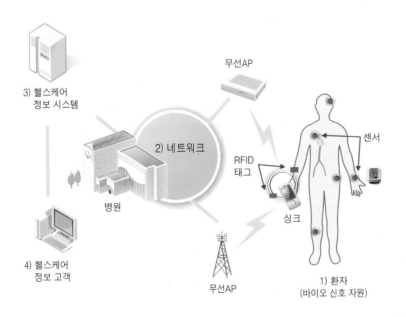

u헬스케어 서비스
구성 요소

이 때 무선 의료기기 및 센서 간에는 지그비나 UWB(Ultra-WideBand, 초광대역 통신) 방식의 센서 통신 프로토콜이 사용될 수 있으며 WLAN이나 3GPP(3rd Generation Partnership Project), 이더넷 등을 포함한 유무선 인터넷을 통해 수집된 데이터들이 전송된다. 건강정보 시스템에 수집 및 축적된 데이터로부터 건강상태, 생활 패턴 등에 관한 건강 자료wellness index를 분석하고 이와 관련된 경고alarm, 현장 진단처방PoC, 단순 주지 등의 피드백feedback이 응용 서비스의 한 형태로 사용자에게 전송된다.

이외에도 u헬스케어 정보에 대한 다양한 소비자와 서비스 형태가 존재함에 따라 정보 권한이나 서비스 효율성, 경제적 이득 관점에서 조정 및 타협이 필요한 이해 당사자stakeholder들이 존재할 수 있다.

이와 같이 u헬스케어는 개인의 바이오 정보 및 주변환경에 관한 모니터링 정보 등 개인정보를 주로 다루고 있고, 유무선 네트워크와 절대적으로 밀접한 연관을 맺고 있으며, 의료정보 권한과 관련된 다양한 이해 당사자가 존재할 수 있다는 점에서 보안 및 프라이버시 측면의 충분한 보안 이슈 검토와 합리적인 기술적 대안의 강구가 이루어져야 한다. u헬스케어에서 사용되는 보안기술에는 다음과 같은 것이 있다.

건강·의료 정보에 대한 프라이버시 보호기술

개인정보 보호 방법으로는 개인정보를 자신의 통제 영역 안에 포함시켜 개인정보의 유통을 개인이 관리하도록 하는 개인정보 자기통제권 확보 방법, 개인정보를 전송하고자 하는 대상자만이 해석할 수 있도록 암호화하는 방법, 정보 활용 시 개인정보를 통해 개인을 식별하지 못하도록 하는 익명화 방법을 들 수 있다.

개인정보 보호 정책인 P3P(Platform for Privacy Preference Project)는 웹사이트에 접속할 때 프라이버시를 보호하기 위해 국제 웹 표준화 기구인 W3C 권고안으로 2002년 승인되었으며, 대표적인 개인정보 자기통제권 기술이다. 이 기술은 사용자가 요구하는 정보보호 요구 수준에 부합하는 경우에만 해당 정보를 제공함으로써 사용자 스스로 본인의 정보를 관리하고 제공할 수 있도록 한다.

즉 사용자 PC의 웹브라우저에 설치된 에이전트가 자동으로 사용자의 개인정보 보호 정책과 서비스 제공업체의 개인정보 사용 정책을 비교해 약관 동의 여부 등을 결정한다. 이용하는 서비스 종류에 따라 개인정보 노출 수준을 조절할 수 있고, 자신의 정보가 서비스 제공자 또는 관련된 제3자에게 어떤 목적으로 사용되는지를 모니터링할 수 있도록 도움을 준다.

프라이버시 보호의 적극적인 표현인 개인정보의 자기통제권 강화에 기여할 수 있는 장점을 P3P가 지니고 있음에도 불구하고, 웹브라우저와 서버 간 통신 시 개인정보 노출 가능성이 존재하는 한편, 서비스 제공자가 개인정보 사용 정책을 표현하기 매우 어렵다는 기술적인 문제를 안고 있는 것도 현실이다.

또한 이 기술을 의료 분야에서 사용하기 위해서는 금치산자나 한정치산자 등 자기통제권 행사가 불가능한 사람에 대한 대비책이 필요함은 물론이다.

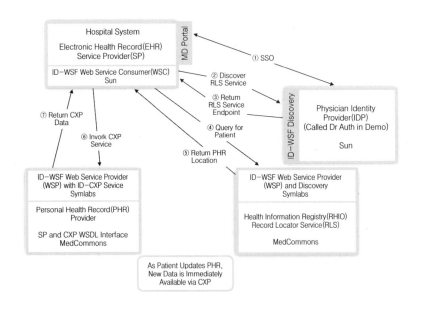

리버터 얼라이언스의
e헬스케어 SIG

하지만 P3P는 인터넷상의 불필요한 개인정보 노출을 막을 수 있는 방안 중 하나로 여겨져 왔으며, 이는 인터넷과 연동되는 의료 분야의 개인 정보보호에서도 유용하게 적용될 수 있을 것이다. 또한 익명성 보장은 의료정보화의 가장 중요한 이슈 중의 하나로서 IHE(Integrating the Healthcare Enterprise)에서 리버티 얼라이언스Liberty Alliance와 협조해 구체화시킨 바 있다.

IHE는 최근 익명성 보장 기술로 활용 가능한 연합ID(Federation-ID) 기술을 의료 분야에 적용하기 위해 리버티 얼라이언스와 협력관계를 맺고, 이에 대한 활발한 논의를 진행 중이다. 리버티 얼라이언스는 e헬스케어 SIG를 구성하여 활발히 활동하고 있다.

전자의무기록의 안전한 교환 및 공유 기술

IHE-XDS(Gross-Enterprise Document Sharing)에서는 의료 데이터의 공유를 동의한 의료 도메인(clinical affinity domain) 간에 데이터 교환 상호호환성과 데이터의 안전한 접근 및 활용을 보장하기 위한 기술적 내용을 포함하고 있다. 따라서 교환할 환자와 의료 데이터 식별 방법과 메타데이터 문서구조 및 포맷, 인코딩과 디코딩 규칙 등에 관한 내용뿐 아니라 데이터의 접근통제, 보안 감시 방법 등의 보안기술도 포함하고 있다. IHE-XDS를 통해 추구하는 보안 모델 요소는 다음과 같다.

- 위험 평가Risk Assessment : 해당 정보 자산asset은 환자와 환자의 건강정보를 저장하고 있는 장부registry나 저장소repository로서 데이터에 대한 기밀성, 무결성, 가용성 보장을 기본으로 한다. 또한 정보 제공의 원칙은 언제나 환자의 안전이 개인 프라이버시보다 우선하도록 한다.
- 책임Accountability : 정보 접근 및 사용에 대한 권한을 확인하고 책임을 부여하기 위해 정보 요청자를 식별, 접근제어를 수행하고 정보에 관련된 이벤트에 대하여 반드시 로그를 남겨 보안 감사를 수행해야 한다.

- 정책 시행Policy Enforcement : 정보 공유를 협의한 도메인 간에는 반드시 상호
  식별이나 인증, 접근제어 정책, 보안 감사 레벨 등의 보안 정책 설정과 시행의
  동의가 이루어져야 한다. u헬스케어 환경에서 IHE-XDS를 이용한 정보공유 방
  법은 다음 그림과 같다.

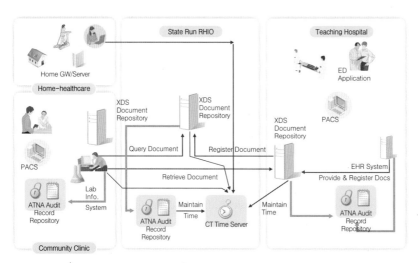

u헬스케어
환경에서의 IHE-XDS

— 출처 : ITI Technical Committee, 'IHE Security-XDS as a Case Study,' Aug. 2006.

• 멀티 도메인 간 인증 및 ID 관리 기술

IHE-XUA(Cross-Enterprise User Assertion)는 멀티 도메인 간 사용자
인증을 지원하기 위한 통합 프로파일로서 도메인 간 교환되는 트랜잭션에
대해 사용자(XDS actor) ID를 부여하고 접근제어를 수행하기 위해 요구되
는 인증 및 속성정보, 보안 감사 속성정보 등을 포함하고 있다. 다중 도메
인 간 교환되는 트랜잭션에 대해 책임accountability을 부여하기 위해 피 요청
기관이 접근 결정과 보안 감사를 수행하는 데 사용 가능한 방법으로 요청자
를 식별할 수 있어야 한다.

그러나 도메인 간 서로 다른 인증 방법과 사용자 정보 디렉터리를 사용

하고 있으므로 인증 방법의 협상, 상호호환 가능한 인증 및 속성정보 교환 방법 등이 요구된다. IHE-XUA는 다음과 같은 국제표준을 이용 및 확장하여 이런 문제를 해결하고 있다.

- SAML 2.0 Profiles
- SAML Browser SSO Profiles
- Enhanced Client/Proxy Profiles
- SAML Profile with XDS
- Extended SAML 2.0 Profiles into HL7

뿐만 아니라 SAML 2.0을 기반으로 Federation-ID를 지원함으로써 협력관계를 맺은 관련 서비스 기관 간 웹 SSO 및 싱글 로그아웃single logout을 지원할 수 있으며, 중복 ID 제거와 ID 도용 및 유출 관리 등과 같은 ID관리 체계 방법도 지원 가능하다. 리버티 얼라이언스에서도 HIPAA(Health Insurance Portability and Accountability Act) 규약에 호환 가능한 적절한 인증 방법으로서 Federation-ID 기술 이용을 구체적 대안으로서 제시하고 있다.

u헬스케어의 Federation-ID 기술 효과

장점	구체적 예
보안	· 사용자 인증 · 다중 접근제어 레벨 설정 가능
HIPAA 호환	· 인증 레벨 설정 지원 · 데이터 접근에 대한 상세 보안 감시 지원
운영 효과 개선	· 싱글 사인 온 : 중복 ID 관리 방지 · 애플리케이션에 따른 구별된 유저 ID 관리 · 새로운 구성원 추가 및 확장성 용이
비용 절감	· ID 관리자를 위한 운영관리자 지원 · 개발 시간 감소 · 표준 준수 개발 : 상이한 인터페이스의 중복 개발 낭비 방지
상호호환성	· 기존 시스템 간 통합 지원 · 새로운 시스템 구축 및 통합 용이

u헬스케어 시스템에서 Federation-ID 기술을 도입하면 유비쿼터스 서비스 패러다임의 인식 확산으로 원격 의료 진단 서비스 수준에 머물러 있는 u헬스케어 서비스의 고도화 및 다양화를 위해 관계 서비스 기관 간의 정보 공유와 연계가 점차 확대될 것이다. 따라서 향후 IHE의 멀티 도메인 간 전자건강 데이터의 안전한 공유기술들은 더욱 유용하게 적용될 것이다.

헬스케어 시스템 위험 평가 및 보안관리 기술

헬스케어 시스템의 오류 및 결함, 사용 부주의 등으로 인한 의료 사고로부터 환자의 건강과 생명에 대한 악영향을 최소화하기 위해 헬스케어 시스템의 안전성 평가 및 위험관리 기술이 요구된다.

현재 ISO/TC215 WG4에서는 ISO 27809, ISO 25238, ISO 29321 등의 표준기술을 활발히 개발 중이다. 특히 ISO 27809은 기술표준 투표 단계로서 의료 시스템으로 인한 환자 위험의 치명성(영향 정도) 및 영향받는 환자 규모 등을 기준으로 위협도를 분류한 후, 각 위협의 발생 가능한 빈도수를 반영하여 시스템의 위험등급을 A부터 E까지 분류하는 체계를 갖고 있다. ISO 29321에서는 헬스케어 시스템의 위험 평가 결과에 따라 시스템 접근권한 관리 및 발생 가능한 사고 대응 등과 관련한 보안관리 기술을 개발 중이다.

홈네트워크와 보안

홈네트워크에 대한 관심이 높아지면서 홈네트워크의 보안에 관한 관심도 함께 높아지고 있다. IEEE 802.15(WPAN)에서 개발된 기술들이 홈네트워크의 일부로 자리매김하게 됨에 따라, 이들 기술에 적용된 보안기술이 홈네트워크의 보안으로 인식된 적도 있었다. 그러나 홈네트워크 서비스를 실생활에 적용하고자 하는 움직임이 나타나면서 구체적인 서비스 모델이 나오고, 보안을 고려하게 되었다.

그 결과물로 2005년 ISO에서 홈네트워크 보안 요구사항과 댁내 및 댁외 보안에 대한 표준이 만들어졌다. ITU-T SG17에서도 2004년 WTSA 회의를 계기로 통신망의 정보보호에 대한 중요성을 크게 인식하고 NGN 보안, 스팸메일 대책, 사이버 보안 등을 포함한 광범위한 보안 관련 표준을 개발하고, 홈네트워크 보안 관련 표준도 개발하기 시작하였다.

한편 국내에서는 홈네트워크시큐리티포럼(HNSF)와 TTA를 중심으로 홈네트워크 보안에 관한 표준이 개발되고 있는데, 2004년부터 표준이 꾸준히 발표되고 있다. 홈네트워크 보안기술 프레임워크, 홈네트워크 사용자 인증 메커니즘, 홈네트워크 보안 정책 기술 언어 등의 표준안이 제정되었다. 그리고 이들 표준들 중 일부는 ITU-T SG17에서 국제표준으로 채택되기 위해 2006년 12월 제네바 회의에서 표준안을 발표했다.

홈네트워크 보안

ISO/IEC에서 2005년 6월 표준으로 발표되었고, '홈네트워크 안전(Home network security)'이라는 주제 아래 보안 요구security requirements, 내부 보안 서비스internal security service, 외부 보안 서비스external security service의 세 부분으로 나뉘어 표준이 완성되었다.

이 표준안은 홈게이트웨이 중심의 홈네트워크 모델을 정립하고, 이 모델에 적합한 보안 요구사항 및 서비스들을 정의했다. 또한 홈네트워크에서는 고려해야 할 사항들이 많고, 다양한 종류의 홈네트워킹 모델과 사용자 요구사항 및 많은 애플리케이션들이 존재하기 때문에 하나의 보안 솔루션으로 해결할 수 없음을 기술하고 있다. 또한 홈네트워크 보안 시스템을 개발하는 데 있어서 저비용low cost, 단순성low complexity, 사용 편의easy to use, 신뢰성reliability이 고려되어야 함을 강조한다.

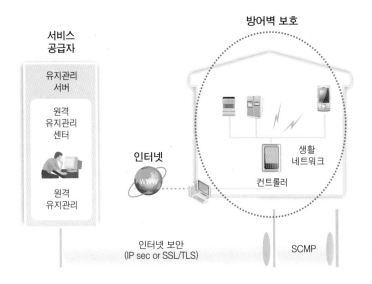

위의 그림은 이 표준안에서 제시하는 댁내 및 댁외 보안에 관한 개념도 이다. 이 표준안에서 댁내에는 다양한 종류의 디바이스 및 외부 공격에 대 해 안전성이 확보되지 않은 통신 매체들이 있기 때문에 SCMP를 두어 댁내 보안을 꾀하였다.

또한 댁외는 홈게이트웨이에서 서비스 공급자 혹은 댁외 사용자에 이르 는 영역으로, 이들은 인터넷을 이용하여 연결되어 있으므로 새로운 프로토 콜을 제시하지 않고 기존의 인터넷 보안 프로토콜을 이용한다. 즉 네트워크 계층의 보안을 위해서 IPsec을 이용하고, 세션 계층의 보안을 위해서 SSL 혹은 TLS를 이용한다.

홈네트워크 보안기술 프레임워크

국내 표준화 기관인 TTA에서 표준으로 채택되었고, 현재 ITU-T에서 표준화 과정에 있다. ITU-T SG17 질의9의 X-homesec-1에서 논의된 이 표준은 댁내 및 댁외의 홈네트워크 사용자의 보안 위협, 보안 요구사항, 보안 위협 해결 방안 등을 다루고 있다.

2005년 3월 모스크바 회의에서 권고안이 채택되었고, 2005년 10월 제네바 회의에서 초안으로 채택되었다. 이어 2006년 4월 제주 회의에서 최종안으로 채택되었고, 2006년 9월 오타와 임시회의에서 표준안 최종 수정이 이루어졌으며, 2006년 12월 제네바 회의에서 국가별 의견수렴을 완료했다.

이 표준안은 유무선 전송기술을 고려한 홈네트워크 보안 위협, 보안 요구사항, 보안 기능을 정의하고, 원격 사용자, 원격 터미널, 응용서버, 보안 홈게이트웨이, 홈 응용서버, 홈사용자, 홈디바이스의 7개 개체로 구성된 홈네트워크 일반 모델과 3가지 홈디바이스 모델을 제안하고 있다.

이 중에서 홈네트워크 보안 위협 및 요구사항은 X.1121과 X.805 표준에 기반을 두고 있다. 홈디바이스는 A, B, C의 세 가지 타입으로 구분하여 타입별로 적용하는 보안 수준을 달리하였다. 타입A 디바이스는 PC 혹은 PDA처럼 사용자 인터페이스가 있어서 사용자 인증이 가능하고, 다른 디바이스들을 제어한다. 타입B 디바이스는 다른 디바이스들과 통신할 인터페이스가 없는 타입C 디바이스들을 연결해 준다. 타입C 디바이스는 AV 기기, 웹 카메라 등 타입B 디바이스가 전달하는 명령에 따라 제어된다.

아래 그림은 이 표준안에서 제안한 홈네트워크 보안 모델을 보여주는데,

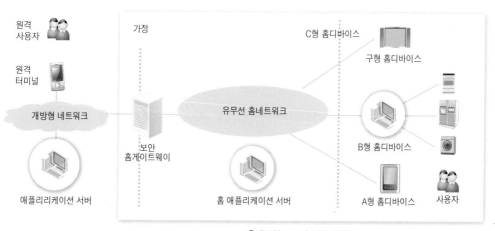

홈네트워크 보안 기본 모델

ITU-T SG17 질의9의 다른 표준안들에서도 기본 모델로 사용하고 있다.

이 표준에서는 홈네트워크가 전력선, 무선통신, 유선 케이블 등 다양한 전송 매체를 사용한다. 이들은 유선 및 무선 매체가 섞여 있으므로 유선뿐만 아니라 무선 네트워크상의 위협까지도 고려해야 한다는 특성이 있음을 강조하고, 이에 대한 보안 위협 및 요구사항들을 정의하고 있다.

이 표준에서 기술하고 있는 일반적인 보안 위협에는 도청, 폭로, 가로채기, 통신 방해, 통신 교란, 데이터 삽입 및 수정, 비인가된 접근, 부인, 패킷 비정상 포워딩 등이 있다. 모바일 통신의 보안 위협으로는 도청, 폭로, 가로채기, 통신 방해, 통신 교란, 어깨너머보기, 원격 터미널 분실 및 도난, 예기치 않은 통신 중단, 오독 및 입력 오류 등이 있다.

또한 보안 요구사항으로 데이터 기밀성 및 무결성, 인증, 접근제어, 부인 방지, 개인정보 보호 등이 있다. 보안 기능으로 암호화 기능, 전자서명 기능, 접근제어 기능, 데이터 무결성 기능, 인증·공증 기능, MAC 및 키 관리 기능 등을 기술하였다. 그리고 이들 보안요구사항을 만족하기 위해 필요로 하는 보안 기능들을 Y(해당 보안 기능을 반드시 적용), K(표시된 보안 기능으로 강화), X(선택적 보안 기능 추가)의 세 가지 단계로 표시하고 있다.

u시티와 보안

유비쿼터스라는 단어는 이제 낯설지 않다. 언제 어디서나 인터넷과 연결, 자유로운 웹 접근 및 IT 디바이스 사용은 이 기술을 바탕으로 한 미래형 도시, 유비쿼터스 도시u-City의 가능성을 보여주게 됐다. 유비쿼터스 도시 건설은 IT 기술의 새로운 도약과 발전의 의미이자, IT 분야의 메가트렌드라고 할 수 있는 기술 간 융합convergence이 가장 최고조에 도달해 구현될 수 있는 모델의 현실적 구현이라 할 수 있다. 유비쿼터스 도시와 이에 대해 요구되는 보안을 알아본다.

u시티는 첨단 정보통신 인프라와 유비쿼터스 정보 서비스를 도시 공간에

융합하여 도시생활의 편의 증대와 삶의 질 향상, 체계적 도시관리에 의한
안전 보장과 시민복지 향상, 신산업 창출 등 도시의 제반 기능을 혁신시킬
수 있는 차세대 정보화 도시를 의미한다. 즉 유비쿼터스 컴퓨팅, 정보통신
기술 등을 기반으로 도시 전반의 영역을 융합하여 통합되고integrated, 지능
적이며, 스스로 혁신intelligent을 이루게 되는 도시를 말한다. 또한 앞서 이야
기 했던 RFID 기술을 기반으로 u헬스, u홈 서비스 등을 제공할 수 있는
도시를 일컫기도 한다.

국내 u시티 사업은 20여 개의 지방자치단체가 활발히 추진하고 있으며,
KT, 삼성SDS, LG CNS, SK C&C 등 사업자와 한국토지공사, 대한주택
공사 등이 참여하고 있다. 현재 수도권 신도시 및 일부 기존 도시 중심으로
u시티 기획 및 설계를 추진 중에 있으며, 향후 행정복합도시, 혁신도시, 기
업도시 등으로 확대될 예정이다.

u시티는 편리하고 효율적인 생활이 가능하지만, u시티가 가지는 특징으
로 인한 부작용도 크다. 우선 u시티의 편재성과 불가시성 때문에 사생활 침
해 우려가 있다. 예를 들면 도시 각처에 설치된 RFID 리더는 시민들이 지

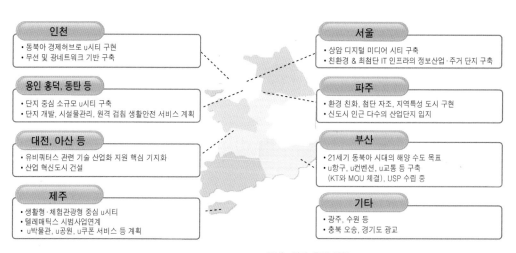

국내 u시티 추진 현황

니고 있는 RFID태그를 읽어 수시로 위치를 모니터링할 수 있다. 결국 편리성을 위한 기술이 개인의 프라이버시를 침해하게 되는 경우가 생긴다.

u시티에서 고려해야 할 정보보호는 사생활 침해만이 아니다. 사용자와 디바이스 인증, 각 개체의 능력·기능에 대한 인증, 디바이스 성능 및 에너지를 고려한 경량형 암호 알고리즘의 개발, 소형 디바이스에 대한 물리적 보호, DoS에 대비한 침입탐지 및 대응 기술이 필요하다.

특히 u시티에는 첨단 보안 시스템, 홈네트워크, 지능형 빌딩 시스템, 지리정보 시스템, 지능형 교통 시스템, 광대역 통신망 등 첨단기술이 총동원된다. 이 가운데서도 도시민들의 치안 확보와 자산 보호를 위한 첨단 보안 체계 구축은 u시티 조성의 가장 중요한 핵심 과제이자 전제조건으로 꼽히고 있다.

u시티의 보안체계 구축을 위한 기반요소는 크게 RFID/USN과 통합관제 시스템으로 대별된다. 이를 기반으로 구축될 수 있는 대표적인 보안 시스템이 바로 위치추적 시스템이다. 이는 그 자체로도 완벽한 보안 시스템이

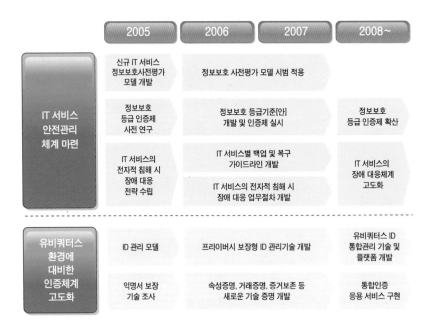

유비쿼터스 환경의 정보보호 로드맵

될 수 있음은 물론이고, 출입통제 및 영상보안 시스템, 무인전자경비 서비스와의 결합을 통해 통합보안 시스템의 매개체로서도 중요한 역할을 할 수 있다.

유비쿼터스 세상에서는 기존의 웹 환경에서보다 인증관리가 더욱 중요하다. 네트워크가 바로 생활 전반과 연결되기 때문이다. 또한 각각의 서비스를 위해 개별적으로 매번 인증을 받아야 하는 불편함을 감소시키기 위한 ID 통합관리도 중요하기 때문이다.

로드맵에서 보다시피 인증기술의 개발 고도화가 중요시되고, 이에 따라 개발을 계획, 진행하고자 함을 알 수 있다. u시티 보호 영역은 아직 초기 단계로 정보보호를 강화하기 위해서는 시민의 정보보호 인식 제고 및 시민 참여가 필요하고, u시티 정보보호 모델의 개발 및 이에 대한 지원이 필요하다. 뿐만 아니라 이에 대한 기술표준화 및 보안 가이드 개발도 중요하다.

02_ 정보보호 관련 법률 및 대응체계

정보보호는 국가의 보안과 관련된 기밀사항, 업무 등과 같이 국가와 관련된 사항에만 적용되는 단어로 여겨지던 때가 있었다. 그러나 현재 우리에게 정보보호란 신문기사를 읽거나 인터넷의 웹사이트 가입 시에도 쉽게 볼 수 있는 단어가 되었다.

2005년 발생했던 모 게임 사이트의 개인정보 유출은 국민들에게 개인정보 보호의 중대성을 피부에 와 닿게 한 사건이었다. 이로 인해 국민들은 자신의 정보가 공개되고 있는 것은 아닌지, 도용되고 있는 것은 아닌지 불안을 느끼게 되었고, 이를 확인하고 정정을 요청하는 신고가 줄을 이었다.

(구)행정자치부에서 주민등록번호가 도용되는 경우를 찾아내고 시정하기 위해 '주민등록번호 클린 캠페인'을 실시했을 때, 해당 기관의 서버가 다운되는 일이 발생했던 것은 국민들이 개인정보의 중대함을 인지하고 있다는 것을 보여준다.

국내 정보보호 관련 법률

국내 정보보호와 관련된 법과 제도는 각각 제정 목적과 기능에 따라 정보보호 추진체계 관련 법령, 국가기밀 보호 관련 법령, 중요 정보의 국외유

정보보호추진체계	국가기밀보호	중요정보국외유출방지	전자서명 및 인증	정보통신망과 정보시스템의 보호추진	침해행위의 처벌	개인정보보호
공공기관의 개인정보 보호에 관한 법률	국가정보원법	정보통신망 이용촉진 및 정보보호에 관한 법률	전자서명법	정보화촉진기본법	정보통신기반보호법	정보통신망 이용촉진 및 정보보호에 관한 법률
전자정부법	국가보안법	산업기술의 유출방지 및 보호에 관한 법률		정보통신기반보호법	정보통신망 이용촉진 및 정보보호에 관한 법률	공공기관의 개인정보 보호에 관한 법률
주민등록법	보안업무규정			정보통신망 이용촉진 및 정보보호에 관한 법률	전자무역촉진에 관한 법률	전자정부 구현을 위한 행정업무 등의 전자화 촉진에 관한 법률
정보통신망 이용촉진 및 정보보호에 관한 법률	군사기밀보호법			전자거래기본법		통신비밀보호법
신용정보의 이용 및 보호에 관한 법률	정보화촉진기본법					신용정보의 이용 및 보호에 관한 법률
	전자거래기본법					금융 실명거래 및 비밀보장에 관한 법률
						개인정보보호법

국내 정보보호 관련 법률

출 방지에 관한 법령, 전자서명 및 인증 관련 법령, 정보통신망과 정보 시스템의 보호 추진 관련 법령, 침해행위의 처벌에 관한 법령, 개인정보 보호 관련 법령으로 분류할 수 있다.

정보보호 추진체계 관련 법령

국가 사이버 안전체계와 관련해서는 2005년 1월 31일 대통령 훈령으로 발령된 '국가사이버안전관리규정'에서 사이버 안전 관련 조직에 대한 법적 근거, 임무, 유관기관 간 협력사항 등에 관한 사항을 규정하고 있다.

전자정부 보호체계에서는 2006년 '전자정부법'으로 명칭이 변경된 '전자정부 구현을 위한 행정업무 등의 전자화 촉진에 관한 법률'(2001년 2월26일 제정)을 기준으로 전자정부 추진과 더불어 정보보호에 관한 사항도 규정하고 있다.

정보통신 기반 보호체계는 2000년 12월에 제정된 '정보통신기반보호법'에서 정보통신기반보호위원회, 침해사고대책본부 및 각 중앙행정기관의 역할에 관한 사항을 규정하고 있다.

개인정보 보호체계와 관련된 법령으로는 공공부문에서 '공공기관의 개인정보보호에 관한 법률', '전자정부법' 및 '주민등록법' 등이 있다. 민간 부문에서는 '정보통신망 이용촉진 및 정보보호 등에 관한 법률', '신용정보의 이용 및 보호에 관한 법률' 등 개별법이 있다.

국가기밀 보호 관련 법령

국가기밀 보호 관련 법령에는 침해나 유출될 경우 국가의 존립·안전과 민주적 기본질서 유지를 위태롭게 할 정보 내지 국가기밀에 대한 침해금지와 처벌, 비밀의 분류, 국가기밀에 속하는 문서·자재·시설 및 지역에 대한 보안업무 등에 관하여 규정하고 있는 법령들이 있다.

예를 들면 '국가정보원법' 제3조 제2호와 제5호의 국가기밀에 속하는 문서·자재·시설 및 지역에 대한 보안업무와 정보 및 보안업무의 기획조정 등의 직무, '국가보안법' 제8조의 회합·통신 등의 죄, '보안업무규정' 제3조의 보안책임 및 제2장 비밀보호(제5조 내지 제30조)에 관한 규정, '군사기밀보호법' 제3조의 군사기밀의 구분에 관한 규정, 제5조의 군사기밀 보호조치에 관한 규정, 제12조 내지 제15조의 군사기밀 누설에 관한 규정 등이 이에 해당한다.

또한 주로 국가의 비밀보호에 사용되던 암호에 관련된 법 또한 국가기밀 보호 관련 법령에 포함된다. 해당 법령으로는 '보안업무규정', '정보화촉진기본법', 전자거래기본법' 등이 있으며, 암호의 부정 사용과 관련된 법령으로는 '국가정보원법', '군형법' 등이 있다

중요 정보의 국외 유출 방지에 관한 법령

국가 안전보장과 관련된 보안정보나 국내에서 개발된 첨단과학 기술 또는 기기의 내용에 관한 정보 등 국내의 산업·경제 및 과학기술 등에 관한 중요 정보가 정보통신망을 통하여 국외로 유출되는 것을 방지하기 위한 법령으로는 '정보통신망 이용촉진 및 정보보호 등에 관한 법률' 제51조가 있다.

또한 2006년에 제정된 '산업기술의 유출방지 및 보호에 관한 법률'은 국내외 시장에서 차지하는 기술적·경제적 가치가 높거나 관련 산업의 성장 잠재력이 높아 해외로 유출될 경우에 국가의 안전보장 및 국민경제 발전에 중대한 악영향을 줄 우려가 있는 국가 핵심기술의 지정·변경(제9조)과 보호 조치(제11조) 및 수출승인 등 국가 핵심기술의 무단유출과 침해행위를 금지 하고 있다(제14조).

전자서명 및 인증 관련 법령

정보 시스템과 정보통신망의 발전으로 인한 원격지 간의 거래 및 업무가 활성화됨에 따라 정보처리 시스템에 의하여 전자적 형태로 작성되어 송·수 신되거나 저장된 정보인 전자문서의 안전성과 신뢰성을 확보하고, 그 이용 을 활성화하기 위해 전자서명 및 인증과 관련된 법적 정비가 이루어졌다. 이와 관련된 법령으로는 '전자서명법'이 있다.

정보통신망과 정보 시스템의 보호 추진 관련 법령

정보통신망과 정보 시스템의 보호조치와 관련한 법령으로는 '정보화촉 진기본법', '정보통신기반보호법', '정보통신망 이용촉진 및 정보보호 등에 관한 법률', '전자거래기본법' 등이 있다.

침해행위의 처벌에 관한 법령

정보 시스템과 정보통신망에 대한 침해사고로 인한 피해와 정보의 탈취, 위·변조 등으로 인한 국가·사회적 피해 방지를 위하여 이들 행위에 대하여 벌칙규정을 두고 시행하고 있다.

'정보통신기반보호법' 제28조의 주요 정보통신 기반시설 침해행위에 대 한 벌칙, '정보통신망 이용촉진 및 정보보호 등에 관한 법률' 제62조의 정 보통신망 침해행위와 비밀 등의 보호의무 위반에 대한 벌칙규정이 대표적이다. 또한 '전자무역촉진에 관한 법률(구 무역업무자동화촉진법)' 제30조 무역 유관기관의 컴퓨터 파일에 기록된 전자무역문서 또는 데이터베이스에 입력 된 무역정보에 대한 위조 또는 변조 등의 처벌, '화물유통촉진법' 제54조의 2 내지 제54조의 4 물류전산망에 의한 전자문서의 위작 또는 변작 등의 처 벌 등의 벌칙규정이 있다. 그밖에 '형법'은 컴퓨터 사기죄를 도입하여 이에 대한 처벌규정을 마련했다.

개인정보 보호 관련 법령

최근 정보통신 기술의 발달에 의하여 개인정보 보호에 대한 침해가 증가 하고 있어 이에 대한 관심이 늘어나면서 관련 법령의 정비가 이루어지고 있 다. 개인정보 보호와 관련된 법령으로는 '정보통신망 이용촉진 및 정보보호 등에 관한 법률', '공공기관의 개인정보보호 등에 관한 법률', '전자정부 구 현을 위한 행정업무 등의 전자화촉진에 관한 법률', '통신비밀보호법', '신 용정보의 이용 및 보호에 관한 법률', '금융 실명거래 및 비밀보장에 관한 법률' 등이 있다.

한편 개인정보 보호의 중요성이 갈수록 강조되면서 사회 각 분야를 포괄 하는 개인정보 보호 일반원칙과 기준 역할을 담당하게 될 '개인정보보호법' 제정이 추진되고 있다.

국내 정보보호 담당기구

정보보호에 관련된 사건이 증가함에 따라 이를 관리하기 위한 법률 및 기관이 제정 또는 설립되었다.

국내에는 분야별 정보보호 담당기구인 국가정보원, 국방부, 행정안전부, 지식경제부, 방송통신위원회, 대검찰청 및 경찰청이 있고, 산하 정보보호 센터로 국가사이버안전센터, 인터넷침해사고대응지원센터, 국방정보전대응센터, 인터넷범죄수사센터, 사이버테러대응센터가 있다.

국가정보원 국가사이버안전센터

1999년 1월 국가안전기획부에서 이름이 바뀐 국가정보원은 국가 정보보안 업무의 기획·조정 및 보안 정책 수립·시행 등 국가·공공기관에 대한 정보보안 업무를 총괄해 오고 있다. 1998년부터 국가 정보보안 관리반 편성과 정보보안 119 사이트 개설 등 국가·공공기관을 대상으로 정보 시스템의 보안 대책 지원, 해킹·컴퓨터 바이러스 유포 등에 대한 사이버 공격 예방·복구, 국가 보안시설에 대한 보안 측정, 국가 안보시설에 관한 정보통신기반 시설보호 업무, 국가·공공기관용 암호장비 등 보안 시스템 개발·보급, 정보보호 시스템의 인증 업무 등을 수행해 왔다. 또한 최근 날로 심각해지는 사이버공격에 대한 국가 차원의 종합적·체계적 대응을 위해 2004년 2월 국가사이버안전센터를 설치했다.

국가사이버안전센터(NCSC : National Cyber Security Center)는 사이버 공격을 포괄적인 국가 위기관리 대상에 반영한 주요 정책의 일환으로 2004년 2월 20일 공식 출범했다. NCSC의 주요 업무로는 국가사이버안전 정책 및 관리 총괄·조정, 국가사이버안전 활동, 사이버위협 경보 발령, 침해사고 발생 시 긴급대응·조사 및 복구 지원, 국내외 사이버안전 전담기구와 정보협력 및 공조체계 운영, 사이버안전 관련 교육 및 홍보이다.

정기적으로 또는 수시로 사이버 전 모의훈련을 실시하여 각급 기관의 대응 능력을 확인 및 향상시킬 수 있도록 사이버안전 활동을 전개 중이다. 또한 민·관 부문의 기술협력 확대를 통해 사이버위협 분석 능력을 향상시키고, 첨단기술 연구개발에도 힘써 긴급대응 능력을 제고시키는 동시에 국제협력 체계를 확대하여 기술교류 공조를 강화해 나가는 등 다양한 활동을 지속적으로 추진해 나감으로써 국가사이버안전 관리체계를 조속히 완비해 나가는 데 목표를 두고 있다.

인터넷침해사고대응지원센터

(구)정보통신부는 정보보호 업무의 효율적 집행을 위해 한국정보보호진흥원을 설립하여 그 운영을 지원하고 있으며, 특히 인터넷 침해사고 예방·대응 업무를 365일 24시간 수행하기 위하여 '인터넷침해사고대응지원센터'를 2003년 12월에 설치했다.

2003년 12월 한국정보보호진흥원 내에 설립된 인터넷침해사고대응지원센터(KISC : Korea Internet Security Center)는 국내 인터넷망의 상시 모니터링을 통해 취약점과 웜·바이러스 등 보안 위협 및 인터넷 이상 징후를 조기에 탐지한 후 분석, 경보발령을 통해 인터넷 침해사고를 사전에 예방하고 피해 확산을 방지하는 역할을 수행한다.

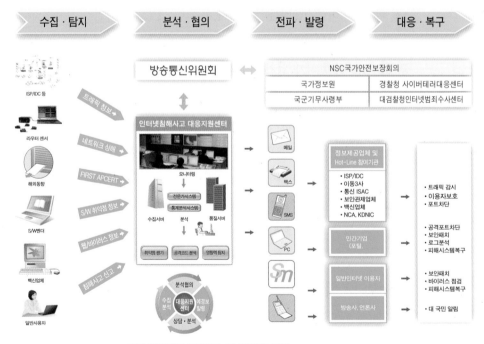

인터넷침해사고 대응센터 모니터링 및 대응

특히 국내 정보통신 서비스 제공자(ISP), 백신업체, 보안관제 업체 등과 상시적인 정보 공유, 신속한 공동 대응체계를 통하여 인터넷망에 대한 안전성 및 신뢰성을 확보하는 것이 주된 임무이다. 아래 그림은 인터넷침해사고 대응센터의 모니터링 및 대응 과정을 나타내고 있다.

국방부 국방정보전대응센터

국방부는 정보화 사업의 효과적인 추진을 위해 정보화 관련 조직, 제도 및 절차를 정비하여 정보화를 촉진할 수 있는 환경을 조성하는 한편, 정보전에 대비해 우리 실정에 맞는 국방 차원의 정보전 교리발전과 정보전을 수행할 수 있는 인력 확보, 조직 정비 등을 추진하고 있다.

국군기무사령부는 군을 대상으로 군사기밀에 대한 보안 업무를 수행하고 있으며, 보안사고를 예방하여 최상의 전투력 유지, 국방 정보통신 시설에 대한 보호 대책, 국방 사이버 침해사고 예방 및 복구 등의 기술 지원 업무를 수행하고 있다. 또한 국방 정보화를 추진함에 있어 국방부의 정책에 따라 군 정보전과 사이버전에 대비하여 군의 주요 정보체계에 대한 보호 지원을 위해 2003년 11월 '국방정보전대응센터'를 설립했다.

국방정보전대응센터는 정보전 대응 분야와 IT기반 보호 분야로 구성되어 있다. 정보전 대응 분야에는 사이버 안전기획, 사이버 보안사고 수사체계 운영, 침해사고 조사를, IT 기반 보호 분야에서는 취약성 분석, 사이버전 대응

국방정보전대응센터
조직체계

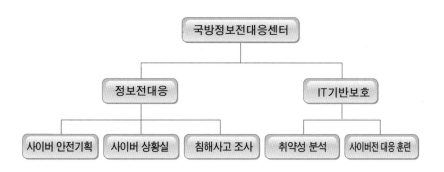

훈련을 담당하고 있다. 국방정보전대응센터의 조직은 아래 그림과 같다.

국방정보전대응센터의 주요 업무는 정보전 대응 분야는 국방전산망 및 인터넷에 대한 24시간 침해정보 탐지·분석, 각급 부대 침해사고 대응팀 (CERT : Computer Emergency Response Team)에 대한 조정통제는 물론 예방 및 조사활동, 원격·현장 피해 복구 지원, 국내·외 정보전 관련 정보 분석 등을 수행한다. IT 기반 보호 분야는 범국가 사이버 모의훈련 및 합참 주관 정보작전방호태세(INFOCON) 훈련에 동참하여 사이버전 대응 훈련을 실시하고 있으며, 보안 점검용 소프트웨어를 자체 제작하여 보안감사 시 원격 전산 보안 진단 업무에 활용, 군내 주요 정보통신 시설에 대한 취약성분석·평가 실시 등 보안 측정·원격 진단과 국방정보통신 보안 컨설팅 등의 임무를 수행한다.

대검찰청 인터넷범죄수사센터

컴퓨터 범죄에 대한 적극적인 대응과 조직적인 수사를 위해 대검찰청, 지방검찰청, 차장검사가 있는 지청 등 총 24개 검찰청에 컴퓨터범죄 수사 부서를 설치·운영하고 있다.

검찰의 사이버범죄 수사 관련 조직은 크게 대검찰청 첨단범죄수사과 및 과학수사 제2담당관실, 서울중앙지검 첨단범죄수사부, 일선청 컴퓨터범죄 수사반으로 구분되어 있다. 대검찰청 첨단범죄수사과에서는 컴퓨터 등 정보 처리장치 및 정보통신 매체를 사용한 범죄 사건에 대한 검찰사무의 지휘·감독, 사건에 관한 범죄 현상의 분석·연구·수사 지침 수립 및 국내외 중요 사건 사례 연구집 발간 등의 업무를 수행한다.

대검찰청 인터넷범죄수사센터는 첨단 인터넷범죄에 보다 효율적으로 대처하기 위하여 2001년 2월 15일 설치되었다. 또한 지방검찰청 및 일선 지청에도 인터넷범죄에 효율적으로 대응하기 위하여 각각 인터넷범죄 수사를 위한 기구를 설치·운영하고 있다.

서울중앙지방검찰청은 지난 1995년에 특별수사2부 내에 정보범죄수사센터를 설치한 후 2001년 2월에 서울지검인터넷범죄수사센터로 확대, 개편하였다.

인터넷범죄수사센터에서는 해킹·컴퓨터 바이러스 유포와 같은 각종 인터넷범죄와 전자상거래를 이용한 사기, 개인정보 침해 등에 중점을 두어 집중적으로 감시활동을 전개하고 있다. 뿐만 아니라 각종 사이버범죄에 대응하기 위한 대책을 수립하고 새로운 수사기법 개발에도 많은 노력을 기울이고 있다.

또한 사이버범죄에 대한 신고·상담을 위해 대검찰청 인터넷 홈페이지(www.spo.go.kr)를 통해 인터넷범죄 신고 처리 시스템을 운영하고, 관할 주소지에 따라 전국 24개청 첨단범죄수사부서에서 신고 상담을 하고 있다. 아래 표는 인터넷범죄대응기구 설치 연혁을 나타내고 있다.

인터넷범죄대응기구
설치 연혁

구분	일시	내용
대검찰청	1996.6.3	중앙수사부 수사기획관실 내 '정보범죄대책본부' 설치
	1999.4.1	정보범죄대책본부를 '컴퓨터범죄전담수사반'으로 개칭
	2000.2.21	중앙수사부 내 '컴퓨터수사과' 신설
	2001.2.15	'대검찰청 인터넷범죄수사센터' 설치
	2005.2.1	컴퓨터수사과를 '첨단범죄수사과'로 개칭
서울중앙 지방 검찰청	1995.4.1	특별수사2부 내 '정보범죄수사센터' 설치
	2000.2.21	'컴퓨터수사부' 신설
	2001.2.15	'서울지검인터넷범죄수사센터' 설치
	2005.2.11	컴퓨터수사부를 '첨단범죄수사부'로 개칭
22개 지방 검찰청 및 지청	1997.4.	부산·대구·광주·대전지검 '컴퓨터수사전담반' 설치
	1998.6.	인천·수원·청주·창원·전주지검 '컴퓨터수사전담반' 설치
	1999.6	춘천·울산·제주지검, 서울동부·서부·북부지검 '컴퓨터수사전담반' 설치
	2000.7.	서울남부·의정부지검·성남·부천·부산 동부지청 '컴퓨터수사전담반' 설치
	2002.12	수원지검 안산지청 '컴퓨터수사전담반' 설치 의정부지검 고양지청 '컴퓨터수사전담반' 설치

경찰청 사이버테러대응센터

경찰청은 사이버범죄 수사를 위해 1995년 '해커수사대'를 시작으로 1997년 '컴퓨터범죄수사대', 1999년 '사이버범죄수사대' 등 사이버 전담조직을 확대 개편하여 운영해 왔다. 그 후 해킹·바이러스 등 사이버범죄가 날로 심각해지자 2000년 7월 '사이버테러대응센터(CTRC)'로 확대 개편했다.

사이버테러대응센터는 협력운영팀, 수사 1·2·3팀, 기획수사팀 및 기술지원팀의 4개 팀으로 구성되어 있다. 사이버테러 종합대책 수립 시행, 전국 사이버수사 요원 교육, 국제 공조 수사활동, 24시간 사이버 순찰을 통한 초동 조치 및 주요 사이버 테러사건 수사, 사이버 테러수사 기법 개발 및 기술지원 등 종합적인 업무를 수행하고 있다.

또한 사이버테러 신고 접수 및 상담, 관계 법령 및 제도 연구, 국내외 사이버수사 협력, 사이버테러 수사, 해커 동향 파악, 사이버수사 기획 및 지도, 불법 사이트 검색, 사이버테러 예방 및 수사기법 연구, 일선 사이버수사 등을 다양하게 지원한다.

국내 정보보호 관련 전문연구기관

국가보안기술연구소

'과학기술분야 정부출연연구기관 등의 설립·운영 및 육성에 관한 법률' 제8조 제1항의 규정에 의해 설립된 국가보안기술연구소(NSRI : National Security Research Institute)는 국가사이버안전관리 규정 제15조, 국가정보보안기본지침 및 국가정보보안기술연구개발 지침 등에 따라 공공 분야의 사이버안전 관련 기술 확보를 위한 연구·개발을 수행하고 있다.

국가보안기술연구소는 주요 정보통신 기반시설 등의 보호를 위한 기술개발 및 지원, 국가·공공기관의 정보통신 시스템 및 정보통신망에 대한 사이버 침해에 효과적으로 대응하기 위한 기술 및 정책의 개발·지원을 목적으로 2000년에 설립된 정보보호 전문연구기관이다. 국가사이버안전관리규정에 따라 국가보안기술연구소는 국가사이버안전 관련 기술 및 정책 연구개발 전문기관으로써 그 위상이 보다 확고해졌다.

국가보안기술연구소는 설립 이후 국가 암호기술 연구, 해킹 대응기술 개발, 정보보안 기술개발 및 정책 지원, 관련 기반 구축 및 지원활동 등을 통해 전문연구기관으로서 국가 보안기술 발전에 앞장서 왔다.

또한 국내 정보보호 및 암호학의 연구 기반 강화와 국가 통신 및 전산정보 보호의 기반 조성을 위해 1989년부터 매년 '정보보안 및 암호에 관한 학술대회(WISC : Workshop Information Security and Cryptography)'를 개최하고 있다. 중앙행정부처 및 산하기관, 전문연구기관, 기간통신 사업자, 학계 등 국내 정보보호 업무 관계자 간의 학술 교류와 유기적인 협력관계 구축을 통하여 국가 정보보호 기술 발전도 기여한다. 그 밖에 국내외 정보보호 관련 최신 기술 및 정책 동향 등을 관련 기관에 제공해 오고 있다.

한국정보보호진흥원

1996년 4월에 한국정보보호센터로 출범하였으며, 2001년 7월부터 '정보통신망 이용촉진 및 정보보호 등에 관한 법률' 제52조에 의거 한국정보보호진흥원(KISA : Korea Information Security Agency)으로 승격했다.

한국정보보호진흥원은 인터넷 침해사고에 대한 효과적인 대응 및 예방, 불법스팸의 예방과 대응, 개인정보 보호 및 피해 구제, 전자서명 인증관리 및 이용 활성화, 정보통신 기반시설의 보호, 정보보호 제품에 대한 보안성 평가 및 산업 지원, 정보보호 정책 및 기술 개발과 표준화, 정보보호 인식 제고 활동 등을 수행하고 있다.

2006년 6월에는 바이오인식정보시험센터(K-NBTC : Korea-National Biometric Test Center)를 개소하여 국내 바이오인식 산업 활성화의 교두보를 마련했다. 특히 한국정보보호진흥원이 제안한 바이오API 표준적합성 시험 방법 및 절차에 대한 바이오인식 시험기술 표준안은 2007년 1월 국제표준으로 제정되었다.

또한 1999년 정보보호진흥원에 전자서명인증센터를 설립하여 2000년부터 공인인증서 발급을 시작한 이래 6년 만인 2006년 말, 공인인증서 이용자 1,400만 명을 돌파하였다. 이에 대응하여 한국정보보호진흥원은 공인인증체계 전반에 대한 장애 예방 및 대응 체계 확대 구축을 통해 안전한 전자거래 환경을 조성하고 있다.

한국전자통신연구원

한국전자통신연구원(ETRI : Electronics and Telecommunications Research Institute)은 통신·방송·인터넷의 혁명적 대통합(u코리아) 시대의 도래와 함께 네트워크 인프라 마비, 불건전·유해 정보 유통, 개인정보 유출 및 프라이버시 문제 등 유비쿼터스 사회로의 진입에 걸림돌인 정보화 역기능 해소를 위한 정보보호 선도기술을 확보하고, 보유한 기술의 신속한 산업화를 지원하고 있다.

또한 지식·지능 정보 및 u-IT 서비스의 신뢰성이 보장되는 사회 실현이라는 비전을 가지고, 사용자 중심의 생활 속의 u정보보호 체계 수립이라는 목표를 세우고 있다. 이러한 목표달성을 위해 u-IT 인프라 보호 및 무선보안, u침해확산방지, u개인정보보호, u범용인증, u지식·지재권보호 등 안전한 유비쿼터스 사회 실현에 필요한 핵심기술 개발에 집중하고 있다.

ETRI는 1999년 PKI(Public Key Infrastructure) 시스템을 개발해 금융결제원과 증권전산 등의 공인인증기관에 공인인증 시스템을 구축하여 인터넷 뱅킹이나 인터넷 증권거래 등의 전자거래를 위한 신뢰 기반 마련에 기여하였다. 2004년에 국내 최초 자바 기반 USIM(Universal Subscriber Identity Module) 칩 및 플랫폼 기술의 상용화를 통해 국내 3세대 이동통신망의 서비스 고도화 및 안전성 확보를 이루었고, 네트워크 보안 분야에서 20기가급 보안 게이트웨이 원천기술 확보 및 라우터용 보안기술 상용화를 추진하여 글로벌 네트워크의 생존성을 보장하는 데 기여했다.

2005년에는 SAML v2.0 웹 SSO 툴킷 기술을 개발하여 오아시스(e비즈니스 국제표준화기구)의 운용성 테스트를 통과했으며, 휴대폰 등 모바일 단말기에 900MHz 대역의 RFID 리더를 외장 형태로 장착하여 안전한 RFID 서비스를 제공하는 보안 소프트웨어 기술과 기반 연동기술을 개발했다.

2006년에는 IPv4/IPv6망에 적용할 수 있는 고성능 침해 방지 시스템 등의 네트워크 인프라 보호 핵심기술과 모바일 RFID 보안 솔루션 고도화 및 전자여권 프로토타입 등의 안전한 전자정부 실현을 위한 주요 기술을 개발했다.

향후 ETRI는 유비쿼터스 사회에 대응하기 위해 연구영역을 보안Security → 신빙성Reliability → 안전Safety'으로 확대하고, 휴먼 네트워킹과 바이오 네트워킹을 지원하는 보안기술도 개발할 계획이다. 이를 위해 국내외 유관기관과 MOU를 체결하고, 원내 기술교류 및 협력을 활성화하고 있다.

금융보안연구원

금융보안연구원(FSA : Financial Security Agency)은 2005년 5월 국내 최초로 발생한 인터넷 뱅킹 해킹 사고를 계기로 국민들이 안심하고 전자금융거래를 할 수 있도록 금융권 공동 보안 전담기구로서 2006년 10월 4일에 설립되었으며, 2006년 12월 21일 개원식을 갖고 정식 출범했다.

금융보안연구원은 전자금융 신규 보안 취약점 및 위협에 대한 상시적인 분석·대응을 위하여 국가사이버안전센터, 한국정보보호진흥원 등이 제공하는 위협요소를 활용한 금융기관의 안전성 점검 및 방안 수립, 급속히 발전하는 금융 IT 환경에 적용되는 보안제품에 대한 적합성 테스트, 고객의 편의성을 높이고 금융기관의 중복투자를 제거하기 위한 금융기관 일회용 비밀번호(OTP : One Time Password) 통합인증센터 구축 및 운영 등의 업무를 수행하고 있다.

또한 국내외 금융 IT 보안 동향 분석 및 정보 제공을 하고 있으며, 금융기관의 보안 관리자 및 전자금융거래 이용자를 위한 보안 가이드라인을 개발할 예정으로 있다. 특히 2007년 1월에는 KFCERT(Korea Financial CERT)를 구축하고 피싱 신고센터를 개설하여 금융기관을 사칭한 전자메일 및 사이트에 대한 신고 접수를 시작하였으며, 본격적인 금융권 해킹과 피싱 사고 대응에 나서고 있다.

금융정보공유분석센터

금융 정보공유분석센터(ISAC : Information Sharing and Analysis Center)는 정보통신기반보호법 제16조를 근거로 증가하는 해킹 및 사이버테러 예방을 위해 금융 분야 주요 기반시설에 대한 침해사고 정보 제공 등 공동 대응체계를 구축하고자 설립·운영되었다.

금융ISAC은 증권선물거래소, 한국자산공사, 대우증권 등 24개 회원사가 참여하고 있다. 주요 수행 업무는 해킹 등 침해사고 예방을 위해 24시간 365일 통합보안관제센터 운영, 취약점 분석·평가 업무, 침해사고 관련 취약점·보호대책 정보 제공, 사고 발생 시 긴급대응·사고 분석 업무를 수행하고 있으며, 특히 2001년 1월에 구축된 통합보안관제센터에서 축적된 침해 대응 기법을 회원사에 서비스하고 있다.

기타 업무로는 정보 유출 방지 및 사이버범죄 예방, 사후 조치를 위하여 포렌식 업무를 하고 있으며, 2006년 8월에 포렌식 시스템을 자체 개발하여 운영하고 있다.

통신정보공유분석협회

국내 11개 기간통신 사업자가 소속되어 있는 통신ISAC는 2006년 독립법인단체로 공식 출범하면서 통신정보공유분석협회(TISAA : Telecom-munications Information Sharing Analysis Association)로 개명하였으며, 출범과 더불어 침해사고 대응과 정보보안 체계를 강화하고 있다.

통신정보공유분석협회는 취약점 및 침해요인과 대응 방안에 관한 정보 제공, 주요 정보통신 기반시설에 대한 회원사 보호 대책 업무 지원, 정보보호에 관한 회원사 의견수렴 및 정부 정책 제안, 국내외 정보보호 관련 회의 및 학술행사를 개최하는 등 회원사의 정보보호 역량 강화와 정보 공유를 통한 회원 사 간 협력체계 유지 등과 같은 업무를 수행하고 있다.

미국의 정보보호 관련 법규

미국의 정보보호 관련 법규는 정보보호 전반 관련 법규, 개인정보 보호 관련 법규, 전자상거래 관련 법규, 사이버범죄 관련 법규와 인터넷 정부 관련 법규로 분류해 볼 수 있다.

정보보호 전반 관련 법규

정보보호 전반 관련 법규로는 전자정부에 관한 법규인 'The E-Govern ment Act of 2002' 중 정보보호에 관한 연방법으로서 2002년부터 시행된 FISMA(Federal Information Security Management Act of 2002), 개인의 의료정보 보호를 위하여 제정된 연방법으로 1996년부터 시행된 HIPAA

FISMA 체계

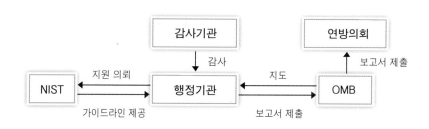

(Health Insurance Privacy and Accountability Act of 1996)가 있다.

개인정보 보호 관련 법규

개인의 금융정보를 보호하기 위해 정보기술통일평가시스템(URSIT : Uniform Rating for Information Technology)이 1999년 금융기관의 감사 조직인 연방금융기관검사위원회(FFIEC : The Federal Financial Institutions Examination Council)에 의해 개발되었다. URSIT에 정보보호도 포함되어 있으나, 고객 개인정보 보호를 강화하기 위해 1999년 GLBA(gram-Leach-Bliley Act of 1999)가 시행되었다. GLBA에서는 금융기관이 고객 개인정보 보호를 위한 적절한 규정인 2개의 가이드라인 외에 고객 개인정보의 폐기 방법도 추가되었다.

또한 온라인상에서 아동으로부터 수집된 정보나 그 정보의 취급에 대해서 아동의 보호자에게 감독권이나 결정권을 부여하는 '아동 온라인 프라이버시법(COPPA : The Childrens' Online Privacy Protection Act)', '운전자의 개인정보 이용에 제한을 둔 운전자 프라이버시 보호법(Driver's Privacy

법규	대상이 되는 산업	규정의 대상	처벌
Federal Information Security Management Act of 2002(FISMA)	연방 행정기관	행정기관의 정보, IT시스템, 정보보호 프로그램	—
Health Insurance Privacy and Accountability Act of 1996(HIPPA)	의료기관 및 의료 서비스 제공자	개인 의료정보의 전자 데이터	형사처벌, 벌금
Gramm-Leach-Biliey Act of 1996 (GLBA)	금융기관	고객 개인정보	형사처벌, 벌금
Sarbanes-Oxley Act of 2002(SOX)	미국 증권거래 시장에 상장하고 있는 기업	내부 통제와 재무 내용의 공개	형사처벌, 벌금
Califonia Database Security Breach Information Act of 2003(SB1386)	캘리포니아 주 내의 행정 및 민간 기업	암호화되어 있는 개인정보	형사처벌, 벌금

미국에서 영향력이 강한 정보보호 관련 법규의 개요

Protection Act of 1994)', 개인정보의 보호나 취급 등을 정한 기업의 프라이버시 규약에 대한 위반행위를 적발하는 권한을 연방거래위원회(FTC)에게 부여하는 'FTC법 제5절', 캘리포니아 주 안의 모든 행정기관과 민간기업에 개인정보보호를 의무화하는 주법으로 2003년부터 시행된 'SB1386' 등이 있다.

전자상거래 관련 법규

1970년에 제정된 '공정신용거래법(FCRA : Fair Credit Reporting Act)'에 ID 도용 방지와 피해자 구제를 목적으로 한 조항이 추가된 '공정 정확 신용거래법(FACTA : The Fair and Accurate Credit Transactions Act of 2003)'이 있다.

사이버범죄 관련 법규

1984년에 제정되었으며 정부의 컴퓨터에 부정 접근하는 범죄를 정한 '컴퓨터 사기 및 부정이용 방지법(Counterfeit Access Device and Computer Fraud and Abuse Act of 1984)', 전자메일이나 휴대전화 등 전기통신에까지 프라이버시 보호의 적용 범위를 확대하고 통화 기록 접근도 제한하는 '전기통신프라이버시법(Electronic Communications Privacy Act of 1986)', 기업 기밀의 절도나 복사, 고의 수정에 대한 형사 처벌을 정한 법규인 '경제산업스파이법(Economic Espionage Act of 1996)', 2001년 10월 26일 제정된 연방법이며 통신 감청의 대상에 전자통신도 포함시킨 '미국패트리어트법(USA Patriot Act of 2001)', 인명에 위험이 있는 경우 FBI가 재판소의 사전 허가 없이 인터넷이나 전화를 도청할 수 있도록 인정하는 연방법인 '사이버보안강화법(Cyber Security Enhancement Act of 2002)', 다양한 개인정보 절도행위 등 범죄를 목적으로 타인의 개인정보를 소유하는 것에 대한 형벌의 기준을 설정한 연방법인 'ID도용처벌강화법(Identity Theft Penalty

Enhancement Act)', 고의적으로 연방법 및 주법의 위반하는 행위나 타인의 개인정보를 도용·양도하는 위법행위를 연방범죄로 지정해 개인정보의 절도에 대한 처벌을 한층 더 강화하는 연방법인 'ID도용방지법(Identity Theft and Assumption Deterrence Act, Identity Theft Act)' 등이 있다.

인터넷 정부 관련 법규

미국의 증권거래소에 상장되어 있는 모든 기업에 적용되어 증권거래위원회(SEC : Securities and Exchange Commission)에 재무 보고서 제출을 의무화한 연방법으로 2002년부터 시행된 'SOX법(Sarbanes-Oxley Act of 2002)'이 있다. 이 법규가 인터넷 정부와 관련이 있는 이유는 "기업의 정보 취급은 내부 통제에 크게 영향을 준다"라고 서술하고 있으며, 정보보호가 확보되지 않으면 재무 보고서의 신뢰성이 손상될 우려가 있다고 지적하고 있어, 결국 SOX법에 대응하기 위해서는 정보보호의 확보가 중요하다고 말할 수 있기 때문이다.

미국의 정보보호 담당기구

국토안보부

미국은 9·11테러 발생 이후 테러 대응 대책 강화를 위해 연방 차원의 중심기관 설치 필요성을 인식하고, 이를 위한 각종 제안을 고려하여 조직정비를 행하였다. 이에 따라 국토안보국, 사이버안보담당 대통령특별보좌관, 국토안보회의, 대통령 주요기반보호위원회 등이 신설되었으며, 2002년 11월 제정된 '국토안보법(Homeland Security Act of 2002)'을 계기로 국토안보부(DHS : Department of Homeland Security)를 창설하게 되었다. R&D 주요 기관인 과학기술국(S&T), 부내 주요 정책 형성 및 조정기관인 정책실 및 국토안보자문위원회, 국가기반시설자문위원회, 주요기반시설파트너십 자문위원회를 산하기관으로 보유하고 있다.

국가보안국

국가보안국(NSA : National Security Agency)은 정부의 정보통신 보안을 위해 1952년 대통령령으로 설치한 국방부(DoD : Department of Defense) 소속 정보기관이다. 주요 업무로는 데이터 처리와 외국어 분석의 정부 내 선도 기관, 미국정부 정보통신 장비 보안 임무 수행, 미국정부 정보시스템 방어, 적국 암호 분석, 국립암호학교 운영 등이다.

03_ 정보보호 문화 및 윤리

🚩 정보보호, 이것만은 꼭 지키자!

컴퓨터를 사용하는 시간이 늘어나고, 생활 가운데 컴퓨터를 활용하는 기회가 다양해짐에 따라 자신과 타인의 정보를 보호하기 위해서 한국정보문화진흥원의 정보보호 실천수칙 8가지를 습관적으로 실천하도록 해야 한다.

백신 프로그램을 설치하고 백신 및 OS의 자동 업데이트 기능 사용하기

백신 프로그램의 사용은 바이러스나 스파이웨어와 같은 악성 프로그램을 검사하고 치료할 뿐만 아니라, 인터넷을 통한 악성코드나 악의적인 사용자의 침입을 차단하고 개인정보 유출을 막아 사용자의 컴퓨터와 개인정보를 안전하게 보호할 수 있는 가장 기본적인 방법이다.

최근 인터넷이 발전하고 사용자가 늘면서 컴퓨터에 해를 끼치는 바이러스나 웜과 같은 악성코드도 인터넷을 통해 더 빠르고 넓게 전파됨에 따라 이에 대응하기 위해서 백신 프로그램은 엔진 업데이트 기능을 지원한다. 따라서 새로운 바이러스나 스파이웨어, 웜을 검사·치료하기 위해서는 이를 이용하여 엔진 상태

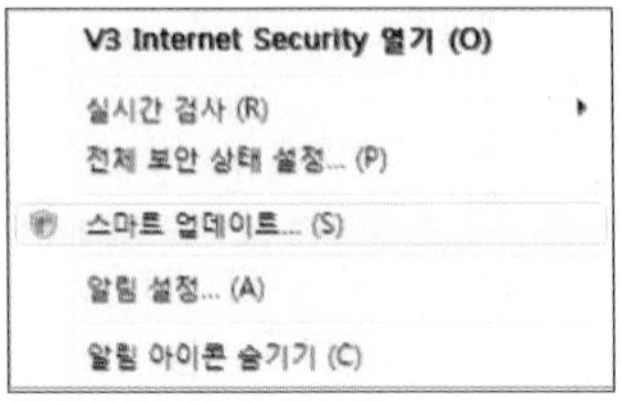

안철수연구소의 백신 프로그램인 V3를 업데이트하는 모습

V3 Internet Security 열기 (O)

실시간 검사 (R)
전체 보안 상태 설정... (P)

스마트 업데이트... (S)

알림 설정... (A)

알림 아이콘 숨기기 (C)

를 항상 최신으로 유지하도록 해야 한다.

비밀번호는 영문과 숫자를 혼합해 8자리 이상으로 정하고 주기 적으로 변경하기

암호 검사기를 이용하여 암호의 강도를 테스트하는 모습

컴퓨터를 사용할 때에는 특히 온라인 계정에 저장되어 있는 개인정보를 이용하기 위해서는 사용자의 ID와 비밀번호를 사용한다. 이때 사용하는 비밀번호를 너무 단순하게 만들면 임의의 다른 사용자가 이를 알아낼 수 있기 때문에 비밀번호는 기억할 수 있는 범위 내에서 가능한 복잡하게 만들어야 한다. 사용자의 비밀번호가 노출되면 사용자의 개인 메일정보, 금융정보 등이 타인에게 유출될 수 있다. 따라서 사용자는 안전한 패스워드를 설정하고 이용하여야 하며, 또한 안전하게 관리해야 한다.

일반적으로 영문과 숫자를 혼합하여 8자리 이상으로 정하고, 이를 주기적으로 변경한다면 안전하게 인터넷 사이트의 개인 서비스를 이용할 수 있다. 보다 더 강력한 암호를 만들어서 사용하기 위해서는 암호 검사기 사이트 (http://www.microsoft.com/korea/athome/security/privacy/password…checker.mspx)에서 자신이 만든 암호를 테스트해 본 후 사용하면 된다.

이런 패스워드는 사용하지 마세요!
1. 7자리 이하 또는 두 가지 종류 이하의 문자 구성으로 8자리 이하 패스워드
2. 특정 패턴을 갖는 패스워드
   - 동일한 문자의 반복 예) 'aaabbb', '123123'
   - 키보드상에서 연속한 위치에 존재하는 문자들의 집합 예) 'qwerty', 'asdfgh'
   - 숫자가 제일 앞이나 뒤에 오는 구성의 패스워드 예) 'security1', '1security'

3. 제3자가 쉽게 알 수 있는 개인정보를 바탕으로 구성된 패스워드

   예) 가족이름, 생일, 주소, 휴대전화번호 등을 포함하는 패스워드

4. 사용자 ID를 이용한 패스워드

   예) 사용자의 ID가 'KDHong'인 경우, 패스워드를 'KDHong12' 또는 'HongKD'로 설정

5. 한글, 영어 등을 포함한 사전적 단어로 구성된 패스워드

   예) '바다나라', '천사10', 'love12'

6. 특정 인물의 이름이나 널리 알려진 단어를 포함하는 패스워드

   • 컴퓨터 용어, 사이트, 기업 등의 특정 명칭을 포함하는 패스워드

   • 유명인, 연예인 등의 이름을 포함하는 패스워드

7. 숫자와 영문자를 비슷한 문자로 치환한 형태를 포함한 구성의 패스워드

   예) 영문자 'O'를 숫자 '0'으로, 영문자 'I'를 숫자 '1'로 치환

8. 기타

   • 시스템에서 초기에 설정되어 있거나 예제로 제시되고 있는 패스워드

   • 한글의 발음을 영문으로, 영문 단어의 발음을 한글로 변형한 형태의 패스워드

   예) 한글의 '사랑'을 영어 'SaRang'으로 표기, 영문자 'LOVE'의 발음을 한글 '러브'로 표기

            — 출처 : 한국정보보호진흥원, 패스워드 선택 및 이용 가이드

PC 부팅, 윈도 로그인, 네트워크 공유 폴더를 이용할 때 비밀번호 설정하기

사용자의 컴퓨터에는 그와 관련된 수많은 개인정보가 존재한다. 때문에 이러한 개인정보가 다른 사용자에게 노출될 경우에는 심각한 개인정보 피해 사례가 발생한다. 따라서 사용자는 자신의 컴퓨터에서 제공하는 다양한 보안 기능을 이용하여 자신의 정보를 다른 사용자에게 노출되지 않도록 보호해야 한다.

이를 위해 사용할 수 있는 보안 기능으로는 컴퓨터가 부팅될 때 동작하는 CMOS 프로그램에서 비밀번호 설정 기능과, 윈도나 리눅스와 같은 운영체제를 처음 로그인해서 사용할 때 비밀번호를 설정하는 기능이 있다. 이런 비밀번호 설정 기능을 이용할 뿐만 아니라, 네트워크를 이용하여 원하는 사람에게 파일 및 폴더 공유를 할 경우에도 공유 폴더에 접근할 때 필요한 비밀번호 설정 기능을 이용하여 원하는 사용자와만 정보를 공유하도록 한다.

컴퓨터 부팅 시
CMOS 비밀번호를
설정하는 모습

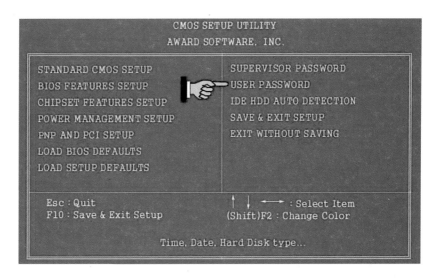

원도 로그인 시
비밀번호를
설정하는 모습

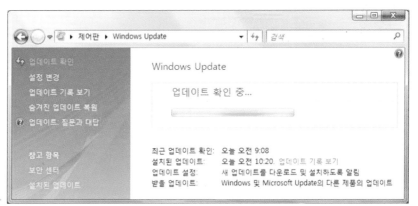

공유 폴더 접근 시에
필요한 비밀번호를
설정하는 모습

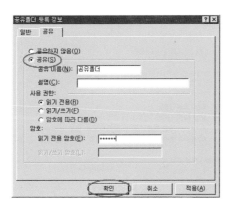

일주일에 한 번은 윈도 등 주요 소프트웨어의 보안 패치 설치하기

첫 번째로 언급했던 백신 프로그램의 업데이트 기능뿐만 아니라 윈도나 리눅스와 같은 운영체제에서도 업데이트 기능을 지원하고 있다. 그리고 다양한 주요 소프트웨어에서 보안 패치 업데이트 기능을 지원하고 있으므로, 이를 이용하여 운영체제와 주요 소프트웨어도 적어도 일주일에 한 번은 최신 상태를 확인하고 유지할 수 있도록 한다.

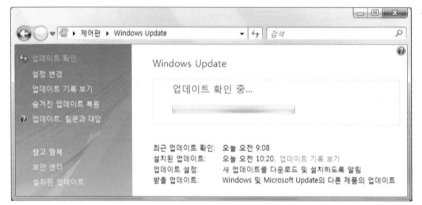

윈도 업데이트하는 모습

최신 상태로 업데이트되어 있는 윈도의 모습

정품 소프트웨어 사용하기

다운로드받은
프로그램을 백신을
이용하여 검사하는 모습

불법 소프트웨어의 무단 사용은 타인의 지적재산권 침해의 원인이 되며, 불법 소프트웨어에는 악성 프로그램이 숨겨져 있을 위험 확률이 높기 때문에 이로 인한 정보자산 침해 사고가 발생할 수 있다. 따라서 신뢰할 수 있는 사이트나 사용자에게서 얻을 수 있는 정품 소프트웨어를 사용하고, 프리웨어나 셰어웨어를 다운받아 사용할 때는 출처를 명확히 파악하여 다운로드 받고, 처음 설치하거나 사용하기 전에는 반드시 백신으로 검사를 한다.

보낸 사람이 불분명한 전자메일은 절대로 열지 않기

인터넷 사용이 늘어남에 따라 전자메일이나 메신저의 사용이 함께 증가하고 있다. 하루에도 수십에서 수백 건 정도의 메일이 오는 상황에서 일부 메일은 보낸 사람이 불분명하거나 모르는 곳으로부터 올 수 있다. 이러한

악성코드를
전송하는 전자메일

불분명한 전자메일은 악의적인 목적으로 악성 프로그램들을 첨부하고 있을 수 있기 때문에, 발신이 불분명한 메일이나 메일 제목이 흥미를 유발하는 스팸메일 등은 열어보지 않고 바로 삭제한다. 설령 읽어야 할 경우에도 첨부파일을 바로

실행하지 말고, 일단 컴퓨터에 저장한 후에 백신 검사를 하여 안전하다면 실행한다. 한편 메일 관리 프로그램의 설정을 확인하여 자동으로 첨부파일을 실행하지 않도록 하고, 백신 프로그램의 자동 메일 검사 기능을 사용하는 것이 좋다.

중요한 데이터의 백업을 생활화하기

사용자의 실수나 바이러스 등의 악성 프로그램에 의해 컴퓨터에 저장되어 있는 사용자의 중요한 데이터가 손상되었을 경우, 주기적으로 백업된 복사본이 없다면 데이터를 복구할 수 없게 된다. 따라서 중요한 개인정보 데이터들은 평소에 CD와 같은 보조 기억장치에 백업(저장)을 생활화한다.

하루에 한 번 PC를 껐다 켜고, 쓰지 않을 때는 전원 끄기

다른 사람이 네트워크를 통해 사용자 PC에 불법적으로 접근하거나, 밝혀지지 않은 취약점을 이용한 바이러스나 웜, 백도어 등의 악성 프로그램이 접근을 시도하려 할 때, 가장 안전한 방법은 인터넷과의 연결을 끊어 접근하는 통로를 원천적으로 막는 것이다. 컴퓨터를 사용하다 보면 일부 소프트웨어는 자신이 사용한 메모리를 정확히 모두 처리하지 않고 비정상적으로 종료하거나 램에 상주하는 웜의 공격을 받을 수도 있다.

때문에 하루에 한 번 정도 컴퓨터를 재부팅하여 사용하고, 장기간 PC를 사용하지 않을 경우에는 인터넷과의 연결을 물리적으로 차단하고, 전원을 꺼두도록 한다.

✏ 정보보호를 위한 유용한 도구들을 사용하자

악의적인 공격에 대응하고 예방하기 위한 정보보호를 위해 여러 유용한 도구들이 존재한다. 다음은 그 대표적인 도구들이다.

백신 프로그램

백신은 바이러스와 스파이웨어를 검사, 치료할 뿐만 아니라, 인터넷을 통한 악성코드나 해커의 침입을 차단하고 개인정보 유출을 막아 사용자의 컴퓨터와 개인정보를 안전하게 보호하는 보안 프로그램이다.

개인 방화벽

개인 방화벽은 네트워크를 통해 인터넷에 접근하거나 외부로부터 접근이 있을 경우, 이를 모니터링하고 접근 여부를 결정할 수 있도록 한다. 만약 허가되지 않는 접속이 발견되면 이를 차단하고 경고를 보낸다. 최근에는 해킹 툴을 감지·차단할 수도 있고, 네트워크 공유 폴더에 대한 접근도 실시간으로 제어하는 기능을 제공한다. 이로써 트로이목마나 인터넷 웜을 통한 공격과 네트워크 공유 폴더 등에 의한 개인정보 유출을 방지할 수 있다.

개인 방화벽을 사용하기 위해서는 윈도에서 기본적으로 제공하는 윈도 방화벽을 이용할 수도 있고, 백신 프로그램이나 전문 방화벽 프로그램을 이용할 수 있다.

유해 사이트 차단 프로그램

유해 사이트 차단 프로그램은 '청소년보호법'에 의거하여 청소년 유해 매체물로 결정된 국내의 사이트를 차단하는 프로그램이다.

정보통신윤리위원회에서 배포하고 있는 청소년 유해 매체물 차단 기능 (youth.rat)은 '정보통신망 이용촉진 및 정보보호 등에 관한 법률'에 따라 '청소년보호법'에 의거하여 청소년 유해 매체물로 결정된 국내의 사이트를 웹브라우저에서 차단한다. 이를 사용하기 위해서는 국내 청소년 유해정보에 존재하는 html의 메타태그(정보등급 부분)를 인식할 수 있도록 'youth.rat'

파일을 이용자의 웹브라우저에 설치해야 한다. 정보통신윤리위원회사이트
(http://www.kiscom.or.kr/business/bus01.html?pm1=1&pm2=1&pm3
=1)의 설명을 참조하여 설치 및 이용할 수 있다.

　　한편 민간업체에서 제공하는 유해 사이트 차단 프로그램도 관련 사이트
(http://www.safenet.ne.kr/use…service/use2.html)를 통해서 구할 수
있다.

스팸메일 차단 프로그램

　　스팸메일이란 이메일이나 휴대폰 등 정
보통신 서비스를 이용하는 이용자의 단말
기로 본인이 원치 않음에도 불구하고 일방
적으로 전송되는 영리목적의 광고성 정보
이다. 이러한 스팸메일은 대량으로 반복
전송되기 때문에 이를 받는 이용자의 짜증

백신 프로그램의
스팸메일
차단 기능 설정

을 유발하고 필요한 정보 수신을 방해하며, 메일서버의 과부하를 초래하는
등 많은 문제점을 야기한다. 따라서 스팸메일 차단 프로그램을 이용하여 이
러한 스팸메일을 차단한다.

　　정보통신윤리위원회는 메일의 제목과 내용의 음란성을 검사하고 인식하
여 차단하는 '스팸체커'(http://spam.kiscom.or.kr/sub/spam.html)라
는 스팸메일 차단 프로그램을 배포하고 있다. 스팸체커는 음란 사이트DB,
음란 키워드, 음란 이미지 등을 인식하여 음란 스팸메일을 차단한다. 다음
(hanmail.net), 네이버(naver.com), 야후(yahoo.co.kr) 등 웹메일은 물론
아웃룩(Outlook Express)으로 수신되는 스팸메일까지 차단한다.

　　최근에는 대부분의 백신 프로그램에서 스팸메일 차단 기능을 지원하고
있다.

피싱 차단 프로그램

피싱은 개인정보Private Data와 낚시Fishing의 합성어로, 유명업체의 위장 사이트를 만든 뒤 불특정 다수의 이용자에게 위장 사이트로 접속하도록 현혹하여 개인정보나 금융정보를 몰래 빼내는 것을 말한다. 2008년 초 발생한 인터넷 뱅킹 이용자에 대한 피싱 사고를 예방하기 위해서 은행 및 대형 포털뿐만 아니라, 개인 사용자에게도 피싱 차단 프로그램이 필요하다. 더군다나 피싱은 갈수록 지능화되어 사용자의 도메인을 아예 빼앗거나, DNS(도메인 네임 시스템) 또는 프록시 서버의 주소를 속여서 이용자가 진짜 사이트로 오인하도록 유도하는 파밍Pharming으로까지 진화하고 있어 대응책 마련이 필요하다.

피싱 차단 프로그램은 피싱이나 의심 사이트에 접속하거나 개인정보를 전송하고자 할 때 경고를 알리고 차단해 준다. 또 지능적인 파밍을 감시하고 이를 방지하는 기능을 제공하기도 한다. 이러한 피싱 차단 프로그램은 소프트런의 '노피싱', 소프트포럼의 '클라이언트키퍼 피싱프로', 그리고 잉카인터넷의 '피싱헌터' 등이 있고, 웹브라우저의 피싱 차단 기능을 이용할 수도 있다.

피싱을 예방하려면?

1. 신뢰할 수 없는 메일이나 전화에 현혹되어 개인·금융 정보를 제공하지 않도록 주의한다.
   - 메일이나 게시판에 링크된 사이트에서 바로 정보를 입력하지 말고 직접 공식 홈페이지를 방문하거나 대표고객센터 등을 이용한다.
   - 무분별한 인터넷 이벤트 참여는 정보 유출의 지름길이다. 신뢰할 수 있는 이벤트만 공식 홈페이지를 통해 참여한다.
   - 로그인하기 전에 한 화면에 여러 정보를 한꺼번에 입력하도록 요구하는 경우는 일단 의심한다.
   - 중요 정보를 가지는 사이트(은행, 쇼핑몰, 게임 사이트 등)와 일반 정보 수집용 사이트의 계정과 비밀번호는 다르게 생성하여 사용하고, 주기적으로 비밀번호를 변경한다.
2. 파밍이나 악성코드에 의한 정보유출을 막으려면 자기 PC의 보안관리를 철저히 해야 한다.
   - 윈도 보안 패치 자동 업데이트를 꾸준하게 설치한다.
   - 백신 프로그램을 실시간으로 구동하고 주기적으로 점검한다.
   - 신뢰할 수 있는 사이트에서 제공하는 프로그램만 설치한다.
3. 피싱인지 궁금하거나 의심될 때는 정보를 제공하기 전에 관계기관으로 확인 또는 신고한다.
   - 의심스러운 메일이나 게시글을 접했을 경우 잘 알 것 같은 친구나 동료에게 물어 보거나, 인터넷에서 검색하는 방법으로 조사해 볼 수 있다.
   - 자신이 없거나 확인 결과 위험성이 있어 보일 경우에는 관련 기관으로 문의해야 한다.

— 출처 : 경영과 컴퓨터(http://www.kyungcom.co.kr/), 2007년 11월호

키보드 보안 프로그램

악성 프로그램 중에는 '키로거'라는 프로그램이 있다. 이는 공격 대상인 컴퓨터에 설치되어 키보드로 입력하는 모든 데이터를 기록하는 프로그램이다. 이러한 프로그램은 공격 대상이 되는 일반 사용자가 인터넷에 로그인할 때 사용하는 아이디, 패스워드를 훔쳐내는 데 주로 이용된다. 특히 게임 사이트의 아이디와 패스워드를 훔쳐 사이버 머니나 게임 아이템을 훔치는 데도 사용된다. 또한 훔쳐낸 아이디와 패스워드를 통해 개인정보를 훔치기도 하기 때문에 이러한 프로그램이 설치되어 있는지 여부를 확인하여야 한다.

주로 PC방이나 컴퓨터 게임방, 학교 실습실 등 많은 사람이 함께 사용하는 컴퓨터에 설치되는데, 키로거 프로그램 중에는 수집된 로그를 네트워크를 통해 외부로 전송하기도 하기 때문에 각별한 주의가 필요하다.

키로거 프로그램에 대처하기 위해서는 우선 낯선 장소에서 ID와 패스워

드Password 또는 주민번호를 입력하지 않는다. 만약 부득이 하게 사용해야 한다면 인터넷 뱅킹 사이트를 이용한다. 은행 홈페이지에 접속하면, 보안 프로그램을 다운받게 되는데, 이 보안 프로그램에는 키로거 방지 프로그램이 포함되어 있다. 보안 프로그램이 포함되어 있는 백신이 동작하면서 키로거 프로그램을 검색해 주기 때문에 인터넷 뱅킹 홈페이지를 접속해 놓은 상태에서 공용 컴퓨터를 사용하는 것이 좋다. 키보드 보안 프로그램 사이트에서 직접 설치하여 사용할 수도 있다.

· nProtect KeyCrypt 사이트 : http : //www.nprotect.co.kr/service/nProtect Personal/sci/install.php

· wingkey 사이트 : http : //safekey.bomul.com/

· 세이프 키보드 사이트 : http : //safekey.bomul.com/

프로세스 목록화 프로그램

프로세스 익스플로러Process Explorer(http://www.microsoft.com/technet/sysinternals/utilities/ProcessExplorer.mspx)는 현재 내 컴퓨터에서 실행되어 동작 중인 프로세스들을 자세히 보여주는 프로그램이다. 이를 이

프로세스 익스플로러의
동작 모습

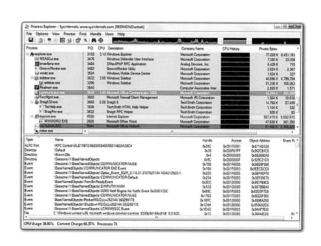

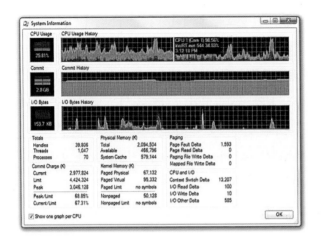

용하여 사용자는 자신의 컴퓨터에서 실행되고 있는 프로그램들을 확인할 수 있고, 악성 프로그램으로 의심되는 항목을 살펴보고 종료시켜서 개인정보를 보호할 수 있다. 윈도에 기본적으로 설치되어 있는 작업관리자를 이용해서도 이와 같은 작업을 할 수 있으나, 프로세스 익스플로러를 이용하면 더욱 자세한 정보를 얻을 수 있다.

자동 실행 프로그램 목록화 프로그램

Autoruns(http://www.microsoft.com/technet/sysinternals/Security/Autoruns.mspx)는 윈도에서 자동으로 실행되는 프로그램들을 목록화해서 보여주고 관리할 수 있도록 도와주는 프로그램이다. 이를 이용하면 윈도에 기본으로 내장되어 있는 시작점 관리 프로그램인 msconfig보다 훨씬 더 구체적인 관리가 가능하며, 자동 프로그램 제작사와 자세한 설명도 보여주기 때문에 쉽게 프로그램의 출처를 확인할 수 있다.

한편 많은 악성툴이 시작점에 등록되기 때문에 오토너스Autoruns을 이용하면 이러한 악성 프로그램들과 내가 설치하지 않은 프로그램을 쉽게 감지할 수 있다.

Autoruns 동작 모습

데이터 완전 삭제 프로그램

우리가 컴퓨터에서 삭제 메뉴를 통해 삭제하는 행위는 실제로 디스크로 부터 그 파일에 대한 정보를 삭제하지 않는다. 다만 운영체제는 그 파일에 대한 링크를 끊어버림으로써 이 파일은 삭제된 파일이라고 잠정적으로 인식하고 있는 것이다. 그렇기 때문에 삭제된 파일이 차지하고 있는 하드디스크의 영역이 다른 데이터로 덮어씌워지지 않는 한 링크만 살리면 해당 파일은 다시 존재하는 파일이 된다. 하드디스크 복구는 이런 방식으로 이루어진다.

따라서 사용자가 완전하게 제거하고 싶은 민감한 데이터를 하드디스크에서 삭제하기 위해서는 완전 삭제 프로그램을 사용한다. 프로그램은 인터넷을 통해 다양하게 얻을 수 있다.

잘못된 정보문화를 살펴보자

지적재산권 침해와 소프트웨어 불법복제

한국소프트웨어저작권협회(http://www.spc.or.kr)가 발표한 자료에 의하면, 우리나라의 소프트웨어 불법복제로 인한 침해 금액이 지속적으로 증가하고 있음을 알 수 있다. 그러나 침해 건수의 증가는 그와 비례하지 않는 것을 보면, 이는 과거에 비해 최근에는 고가의 소프트웨어가 불법적으로 복제되고 있음을 알 수 있다.

소프트웨어의 불법복제를 근절하는 것이 국내의 소프트웨어 개발사의 재산권을 보호하고 소프트웨어 산업 발전을 이끄는 것임을 깨닫고, 저작권에 대한 가치를 인정하고 그 정당한 대가를 치르려는 의식 전환이 필요하다.

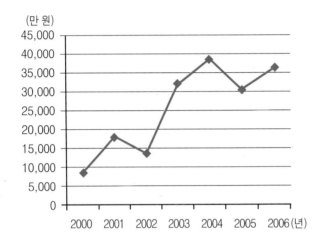

소프트웨어
불법복제로 인한
침해 금액

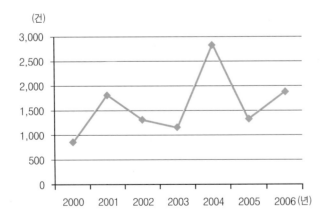

소프트웨어
불법복제로 인한
침해 건수

소프트웨어를 구분짓는 라이선스의 종류는?

1. **셰어웨어**Shareware

   무료로 다운받아 일정 기간 동안 사용할 수 있도록 한 소프트웨어를 말한다. 사용 기간이 끝난 후에는 비용을 지불해야만 계속적으로 사용할 수 있어 자연스럽게 정품 구매로 유도하게 된다. 보통은 사용 기간 동안 아무런 제약 없이 모든 기능을 사용할 수 있기 때문에 널리 사용되고 있다. 'Winzip(www.winzip.com)' 같은 소프트웨어가 대표적인 셰어웨어Shareware라고 할 수 있다.

2. **프리웨어**Freeware

   사용 시 아무런 비용을 지불하지 않아도 되는 소프트웨어로 사용 기간이나 기능의 제약은 없지만 사용목적이나 사용자를 구분짓는 경우가 있기 때문에 개인적인 목적 외에 사용하고자 할 때는 반드시 사용권 안내 파일을 확인해 봐야 한다. 별다른 표기 사항이 없으면 사용자나 사용목적에 제한이 있지 않다. 광고창이나 특정 정보를 수집하는 기능을 삽입하여 배포되는 애드웨어(Adware)도 프리웨어 범주에 속한다. 수집된 사용자의 정보는 보통 사용자 패턴을 분석하는 자료로 쓰이지만 개인 정보를 포함한 어떤 정보를 수집하는지는 구체적으로 알 수 없기 때문에 개인목적 외에 사용할 때는 주의해야 한다. 다운로드 프로그램인 Flashget (www.flashget.com) 같은 소프트웨어가 대표적이다.

3. **데모**Demo

   셰어웨어와 프리웨어와는 구별되는 소프트웨어로 부분적으로, 기능을 막아두거나 결과를 저장할 수 없게 하여 단순히 구동되는 모습만을 보여주는 방식이다. 실제로 소프트웨어로서의 역할은 하지 못하는 경우가 대부분이다. 따라서 구입을 위해 시연해 보는 목적 외에는 사용되지 않는다. 하지만 사용권리가 제한되는 경우가 있으니 불필요한 소프트웨어는 설치하지 않는 것이 좋다.

4. **GPL**(General Public License)

   GNU 사용권 허가 방식의 자유 소프트웨어를 말한다. 상업목적의 독점 소프트웨어와 반대 개념으로 쓰이며, 프로그램 실행에는 어떠한 제약도 없다. 원시코드가 같이 제공되어 개작이나 배포가 가능하나, 반드시 GPL에 귀속되어야 하는 제약이 있다. 하지만 소프트웨어를 사용할 때는 어떠한 제약도 없기 때문에 사용자, 장소에 구애받지 않는다. 단지 윈도 기반의 GPL 소프트웨어가 극히 드물다는 게 문제다. 얼마 전 2.0 버전으로 업그레이드된 리눅스 기반의 이미지 툴인 Gimp(www.gimp.org)가 대표적인 예이다.

5. **OEM · 번들**

   특정 하드웨어 구입 시 포함되어 제공되는 OEM 소프트웨어나 번들 소프트웨어는 하드웨어 사용권에 따른다. 해당 하드웨어가 사용되는 PC에서 사용이 가능하며, 사용자나 사용목적에 제약은 없다. 단지 해당 하드웨어가 교체되거나 수명을 다했을 경우, 번들 소프트웨어의 사용권도 없어지기 때문에 계속 사용하는 것은 불법이다. CD-RW와 같은 ODD 제품에 포함되는 Nero Burning-rom(www.nero.com)이나 WinDVD(www.intervideo.com)가 대표적이다

불건전 정보의 유통

불건전 정보란 성관계를 노골적으로 묘사한 음란물과 그 밖에 정치적 유언비어, 경제적 유언비어, 개인에 대한 인권침해, 사기성 정보 등 사회 가치관에 위배되며 미풍양속을 해치는 정보를 말한다. 현재 불건전 정보 내용의 강도가 더욱 높아지고 있으며, 불특정 다수를 겨냥한 다량의 불건전 정보는 미성년 인터넷 이용자들에게도 쉽게 노출되어 큰 사회적 문제로 대두되고 있다.

이에 따라 정보통신윤리위원회에서는 불법·청소년유해정보신고센터를 운영하고 있다. 그리고 정보통신윤리위원회 홈페이지에 접속하면 불건전 정보 차단 프로그램을 다운로드받을 수 있다.

인터넷 중독

인터넷 중독은 인터넷을 하지 않고 있으면 불안해서 아무것도 못하거나, 머리 속에 온통 인터넷에 대한 생각으로만 가득 차 있어 다른 생활을 제대로 하지 못하는 경우를 말한다. 인터넷 중독에 이르게 되는 과정을 살펴보면, 처음에는 관심 있는 사이트에 자주 접속하면서 인터넷에 빠져들었다가, 차츰 현실의 일과 사람들을 무시하며 인터넷을 통해 대리만족을 얻는다. 마침내 자신이 변화시키기 힘든 현실 세계를 외면하고 하고 인터넷에 중독된다.

이러한 인터넷 중독 문제는 개인뿐만 아니라 가정과 사회에도 부정적 영

사이버 현실 혼동 증후군 사례
1. 온라인 게임에 중독된 중학생이 남동생을 충동 살해(2001년 3월)
2. 온라인 게임 속에서 영토 확장을 위해 상대 측 가상전사를 죽이는 것을 PK(Player Killing)이라고 하는데, 실제 게이머를 찾아가 아이템을 빼앗은 혐의로 구속 기소된 엄모씨에 대해 공갈죄 등을 적용, 징역 6월 실형 선고(2000년 11월)
3. 경남 사천시의 이모씨 90시간 온라인 게임 중 사망(2005년 1월)
— 출처 : 한국정보문화진흥원, 인터넷중독예방상담센터

향을 끼치고 있어 문제가 심각하다. 특히 청소년은 대인관계 기피, 학업 능력 저하, 폭력성 등으로 성장장애가 나타나고 있으며, 이에 따른 가족 구성원 간의 대화 단절, 갈등 심화 등 가정 붕괴의 요인이 되고 있다.

사이버 범죄

사이버 범죄는 사이버 공간을 목적 또는 수단으로 발생하는 범죄 현상으로 지능적이며 범죄 의식이 희박할 뿐만 아니라, 급속하고 광범위한 피해 상황을 초래할 수 있다는 특징을 지니고 있다.

일반 범죄와 비교해 볼 때 사이버 범죄는 컴퓨터·인터넷·휴대전화 등 정보통신 기술이 범죄도구로 이용되며, 범죄의 수법이 매우 지능적이며 고도의 전문기술을 사용한다. 범행의 범위가 광역적이고 국제적이며, 발각과 원인 규명이 곤란하고 체포가 어렵기 때문에 범죄자는 수많은 비행을 저지른 끝에 잡히는 경우가 일반적이다. 중산층이 쉽게 가담하며, 범행자 스스로 범죄성에 대한 인식이 희박하거나 결여되어 있을 뿐만 아니라, 범죄의 결과에 따른 영향력이 매우 크다.

이러한 사이버 범죄의 유형은 크게 사이버 스토킹, 사기, 명예훼손과 같은 사이버 공간을 이용한 전통적 범죄군과 해킹, 바이러스 유포, 온라인 게임 범죄와 같은 사이버 공간의 등장에 따른 신종 범죄군으로 구분된다.

개인정보를 보호하기 위한 생활수칙

1. 자신의 ID를 타인에게 빌려주거나 타인의 ID를 사용하지 않도록 한다.
2. 비밀번호는 타인에게 알려주거나, 알 수 있게 관리하지 않도록 한다.
3. 개인정보는 개인의 매우 중요한 정보자산이므로 소중하게 취급하여야 한다는 사실을 강조한다.
4. 중요한 파일은 암호화하여 저장하고, 만일의 경우를 대비하여 백업을 받아 보관하게 한다.
5. 공공 장소에서 컴퓨터를 사용하던 중에 자리를 일시적으로 비울 경우를 대비하여 암호화한 화면 보호기를 설정한다.
6. 개인정보 침해, 해킹, 바이러스 감염 등 각종 침해 사고에 대비한 대처 방법을 알려준다.
7. 전자상거래 정보 및 개인정보를 제공할 때에는 반드시 상대 기업 및 사이트의 이용약관이나 개인정보 보호 방침 등을 읽어보고 개인정보 관리 정책을 확인한 후에 자신의 정보를 제공할 수 있게 가르친다.

— 출처 : 한국정보보호센터, 개인정보보호핸드북

04_ 정보보호 관련 직업에는
어떤 것들이 있나?

정보보호 전문가는 해커의 침입과 각종 바이러스 발생에 대비해 보안 이론과 보안 실무 능력을 겸비하고 있으며, 전산망 보안 및 유지를 전문적으로 처리하고 컨설팅하는 사람으로 네트워크 보안 전문가나 인터넷 보안 전문가라고도 불린다. 사이버 공간에서 고객들에게 주는 기업 신뢰에 대한 이미지가 회사 가치와 직결된다는 것을 인식한 미국 유명 사이트들은 이미 상당한 수준의 정보보호 체계를 갖추고 있으며, 야후나 이베이에서는 가장 우수한 인력을 정보보안 분야에 투입하고, 보안 분야를 정책 결정의 최우선 순위에 두고 있다.

정보보호 인력 분석

한국정보보호진흥원과 한국정보보호산업협회가 조사한 '2006년 국내 정보보호산업 통계조사'에 의하면, 바이오인식 분야를 포함한 정보보호 관련 기업에 근무하는 정보보호산업 관련 종사자는 총 4,627명으로 2005년 종사자 총 4,333명보다 294명(6.79%)이 증가한 것으로 조사·분석되었다.

직종 분석

조사 대상 4,627명에 대한 직종 분석 결과, 연구 및 개발 인력이 1,966명으로 조사 인력의 42.48%를 차지했고, 정보보호 관리 인력과 영업 인력이 각각 35.19%(1,6285명), 14.76%(683명)의 순이었다. 아래 표는 정보보호산업 인력에 대한 직종 분포를 보여준다.

구분	세부 분류	인원(명)	비율(%)
연구 및 개발	암호 및 인증 기술	696	15.04
	시스템 및 네트워크 기술	858	18.54
	응용 기술 및 서비스	412	8.9
	소계	1,966	42.48
관리	정보 시스템 관리	979	21.16
	정보보호 컨설팅	649	14.03
	소계	1,628	35.19
영업	정보보호 마케팅	683	14.76
	소계	683	14.76
기타	정보 시스템 감리 및 인증	84	1.82
	정보보호 교육	16	0.35
	기타	250	5.40
	소계	350	7.57
합계		4,627	100.00

정보보호산업
인력의 직종 분포

— 출처 : 한국정보보호진흥원, 2006 국내 정보보호산업 통계조사, 2006

전공 분석

정보보호산업에 종사하는 인력들의 전공을 분석한 결과는 다음 표와 같다. 2006년 현재 정보보호학이나 정보보호 관련학을 전공한 사람들보다는 정보통신학이나 관련학을 전공한 사람의 비중이 매우 높았다. 정보보호 인력에 대한 수요는 지속적으로 증가하는 반면, 정보보호 관련 인력의 배출은 이에 미치지 못하여, 현재 정보보호산업에 종사하는 인력들 중에서 정보보호 관련학을 전공한 사람의 수가 2004년 이후 감소한 것으로 추정된다.

또한 정보보호 분야의 특성상 컴퓨터 전체 분야의 고른 지식이 요구되기 때문에 정보보호를 전공하기보다는 정보통신학을 전공하여 기본 지식을 충분히 쌓고 정보보호 분야에 진출하기 때문인 것으로 추정된다.

정보보호산업
인력의 전공 분포

구분	2003년	2004년	2005년	2006년
정보보호학	295(7.5%)	356(8.9%)	203(4.7%)	248(5.4)
정보보호 관련학	522(13.3%)	461(11.5%)	178(4.1%)	193(4.1%)
정보통신학 및 관련학	2,165(55.0%)	2,544(63.5%)	3,033(70.0%)	3,126(67.6%)
비 관련학과	951(24.2%)	645(16.1%)	919(21.2%)	1,060(22.9%)
합계	3,933	4,006	4,333	4,627

— 출처 : 한국정보보호진흥원, 2006 국내 정보보호산업 통계조사, 2006

등급 분석

정보보호산업에 종사하는 인력의 수준별 분포는 아래 그림과 같다. 전체 4,627명 중 약 66%가 중급과 초급에 머무르고 있으며, 특급 종사자의 수는 671명으로 전년도의 392명에 비하여 인원 수로는 279명, 비율로는

정보보호산업
인력의 등급 분포
(단위: 명)

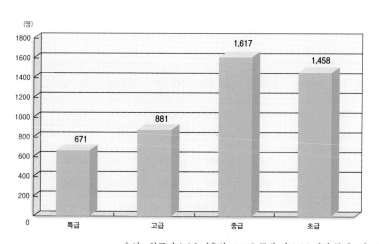

— 출처 : 한국정보보호진흥원, 2006 국내 정보보호산업 통계조사, 2006

6.0% 정도 증가하였다.

　고급인력의 대부분이 암호 및 인증 기술이나 시스템 및 네트워크 기술 등의 연구 및 개발직, 정보보호 마케팅 등의 영업직에 종사하는 것으로 파악되었다. 전체적으로 연구 및 개발직의 인력 수준이 가장 높고, 정보보호 감리 및 인증에 종사하는 인력의 수가 매우 적었다. 교육에 종사하는 인력이 적은 것은 정보보호와 관련된 교육의 대부분이 정보보호 관련 기업이 아니라, 전문 교육기관에서 주로 이루어지기 때문인 것으로 추정된다.

🔧 정보보호 인력 수급 전망

　정보보호 인력 수급을 전망한 자료를 보면 2007년에는 2만 2,000명 이상의 인력이 부족한 것으로 나타나고 있으며, 시간이 지날수록 수요·공급의 격차가 커진다.

　2006년도 정보보호산업 통계조사 결과를 보면, 정보보호 기업 관련 종사자는 총 4,627명으로 2005년 종사자 4,333명보다 6.79%인 294명이 증가한 것으로 조사되었는데, 공공기관·일반기업의 인력은 제외되었다는 것을 감안하더라도 인력 부족의 심각성을 알 수 있다.

정보보호
인력 수급 전망
(단위: 명)

구 분	2002년	2003년	2004년	2005년	2006년	2007년	합계 (2003~2007)
총 종사 인력	13,332	17,208	22,198	28,632	36,915	47,586	-
신규 인력 수요	-	3,876	4,990	6,434	8,283	10,671	34,254
인력 공급	-	1,312	1,688	2,172	2,795	3,4961	11,563
수급자	-	-2,564	-3,302	-4,262	-5,488	-7,076	-22,691

— 출처 : 한국정보보호진흥원, 정보보호 인력의 수요 및 전망, 2007

정보보호 전문 인력의 요건

정보보호 전문인력은 해커의 침입과 각종 바이러스 발생에 대비, 보안 이론과 실무보안 정책 능력을 갖춰 전산망 보안 및 유지와 컨설팅을 담당한다. 또 정보 시스템과 정보자산을 보호하기 위해 보안 정책을 수립하고, 정보보호에 대한 예방책을 세우고 시스템에 대한 접근 및 운영을 통제하며, 침입 발생 시 즉각적으로 대응하고 손상된 시스템을 복구하는 업무도 수행한다.

기본적으로 컴퓨터 시스템의 하드웨어와 운영체제, 네트워크에 대한 지식은 물론 프로그래밍과 데이터베이스, 바이러스, 크래킹 기술 등 컴퓨터 시스템 전반에 대해 넓고 깊게 알고 있어야 한다. 정보보호 기술은 시스템과 네트워크 기술에 그 기초를 두고 있기 때문에 운영체제, 데이터베이스, 시스템 관리, C언어, 네트워크 프로그래밍에 대한 전반적인 지식이 필요하다. 해커들의 해킹 기법과 바이러스에 대한 지식도 필수적이다. 특히 역으로 얼마든지 정보 시스템을 유린할 수 있기 때문에 윤리성도 중요한 요건이라 할 수 있다.

정보보호 전문인력에게 필요한 지식은?
- C언어 및 UNIX
- 침입탐지 시스템(Firewall)의 설계 능력 배양
- 보안 정책, 시스템 운영 및 관리 기술 습득
- 내부 네트워크 보호 및 외부망과 안전한 정보 전송기술 습득 : TCP/IP, 네트워크 보안 수립, NAT, VPN
- 암호 및 보안 프로토콜 : 인증, 서명, 전자상거래 보안
- 해킹 방식과 툴 구사 능력 습득
- 인터넷 보안 툴 : 인터넷 보안도구, 해킹 탐지 및 대책

정보보호 전문인력의 진출 분야 및 향후 전망

　정보보호 전문인력은 IT 부분의 전반적인 분야로 진출할 수 있다. 네트워크, 시스템, 프로그램, 하드웨어, 소프트웨어 등등 많은 분야와 기업·국가기관으로도 진출이 가능하다. 정보보호 분야는 최근 몇 년간 조사된 미래 유망직업 조사결과에서 '정보보호 전문가'가 꾸준히 5위 내에 포함될 정도로 미래 전망이 밝은 분야이다.

- 세부 분야 : 암호전문가, DB 전문가, 네트워크 아키텍처, 시스템 아키텍처, 보안 솔루션 개발자, 보안서버 관리자, 악성코드 분석 전문가, 보안 아키텍처 등
- 주요 취업처 : 웹에이전시, 웹호스팅 기업, 인터넷 쇼핑몰 업체, 온라인 게임 및 모바일 게임, 전문 보안업체(컨설팅 및 관제업무 업체), 대형 포털 사이트 업체, 외국 IT 기업, 대기업의 침해사고대응팀(CERT Team) 등

정보보호 관련 유용한 사이트

명칭	웹 주소	전화번호
한국정보보호진흥원	http://www.kisa.or.kr	02-405-5565
한국정보문화진흥원	http://www.kado.or.kr	02-3660-2500
개인정보침해신고센터	http://www.cyberprivacy.or.kr	1336
불법 · 청소년유해정보신고센터	http://www.internet119.or.kr	1377
불법스팸대응센터	http://www.spamcop.or.kr	1336
사이버명예훼손분쟁조정부	http://www.bj.or.kr	1377
사이버테러대응센터	http://www.ctrc.go.kr	02-393-9112
안철수연구소	http://home.ahnlab.com	02-2186-6000
인터넷중독예방상담센터	http://www.kado.or.kr/IAPC	1599-0075
인터넷침해사고대응지원센터	http://www.krcert.or.kr	118
전자서명인증관리센터	http://www.kisa.or.kr/kisa/kcac/jsp/kcac.jsp	02-405-5330
정보인권시민운동	http://www.privacy.or.kr	02-921-4709

참고문헌

— A Bit of Privacy, Ari Juels, Guest Column in RFID Journal, 2005

— A. J. Menezes, P. C. van Oorschot, and S. A. Vanstone, Handbook of Applied Cryptography, CRC Press, 1997

— A. Juels, A. Halderman, Soft Blocking : Flexible Blocker Tags on the Cheap, WPES 04, 2004

— Bruce Schneiner, Applied Cryptography, John Wiley & Sons, 1996

— GSP, Threat and Risk Assessment Working Guide, 1999

— Juhan Kim, Dooho Choi, Product Authentication Service of Consumer's mobile RFID Device, ISCE 2006, 2006

— Linux Security Modules(LSM) : General Security Support for the Linux Kernel, Chris Wright and Crispin Cowan, WireX Communications, Inc. ; James Morris, Intercode Pty Ltd ; Stephen Smalley, NAI Labs, Network Associates, Inc. ; Greg Kroah-Hartman, IBM Linux Technology Center. 11th USENIX Security Symposium.

— NIST, Risk Management Guide for Information Technology Systems, NIST Special Publication 800-30, 2001

— NWS, Information security guideline for NSW Government Agencies, 2001

— Security Enhanced Linux(SELinux), http : //www.nsa.gov/selinux/

— The Open Group, Common Security : CDSA and CSSM, Version 2(With Corrigentda), 2000. 5

— Threats and Requirements for Protection of Personally Identifiable Information in Applications using Tag-based Identification, ITU-T X.1171, 2008

— Trusted Solaris Operating System, http://www.sun.com/software/solaris/trustedsolaris/

— Ubiquitous e-Japan, Toshiaki Ikoma, The 2nd International Conference on Technology Foresight, Tokyo, 2003

— Yousung Kang, Consumer-Privacy Protection for ISO/IEC 18000-6 Type C, ISO/IEC

SC31 WG4 SG3 Meeting, 2007

— 강호갑, DRM(Digital Rights Management), TTA 표준기술동향(No.103), 2006

— 보안운영체제기술, 국가정보보호백서(제3편), 국가정보원, 정보통신부, 2007

— 사용자 중심 ID 관리 기능을 제공하는 전재ID지갑 시스템, 전자통신동향분석, 2008. 8. 15

— 손승원, 네트워크보안 기술의 현재와 미래, KISA, Vol. 001_ 07, 2004. 3

— 안전한 u-Korea 구현을 위한 중장기 정보보호 로드맵, 한국전자통신연구원, 2006

— 염흥열, ITU-T SG17 종단간 이동 통신 보안을 위한 보안 정책 및 홈 네트워크 보안 프레임워크에 관
한 표준화 동향, TTA IT Standard Weekly, 2005. 1

— 오황석, 유비쿼터스 단말기의 콘텐츠 유통을 위한 DRM 기술, 2005. 7

— 원동호, 현대 암호학, 그린, 2003. 3

— 임베디드 운영체제 보안 기술 동향, 한국전자통신연구원 전자통신동향분석 제23권 제1호, 2008. 2

— 전산망 정보보호-접근통제 기술, 한국정보보호센터, 1996. 12

— 정보보호 기술로드맵(ITRM 2012), IITA, 2007

— 정보통신 시스템 기반 보호를 위한 안전한 운영체제 기술에 관한 연구, 한국전자통신연구원, 2002

— 피싱과 안티피싱 동향, 주간기술동향, 2008. 9. 10

— 해외 리포트, 미래의 전쟁, 정보전(IW), 사이버 전쟁 시대가 온다, 신동아, 1997년 10월호, http://
www.donga.com/fbin/new…donga?d=9710&f=nd97100300.html

— 황성운, 콘텐츠 보호 및 유통 기술의 최신 현황, 2005. 11

— CT 동향 보고서, 한국문화콘텐츠진흥원, 2006. 10

— Digital Identity Management, 2008 기술백서, ETRI 디지털ID보안연구팀, 2008. 10

— DRM 최신 국제표준 기술사양 분석 및 세계 유명제품 동향과 전망에 관한 연구, 한국소프트웨어진흥
원, 2004. 2

— SecureOS업체 제품 동향, 한국전자통신연구원 기술 문서, 2002. 12

— http://www.rsa.com